U0349414

烟田土壤

及生态系统碳输入与碳平衡

◎ 高 林 申国明 王 瑞 著

中国农业科学技术出版社

图书在版编目（CIP）数据

烟田土壤及生态系统碳输入与碳平衡／高林，申国明，王瑞著 . —北京：
中国农业科学技术出版社，2020.12

ISBN 978-7-5116-5084-9

Ⅰ.①烟… Ⅱ.①高…②申…③王… Ⅲ.①烟草–农田–农业生态系统–
碳循环–研究 Ⅳ.①S572.61

中国版本图书馆 CIP 数据核字（2020）第 221863 号

责任编辑　陶　莲
责任校对　贾海霞

出　版　者	中国农业科学技术出版社
	北京市中关村南大街 12 号　邮编：100081
电　　　话	（010）82106625（编辑室）　　（010）82109702（发行部）
	（010）82109709（读者服务部）
传　　　真	（010）82106650
网　　　址	http：//www. castp. cn
经　销　者	各地新华书店
印　刷　者	北京建宏印刷有限公司
开　　　本	710mm×1 000mm　1/16
印　　　张	16. 5
字　　　数	310 千字
版　　　次	2020 年 12 月第 1 版　2020 年 12 月第 1 次印刷
定　　　价	88. 00 元

《烟田土壤及生态系统碳输入与碳平衡》
著 者 名 单

主 著： 高 林　申国明　王 瑞

副主著： 高加明　任晓红　张继光　郑宏斌

参 著： (姓氏笔画排序)

丁才夫　马留军　王卫民　王树健　王 晓
邓建强　史久长　付秋娟　师 超　任 杰
刘艳华　刘新民　闫 宁　芦伟龙　杜咏梅
李方明　李占杰　李志刚　李 奇　吴文昊
张仲文　张怀宝　张洪博　张 鹏　赵安民
侯小东　姜 芳　袁晓龙　夏鹏亮　顾俊杰
郭 祥　陶德欣　黄广华　绪 扩　彭 东
窦玉青　蔡长春　谭家能　樊 俊　霍 光
戴衍晨

前　言

　　气候变化是当今世界面临的最重要的环境问题之一，已经引起人类的广泛关注。据统计，过去 100 年间大气 CO_2 浓度增加了近 25%，并且仍然以较稳定的速率增加。CO_2 浓度的日渐升高，将会引发包括全球变暖在内的一系列环境问题，给全球生态系统带来灾难性后果。碳循环与目前人们面临的主要环境问题——气候变暖密切相关，其研究对于应对全球气候变化至关重要，并日益成为公众和科学界关注的热点。陆地生态系统碳循环过程中最活跃的碳库是农业生态系统碳库，其不仅是全球碳库中最活跃的部分，而且还是受人类活动影响最大的碳库，对维持全球碳平衡具有很重要的作用。农田是温室气体排放的重要 CO_2 源，农业生产排放温室气体已经成为影响全球气候变化，产生温室效应的主要人类活动之一。因此，探索农田生态系统碳平衡规律，研究农田生态系统碳调控技术，能够为我国主要生态系统碳排放提供基础数据，为我国农业的固碳减排提供理论依据和支撑。

　　烟草是我国重要的经济作物之一，种植面积和总产量居世界第一位。烟草是适应性较广的叶用经济作物，在所有从事种植业生产的农业区域，烟草几乎都可以生长。我国植烟土壤广泛分布于平原、丘陵和山区，分布面积较广，从北纬 60° 到南纬 45° 的广阔范围里都有其分布。目前，国内外关于农田生态系统 CO_2 通量变化、农田土壤呼吸和农田生态系统碳收支的研究大都集中在玉米、水稻、小麦等农田生态系统，有关烟田生态系统碳排放方面的研究还鲜有报道。本书首次针对烟田土壤及生态系统碳输入与碳平衡相关研究结果进行了系统总结，全书共分为六章：第一章为农田生态系统碳源与碳汇研究概况；第二章为烤烟生产系统养分平衡与碳素物质流分析；第三章为烟田土壤碳矿化特征与碳排放；第四章为烟田土壤碳库调控技术研究与应用；第五章为烤烟采收期烟田生态系统碳通量研究；第六章为烤烟生长期烟田生态系统碳通量研究。本书内容可供农业科技人员及农业生态系统碳源汇效应研究领域的科研工作者参考和借鉴。

　　本书在著写过程中得到了中国农业科学院烟草研究所、湖北省烟草公司以及恩施土家族苗族自治州烟草公司相关领导和专家的大力支持，在此表示衷心的感谢！由于著者水平有限，书中所涉及的研究内容难免有不当之处，敬请大家批评指正，提出宝贵意见和建议。

著　者
2020 年 10 月

目　录

第一章　农田生态系统碳源与碳汇研究概况

　　全球气候变化已成为当今世界面临的最重要的环境问题之一，引起了人类的广泛关注。气候变暖的主要原因是大气中温室气体（主要是 CO_2、CH_4 和 N_2O 等）浓度的不断增加，其中 CO_2 被认为是引起全球气候变暖的最重要的温室气体（IPCC，2001）。CO_2 在空气中的滞留时间为 5~200 年，辐射强度为 1.5W · m^{-2}，对全球气候温室效应的相对贡献率大约为 50%（Bouwman，1990a）。过去 250 年间大气 CO_2 浓度增加了 100mg/L，工业化前仅从 275mg/L 增加到了 285mg/L，到 2005 年却增加到了 379mg/L；且目前 CO_2 每年以大约 0.5% 速度增加，预计到 2030 年，将在 2000 年的基础上增加 40%~100%（IPCC，2007），到 21 世纪中叶，将达到工业革命前的 2 倍。CO_2 的浓度日渐升高，将会引发包括全球变暖在内的一系列环境问题，给全球生态系统带来灾难性的后果。

　　一直以来，CO_2 的源/汇问题都是全球变化与碳循环研究的热点问题之一（Keeling et al.，1996）。参与碳循环的各个碳库间碳交换通量的变化决定了大气中 CO_2 浓度变化。参与碳循环过程的主要碳库包括海洋、大气、陆地生物圈和地质沉积物，碳在这些碳库中以不同的形态存在并不断地转化。对近 20 年来全球 CO_2 收支的估算表明，陆地对大气 CO_2 的吸收有明显的增加，20 世纪 80 年代和 90 年代分别为 -（0.2±0.7）PgC · a^{-1} 和 -（1.4±0.7）PgC · a^{-1}。土壤中 CO_2 排放量的增加都可能加剧大气中 CO_2 含量的增加，并对全球变暖提供积极的反馈（Raich et al.，2000）。据专家估计，每年地球土壤向大气排放的 CO_2 量约占地球全年总排放量的 5%~20%，毁林开荒等人类改造自然的活动造成的地球土壤有机碳储量下降已使大气中的 CO_2 浓度提高了近 140μg · L^{-1}（李琳等，2007）。

第一节　农田生态系统碳循环

以气候变暖为主要特征的全球气候变化是人类共同面临的巨大挑战。最新科学研究报告表明，在 1880—2012 年，全球陆地和海洋表面平均温度已升高了 0.85℃（秦大河，2014）。气候变化不仅可以导致极端天气气候事件频繁发生，如冰川和积雪融化加剧，还可引起海平面上升，使海岸带遭受风暴、洪涝等自然灾害，甚至还能加剧疾病的传播，威胁人类的身体健康和社会经济的发展。人类活动产生的温室气体（CO_2、CH_4、N_2O、HFCs 等）的大量排放是导致气候变暖的最主要原因（IPCC，2007）。在过去 40 年（1970—2010 年），人为温室气体排放持续增长，其间所排放的温室气体是 1750 年人类社会工业化以来人为总排放量的一半。其中 CO_2 被认为是引起全球气候变暖的最重要的温室气体，大气中 CO_2 浓度的增加可能是未来有关气候变化的最重要的问题之一（IPCC，2001）。2011 年全球大气中 CO_2 当量浓度为 0.43‰，如果不加大减排力度，预计到 2030 年 CO_2 当量浓度将超过 0.45‰，到 2100 年将超过 0.75‰，并造成地球表面平均温度比 1750 年前高 3.7~4.8℃。

因此，全球碳循环的研究越来越被重视（Lawler，1998）。陆地土壤是全球碳库中最大的碳库，为大气碳库的 2 倍，植被碳库的 2~3 倍（Singh and Gupta，1977；Lal，2004）。陆地生态系统与大气间 CO_2 之间的交换是影响大气 CO_2 浓度的关键过程之一（Saito et al.，2005）。为评估陆地生态系统在全球二氧化碳循环中的贡献，并预测其在气候变暖背景下的未来变化，目前已有研究各种陆地生态系统与大气 CO_2 间净交换的课题，如森林生态系统（Saigusa et al.，2002；Carrara et al.，2003）、草原生态系统（Frank and Dugas，2001；Flanagan et al.，2002）、农田生态系统（Li et al.，2006；Moureauxet et al.，2006）等。农田土壤面积约占地球土壤面积的 12%，农田生态系统受人为因素等干扰强烈，其碳源/汇关系已成为目前关注的热点问题（Hutchinson，2007），主要包括碳的固定、释放和存储。其中碳的固定主要源于作物的光合作用，碳的释放包括作物自身和土壤的呼吸作用，碳的存储主要为作物生物量中的碳含量和土壤中的碳输入量，农田生态系统周期一般较短，一般不涉及土壤中所固定的碳含量变化情况（张赛等，2014b）。因此，研究农田生态系统碳收支时，可以测定土壤—作物系统与大气 CO_2 间净交换量（NEE）来估算生态系统的碳收支，也可以研究土壤—作物系统中碳存储量的变化量来估算生态系统碳收支，以净初级生产力碳固定量减去土壤异养呼吸碳排放量来表示生态系统碳平衡（Li et al.，2006；张赛等，2014a）。如 Li 等（2006）利用涡度相关法研究了华北平原 2002 年和 2003 年两年玉米季 NEE 总量分别为 $-120.1gC \cdot m^{-2} \cdot a^{-1}$ 和 $-165.6gC \cdot m^{-2} \cdot a^{-1}$；Li 等（2010）研究黄土高原谷子农田生态系统的净碳输入 NEP 为 $140.8gC \cdot m^{-2} \cdot a^{-1}$。两种研究法均表明农田生态系统在作物生长季为碳汇。

第二节　农田土壤碳库

全球碳循环与目前人们面临的主要环境问题——气候变暖密切相关，其研究对全球气候变化至关重要，并日益成为公众和科学界关注的热点。目前地学界对陆地生态系统净碳汇的估计为 $2PgC \cdot a^{-1}$，并预测在未来几十年内将达到饱和。然而，陆地生态系统对大气 CO_2 源汇效应的转变取决于土地利用方式和环境因素的变化。因此，陆地生态系统碳库的分配及其随人类利用和全球变化进程的变化成为全球碳循环研究的焦点。在陆地生态系统中，土壤碳库包括两大部分：土壤有机碳库（SOC）和土壤无机碳库（SIC）。其中土壤有机碳为1 500Pg（$1Pg=1Gt=10^{15}g$），是生物碳库的 3 倍，大气碳库的 2 倍，故土壤是陆地生态系统中最大的碳储库，其活跃地参与全球碳循环，因此土壤碳库在减少碳排放与缓解全球气候变化中具有重要作用。

农田土壤碳库是陆地生态系统中最活跃和最有影响力的碳库之一，其碳储量约占全球陆地系统碳储量的 1/10。据估算，中国农田土壤有机碳储量为全国土壤有机碳总储量的 14.4%～16.2%。由于农田土壤有机碳库受到人类活动的强烈影响，且其碳库储量在短期内可受到人为调控，因此农田土壤的有机碳固定是我国 CO_2 减排压力下碳汇的重要去向。据研究估算，全球农业土壤固碳潜力为 $20×10^9t$，约为 20Pg。最近 25 年间，全球农业土壤的固碳速率可达 $(0.9±0.3)×10^9t \cdot a^{-1}$。欧盟 15 国的农业土壤碳收集潜力为 $(90～120)×10^6t \cdot a^{-1}$，而美国土壤碳增长潜力则为 $1.07×10^7t \cdot a^{-1}$。综上所述，全球农业土壤的碳固定潜力可达到全球每年大气 CO_2 总量增加值的 $1/4 \sim 1/3$。在某些地区,在采取保护性耕作制度后,农田土壤碳库储量会逐步增加,部分农田碳储量甚至超过开垦前的碳储量。以往研究表明,中国陆地土壤碳库为 $1\,001.8 \times 10^8 t$,平均碳密度为 $10.83 kgC \cdot m^{-2}$,在各土壤类型和亚类中,碱化盐土亚类的碳储量最低为 $0.03 \times 10^8 t$,碳密度为 $0.90 kgC \cdot m^{-2}$,整个盐土类型的有机碳总含量仅仅为 $6.85 \times 10^8 t$,碳储量最高的为高山草甸土,达 $175.59 \times 10^8 t$,碳密度为 $50.25 kgC \cdot m^{-2}$。中国土壤碳库约占全球土壤碳库的 7.30%,表明中国陆地生态系统具有巨大的土壤碳库。

土壤碳库的碳汇与碳源作用是可以相互转化的,土壤 CO_2 排放通量即通常所指的土壤呼吸,碳以 CO_2 的形式从土壤向大气圈的流动是土壤呼吸作用的结果。土壤是大气 CO_2 的重要来源,土壤呼吸在全球 CO_2 地—气交换和大气 CO_2 浓度变化中起着重要作用,土壤中 CO_2 排放量的增加能加剧大气中 CO_2 含量的增加,并对全球变暖提供积极的反馈。据专家估计,每年地球土壤向大气排放的 CO_2 量约占地球全年 CO_2 总排放量的 $5\% \sim 20\%$,毁林开荒等人类改造自然的活动造成的地球土壤有机碳储量下降已使大气中的 CO_2 浓度提高了近 $140 \mu L \cdot L^{-1}$。

目前国内许多学者针对代表性农田土壤,相继开展了 CO_2 排放通量特征研究,黄淮海平原农田土壤碳排放通量日变化呈单峰曲线,13:00—15:00 出现最大值。玉米农田土壤呼吸速率日变化,最大值出现在 12:00 左右,最小值出现在 5:00 左右。冬小麦土壤呼吸的日变化呈单峰曲线,最小值出现在 0:00—3:00 或 6:00 左右,最大值出现在 12:00 左右(拔节期)和 14:30 左右(成熟期)。焦彩强等(2009)的研究认为,小麦生育期农田土壤 CO_2 释放通量的变化过程呈现双峰双谷特征,峰值出现在冬小麦苗期和拔节—孕穗期,低谷出现在越冬期和成熟期。在玉米生长季土壤碳通量在拔节孕穗期和乳熟期出现峰值,呈现双峰曲线的变化规律。旱地土壤碳年排放量高于水田土壤,一年两熟区的土壤碳排放高于一年一熟区。在一年一熟的农牧交错区,农田 CO_2 排放通量、土壤呼吸均明显低于一年两熟农田。综上所述,在全球气候变化下,土壤碳库的变化以及土壤 CO_2 的源/汇问题已经成为生态系统碳循环研究的热点之一,国内学者相继开展了此方面的研究工作,积累了丰富的研究成果。

第三节　农田土壤呼吸变化

土壤呼吸是土壤碳库向大气输入碳的主要途径（Peng et al., 2008），研究表明每年全球土壤呼吸作用释放的碳估计量达 $68PgC \cdot a^{-1}$（Musselman and Fox, 1991; Raich and Schlesinger, 1992）。严格意义上的土壤呼吸是指未受扰动的土壤中产生 CO_2 的所有代谢过程（Singh and Gupta, 1977），包括 3 个生物学过程和 1 个化学氧化过程，即植物根系呼吸、土壤微生物呼吸、土壤动物呼吸和含碳矿物质氧化分解过程。研究表明，土壤呼吸速率的微小变化将会显著地影响大气 CO_2 浓度和土壤有机碳的累积速率，从而加剧或减缓全球气候变化（Raich and Tufekciogul, 2000; Don et al., 2011）。

一、农田土壤呼吸通量的变化特征

目前研究中常用的土壤呼吸测定方法主要有静态箱—碱液吸收法（牛灵安等，2009）、静态箱—气相色谱分析法（蔡艳等，2006; Shi et al., 2006; 梁尧等，2012）、静（动）态箱—红外 CO_2 分析法（刘允芬等，2002; Li et al., 2006; Lei and Yang, 2010; 严俊霞等，2010）和涡度相关法（Saito et al., 2005; Verma et al., 2005; Moureaux et al., 2006）。农田生态系统中土壤呼吸研究涉及的农田主要有玉米农田（王重阳等，2006; Ding et al., 2007; 乔云发等，2007; 张俊丽等，2013）、麦田（陈述悦等，2004; Shi et al., 2006; Ding et al., 2007; 邓爱娟等，2009; 高会议等，2009）、稻田（邹建文等，2003; 韩广轩等，2006; Liu et al., 2013; Zhang et al., 2013; 赵峥等，2014）、棉花农田（刘晓雨等，2009）、大豆农田（梁尧等，2012）等。农田土壤呼吸时间尺度上的变化特征有日变化（韩广轩等，2008a; 吴会军等，2010a; Zhang et al., 2013）、季节变化（Ding et al., 2007; 乔云发等，2007）、年变化（刘允芳等，2002; 高会议等，2009）等。

有研究表明，农田土壤呼吸通量存在较明显的日变化特征，变化趋势多呈单峰曲线型，与土壤温度的变化趋势一致（Shi et al., 2006; 陈述悦等，2004; 韩广轩等，2008a）。韩广轩等（2008b）的研究表明，玉米地土壤呼吸通量最大值出现在 13：00—15：00，最小值出现在 6 时左右。陈述悦等（2004）的研究表明麦田土壤呼吸通量最高值出现在 13 时，最低值出现在凌晨 4 时左右，与 Shi 等（2006）的研究最大值出现在 11：00—14：00、最小值出现在 5：00，结果接近。土壤呼吸的日变化主要受土壤温度的影响，原因为其他影响因子如土壤湿度、土壤理化性质和生物因子在一天内的变化相对较小（Han et al.，2007）。不考虑施肥等人为因素，土壤呼吸的季节变化主要受作物生长和气候条件控制，季节变化规律较为明显（韩广轩和周广胜，2009a；乔云发等，2007），不同生育时期，一般为表现为旺盛生长期大于生育初期和后期，季节水平上一般为夏季最高（韩广轩和周广胜，2009a）。如青藏高原麦田土壤呼吸速率季节变化为苗期和越冬期最低，返青后开始逐渐增大，至发育盛期的抽穗期和灌浆期最大，收获后又迅速降低（刘允芳等，2002）。高会议等（2009）的研究表明，黄土旱塬区冬小麦农田土壤呼吸速率在拔节期最高，其次是成熟期，灌浆期、返青期和抽穗期较低，这与袁再健等（2010）的研究结果一致。太原盆地夏玉米农田土壤呼吸速率在盛夏和秋初较高，冬、春季较低，整个过程的变化趋势呈单峰曲线形式（严俊霞等，2010）。夏季作物光合作用强烈，地上光合产物向根系输送的光合产物增加，根系呼吸活性增强，同时较高的土壤温度增加了土壤微生物和根系的活性，进而促进了土壤呼吸（韩广轩等，2009b）。

二、农田土壤呼吸的影响因素

农田作为一种主要的土地利用方式，受人为因素干扰强烈，施肥、耕作、作物类型等均是影响土壤呼吸速率的重要因素（张玉铭等，2011）。农田土壤呼吸季节变化的主导影响因素通常包括土壤环境因子和生物因子等（韩广轩等，2008a）。

（一）人为因素

施肥可以增加土壤呼吸的底物，还可以促进作物根系生长及其分泌物增多，进而可以促进根系呼吸作用和土壤微生物呼吸作用（张东秋等，2005）。已有研究报道，施肥较不施肥可以显著增加土壤呼吸速率（Ding et al.，2007；高会议等，2009），等氮水平的有机无机配施混施肥与单施化肥对土壤呼吸速率的影响差异有不显著（刘晓雨等，2009；赵峥等，2014）和有机无机配施混施肥显著大于单施化肥（黄晶等，2012），张庆忠等（2005）、乔云发等（2007）研究表明，有机肥的添加施用可以显著增加土壤呼吸速率。张赛等（2014b）研究了不同耕作模式下西南丘陵区玉米农田的土壤呼吸，结果表明垄作降低了土壤呼吸速率，秸秆覆盖提高土壤呼吸速率。也有研究（刘博等，2010）表明，免耕较常规耕作可以减少土壤通量。王同朝等（2009）的研究结果表明，冬小麦从越冬期到灌浆期，垄作覆盖>平作覆盖>平作。不同作物类型下土壤呼吸速率存在显著差异（江国福等，2014），作物类型排序为棉花>玉米>大豆>水稻>小麦。

（二）土壤环境因子

很多研究均表明，土壤温度和湿度是影响土壤呼吸的主要因子（陈述悦等，2004；Shi et al.，2006；Ding et al.，2007；张俊丽等，2013）。土壤温度不仅影响土壤微生物活性和有机质的分解，而且也影响根系的生长与活性，从而影响根系呼吸，进而影响土壤呼吸（陈述悦等，2004；韩广轩等，2008a）。土壤温度与土壤呼吸间的关系拟合模型主要有线性方程、指数方程、二次方程和Arrhenius 方程（Fang and Moncrieff，2001）等。通常情况下，指数方程通常可以很好地解释农田土壤呼吸的日变化和季节变化，在一定温度范围内，土壤呼吸速率与土壤温度之间呈正相关关系（Shi et al.，2006；Han et al.，2007；韩广轩等，2007；Zhang et al.，2013）。在土壤水分变化范围较小的情况下，土壤呼吸速率与土壤水分间没有显著关系，只有在土壤水分超过了田间持水力或降低到永久性萎蔫点以下时，两者才有相关性（陈全胜等，2003）。有研究表明旱作农田中土壤呼吸速率与土壤水分呈正相关（刘爽等，2010），而水稻田中土壤呼吸速率与土壤水分呈负相关（Zhang et al.，2013）。也有研究表明土壤水分与土壤呼吸速率相关性不明显（陈述悦等，2004），而土壤温度和湿度的复合模型可以解释玉米季土壤呼吸的87%（韩广轩等，2008b）。

（三）生物因子

影响土壤呼吸的生物因子主要有叶面积指数（LAI）、根系生物量、净初级生产力（NPP）等（张东秋等，2005；韩广轩等，2008a），作物根系作为农田土壤呼吸作用的重要参与者，根系活性和根系生物量影响着土壤呼吸作用。作物 LAI 的大小可以影响到田间土壤的微气候（Raich et al.，2000）。孙文娟等

（2004）的研究表明，根系的参与极大地促进土壤呼吸作用。邓爱娟等（2009）的研究表明，土壤呼吸速率因根系生物量的差异而表现为有根处理＞行间处理＞无根处理，这从侧面反映了根系生物量在土壤呼吸中的作用。Shi 等（2006）和韩广轩等（2008b）的研究表明，土壤呼吸速率与根生物量和 LAI 呈显著正线性相关。Sims 和 Bradford（2001）的研究发现土壤呼吸速率与同测定时期的 LAI 间存在显著的相关性。研究发现，水稻（韩广轩等，2006）和玉米（Han et al.，2007）的土壤呼吸作用与其生物量和净初级生产力有很好的相关性。

三、土壤呼吸组分研究

通常研究学者将根系呼吸定义为纯根呼吸和根际微生物呼吸的共同作用，属于自养呼吸；土壤微生物呼吸是指除了根际微生物之外其他土壤微生物的呼吸，属于异养呼吸（张赛等，2014b）。在研究农田生态系统碳收支平衡时，作物根系呼吸不是土壤有机碳的损失，需将其从土壤呼吸中扣除（Kuzyakov and Cheng，2001）。土壤呼吸组分的分离研究有助于明确某个特定的生态系统碳平衡和区分不同土壤呼吸组分对环境变化的敏感性（陈敏鹏等，2013），同时对深入理解土壤呼吸的生态过程和微观机制具有重要意义（吴会军和蔡典雄，2010b）。目前，采用较多的方法有根排除法、挖沟分离法、同位素法和根系生物量外推法（王兵等，2011）。不同测定方法和不同生态系统中根系呼吸对土壤呼吸的贡献率不同。张雪松等（2009）采用根去除法和根排除法对华北平原冬麦生长季土壤总呼吸中根系呼吸的贡献率进行了研究，结果分别为 18%～54.3%和 32.6%～58.1%。这与寇太记等（2011）采用稳定^{13}C 同位素技术研究的结果，根系呼吸对土壤呼吸的贡献率为 20%～48%。而在盆栽试验中，玉米各生育时期根系呼吸对土壤呼吸的贡献率较高，达到 58%～98%（杨兰芳和蔡祖聪，2005）。杨金艳和王传宽（2006）采用挖沟分离法对东北不同森林进行了研究，结果表明根系呼吸对土壤总呼吸的贡献率为 28.83%～46.23%。

第四节　农田生态系统碳通量研究

一、农田生态系统碳通量变化特征

研究表明（薛红喜等，2012），在作物生长季，农田生态系统碳通量呈现明显的变化规律，而非生长季碳通量变化不明显。很多研究表明（冯敏玉等，2008；郭家选等，2006；梁涛等，2012；宋涛等，2006；谢五三等，2009），在生长季农田生态系统碳通量呈明显的"U"形曲线。农田生态系统一般在中午前后出现 CO_2 吸收峰值。但也有例外，如华北平原的夏玉米农田生态系统峰值则出现在 14：00—15：00（张永强等，2002），川中丘陵小麦农田生态系统峰值出现在 13：00—15：00（马秀梅等，2005；韩广轩等，2004），淮河流域水稻和冬小麦生态系统峰值分别出现在 13：30 和 13：00（李琪等，2009），黄土塬区冬小麦生态系统的峰值出现在 10：00（李双江等，2007）。碳通量日变化除单峰形变化外，也有双峰形和不规则形的情况出现。如亚热带稻田生态系统，在白天光照强度出现较大波动的情况下，在 24h 内碳通量出现 2 个碳吸收或排放高峰（朱咏莉等，2007）。华北平原冬小麦碳通量也出现双峰现象，王建林等（2009）解释其为冬小麦光合"午休"现象。不规则形与特殊的天气条件（如阴雨、晴间多云或风速变化较大）有关，表现为通量随时间出现忽高忽低甚至交换方向的波浪状变化（朱咏莉等，2007）。郭建侠等（2007）的研究也表明，华北平原夏玉米农田生态系统生长季碳净交换为多峰形曲线。

在作物不同的生育期，农田生态系统的碳通量不同。曾凯等（2009）认为水稻 CO_2 通量日变化乳熟—成熟期呈较浅"U"形；抽穗期、齐穗—乳熟期"U"形较深；白天产量形成期逐日 CO_2 通量均值呈"√"形。作物在生殖生长期和生长初期固碳能力要低于营养生长期，如在玉米开花或吐丝期（郭建侠等，2007；李祎君，2008）、冬小麦在拔节孕穗期（李双江等，2007；袁再健等，2010）或灌浆期（林同保等，2008；姚玉刚，2007）、水稻在拔节期（冯敏玉等，2008；李琪等，2009）或抽穗期（卞林根等，2005；曾凯等，2009）的固碳能力最强。同时，作物在固碳能力最强的时期碳排放也是最强。

在对生态系统碳通量组分研究中，土壤呼吸通量对生态系统碳通量的贡献小于植物对它的贡献（李新玉等，2011；卢妍等，2008）。

目前，农田生态系统 CO_2 通量的研究方法主要有箱法（邹建文等，2004；朱咏莉等，2005；侯玉兰等，2012）和涡度相关法（Li et al.，2006；李双江等，2007；李琪等，2009；Pingintha et al.，2010；王尚明等，2011），并有一些学者（宋霞等，2003；宋涛等，2007；郑泽梅等，2008）对两种方法进行了比较，其结果表明两种方法都有各自的优缺点，箱法虽对土壤环境造成一定的扰动，但其具有原理简单、操作便利等优点，是草地和农田生态系统 CO_2 通量测定的主要方法；而涡度相关法不会对观测环境造成扰动，但需要较大尺度的下垫面。国内外关于 CO_2 通量的研究农田生态系统类型多为：玉米农田生态系统（Verma et al.，2005；Jans et al.，2010；梁涛等，2012；张蕾等，2014）、小麦农田生态系统（Anthoni et al.，2004；郭家选等，2006；李双江等，2007；林同保等，2008；Moureaux et al.，2008；李琪等，2009）、稻田生态系统（Saito et al.，2005；李琪等，2009 王尚明等，2011；侯玉兰等，2012）等。CO_2 通量变化特征在时间尺度上的研究主要有日变化（郭家选等，2006；李双江等，2007；朱咏莉等，2007b）、生长季节变化（Saito et al.，2005；李双江等，2007；朱咏莉等，2007a；王尚明等，2011）、全年变化（Verma et al.，2005；Jans et al.，2010；Lei and Yang，2010；王尚明等，2011）。

二、农田生态系统碳排放主要影响因子研究

（一）光合有效辐射

农田生态系统碳通量变化的主要影响因素有光合有效辐射、温度和湿度。光合有效辐射增加，作物对碳的同化吸收能力加大，光合有效辐射（PAR）与农田生态系统碳交换 NEE 之间有明显的相关关系（郭家选等，2006；郭建侠等，2007；林同保等，2008；袁再健等，2010；曾凯等，2009；朱永莉等，2007）。但有研究表明，当太阳辐射强度较低时，CO_2 净交换量随着 PAR 的增加而增加，其变化趋势符合直角双曲线方程（Wang et al.，2004）。但有学者指出，两者关系同时还受到其他因子的限制，只有在合适的温度范围内有效辐射强度才对 CO_2 净交换量影响较明显（Carrara et al.，2004）。

（二）温度

李双江等（2007）认为，黄土塬区小麦生态系统 CO_2 通量与夜间 2cm 土壤温度在越冬、起身、拔节孕穗期显著相关，其他生育期为低度相关。空气温度也是影响农田生态系统的重要因素，研究表明（冯敏玉等，2008；曾凯等，2009），气温与稻田碳通量有较好的相关性。尹春梅等（2007）认为在 0~30℃ 范围，稻田 CO_2 通量与气温、地表温度、5cm 地温呈显著或极显著相关。同时，Raich 等（2000）研究表明，生态系统 CO_2 排放通量与温度的相关关系比较弱，受光照的影响较大。

（三）湿度

研究表明（林同保等，2008；李祎君，2008），在同一生育时期内，土壤水分过高时，造成土壤通透能力减弱，影响根系活力，影响光合作用；土壤水分过低引起水分亏缺，导致作物叶片气孔关闭，作物的光合能力明显下降，影响作物固碳能力；土壤水分只有在适宜的条件下，才能达到最大的光合效率。

三、农田生态系统碳通量的模拟研究

袁再健等（2010）运用 SiB2 模型对华北平原冬小麦整个生长期的碳通量进行了模拟，R^2 达到了 0.877。何洪林等（2006）采用人工神经网络模型，对生长季农田生态系统碳通量变化进行了模拟，模拟效果较好。王旭峰等（2009）利用 LPJ 模型用于玉米碳通量的模拟，结果 NEE 模拟值与观测值基本一致。

第五节　农田生态系统碳通量测定方法

碳通量的测定在研究生态系统碳循环过程中具有关键的作用，碳源/汇能否准确估算直接影响生态系统对全球碳平衡贡献的估计以及对全球气候环境变化影响的客观评价。目前，测定生态系统碳通量的方法主要有微气象法和箱法 2 种。

一、微气象法

微气象法测定 CO_2 通量是通过测量近地层的 CO_2 浓度和涡流状况变化推导出地表 CO_2 通量。微气象法一般要求测量常通量层中有关气象要素和 CO_2 浓度的垂直梯度。该方法要求观测仪器能够感应较小高度差范围内的气体 CO_2 浓度变化；另外，由于 CO_2 浓度的垂直梯度较小，要求测量仪器有较高的灵敏度和较快的时间响应（姚玉刚等，2007）。微气象法主要包括涡度相关法、空气动力学方法、能量平衡法以及松弛涡度累积法等。在中国微气象法仍处于研究阶段。微气象法中最常用的是涡度相关法。涡度相关法是在某一高度的常通量层中，通过测量大气中垂直风速和 CO_2 密度的脉动值来求算气体 CO_2 在这一高度上的通量值。

二、箱法

箱法测定气体浓度的原理是使用特制一定大小的密闭箱子罩在一定面积（通常 $<1m^2$）的植物上方，并隔绝箱内外气体的自由流动交换，每隔一段时间对箱内待测气体的浓度测量一次，根据浓度随时间的变化率来计算箱内待测气体的排放通量。箱法按原理分为动态箱法和静态箱法。静态箱法即所谓的密闭箱法，这种方法的工作原理是在维持箱内被测植株的空气与外界大气没有任何交换的情况下，通过在一段时间内箱内 CO_2 的浓度变化来获得 CO_2 的界面交换通量。动态箱法又被人们称为开放箱法，其测定原理是使一定流量的空气通过箱子，通过仪器测量箱体进口处和出口处空气中的 CO_2 浓度来确定被罩表面 CO_2 的交换通量。动态箱法测量 CO_2 浓度，一个比较大的难题是箱内外气压差要尽量控制到最小。由于静态箱法操作简单、造价低廉，所以静态箱法是测定温室气体排放通量的一种常用方法。

静态箱法分为暗箱法和明箱法。暗箱法降低了箱内温湿度等环境变化的影响，但仅能直接测定土壤-植被系统的 CO_2 呼吸量，不能反映农田生态系统与大气之间的 CO_2 净交换量，而明箱法反映了农田生态系统与大气之间的 CO_2 净交换量（包括植株光合作用在内），可是受环境因子的影响，存在一定的误差（朱咏莉等，2005）。

三、微气象法和箱法的比较

涡度相关法能够对植物进行直接、连续的观测，响应时间比较短，并且具有基本不扰动植物正常生长等优点（李克让，2002；郑泽梅等，2008；Albrizio et al.，2003），但是对农田生态系统的均一性要求高，而且设备比较昂贵，移动性较差（刘强等，2000；郑循华等，2002；Dugas et al.，1997）。静态箱法所用设备便宜、易于设计，可以灵活移动，比较适合小空间尺度（如实验小区）的观测（宋霞等，2003；Bubier et al.，2002；Steduto et al.，2002），同时箱式法也受到较多因素的制约，如不能连续测量气体通量、箱内外温差较大、箱内湿度发生变化、箱内气压状况可能改变和气体混合可能不均匀、受人为因素影响大等（王妍等，2006；邹建文等，2004；Angell et al.，2001），但优点大于缺点，因此静态箱法仍是现阶段测定 CO_2 通量的一种可行性很高的方法（张红星等，2007）。

两种研究方法对 CO_2 的测定结果也存在差异。Law 等（2000）应用这两种方法对 Pinus ponderosa 林地的 CO_2 通量进行研究，结果表明两者之间有较大的差异。Lawrence（2005）对加拿大北部温带草原的研究表明，箱法测定的草原生态系统总碳排放值比涡度相关法高 4.5%~13.6%。农田生态系统同草地生态系统比较接近，两种方法在农田上的测定结果存在一定的差异，但气体通量变化趋势比较一致。

第六节　农田生态系统碳收支研究

一、不同生育时期农田日碳收支

农田生态系统与大气 CO_2 间的 NEE，即碳收支能力，在作物不同生育时期中存在差异，一般表现为营养生长期大于生长前期和生殖生长期（王雯，2013）。如张掖灌区玉米农田生态系统表现为灌浆期>拔节期>成熟期>苗期，其中最大 NEE 为 $-33.66g$（CO_2）$\cdot m^{-2} \cdot d^{-1}$（张蕾等，2014）。黄土塬区小麦农田生态系统表现为拔节孕穗期>返青期>起身期>抽穗期>成熟期>灌浆期>出苗分蘖期>越冬期，其中最大 NEE 为−13.7g（CO_2）· m^{-2} · d^{-1}（李双江等，2007）。淮河流域典型农田生态系统中，稻田生态系统表现为拔节期>分蘖期>乳熟期>抽穗期>孕穗期，其中最大 NEE 为−38.13g（CO_2）· m^{-2} · d^{-1}（李琪等，2009），与 Saito 等（2005）研究的日本地区稻田最大 NEE 为−39g（CO_2）· m^{-2} · d^{-1}一致。Li 等（2006）连续在 2003 年和 2004 年研究华北平原麦田和玉米农田生态系统最大日吸收 CO_2 量分别为 30.03g · m^{-2} · d^{-1}、34.83g · m^{-2} · d^{-1} 和 37.4g · m^{-2} · d^{-1}、45.83g · m^{-2} · d^{-1}。

二、生长期农田碳汇强度

在农田生态系统碳平衡研究中，由于作物种类、种植密度、耕作方式、灌溉方式和施肥等管理模式的不同，农田生态系统碳汇强度有所差异（张风霞等，2014）。Verma 等（2005）连续 3 年测定了玉米−大豆轮作下玉米农田生态系统碳收支，结果表明灌溉条件下为 381 ~ 517gC · m^{-2} · d^{-1}，旱作条件下为 397 ~ 510gC · m^{-2} · d^{-1}，大约为大豆农田生态系统的 4 倍。不同作物类型下，由于种植密度和作物的生长特征，作物生长季固碳量和土壤异养呼吸量往往不同。梁尧等（2012）研究了小麦−玉米−大豆轮作模式下农田作物固碳量大小为玉米>大豆>小麦，而净生态生产力大小为玉米>小麦>大豆。牛海生等（2014）研究不同灌溉方式下冬麦农田生态系统净碳输入值为滴灌比漫灌高 25.39%。农田中施肥可以增加作物生物量和增加土壤异养呼吸量，如李海波和韩晓增（2014）的研究结果表明，化肥处理和化肥+有机肥处理下 NPP 总量比无肥处理高 49%和 46%，但农田 NEP 表现为化肥处理>无肥处理>化肥+有机肥处理，其原因是有机肥的"激发效应"促进了土壤呼吸速率。张前兵等（2013）研究了秸秆还田和不还田两种方式下农田碳汇强度差异不显著，而不同施肥处理下表现为化肥>化肥和有机肥）>有机肥/不施肥。

第二章 烤烟生产系统养分平衡与 碳素物质流分析

　　能量流动和物质循环作为农业及农田生态系统的基本功能，是系统结构和功能的综合反映。而系统生产力又是农业生态系统能量转化和物质循环功能的最终表现。农业生态系统的组分及量化关系不同，其能量流、物质流的转化路径及效率也不同，加之价值流的导向作用，决定了农业生态系统生产力的高低。物质流分析是对全球、某个国家、某地区或某一区域内对特定某种物质（如 C、N、P、K 等养分）或一组这样的物质进行其流动过程的分析。物质流分析可通过物质总量来分析一定的经济规模所需的物质总投入量、物质总消耗量和物质循环总量。物质流模型已用于表示生产过程和生命循环评价详细过程的形成基础。物质流分析方法可以为资源、废弃物和环境管理提供方法学上的决策支持工具，也可为区域循环经济的评价与研究提供新的思路。本研究以恩施土家族苗族自治州（以下简称恩施州）典型烤烟农户的生产系统为基本单位（图 2-1），对恩施州不同海拔高度烤烟生产过程中的碳素物质流进行统计与分

图 2-1 恩施州烤烟生产烟田

析（图2-2），以了解和掌握整个生产系统中碳素物质的流向、流量，评价和量化资源投入、产出和资源利用效率，并找出降低资源投入量、减少废物排放量、提高资源利用率的方法。

图2-2　烤烟生产过程物质投入

第一节　烟田养分输入、输出与平衡

　　烟草生产总肥料投入约占总物资投入的60%，是烟农降低生产成本的关键切入点。且肥料是影响烟叶产量和品质的重要因素之一，对烟叶产量的贡献率约为40%，对品质中香气的贡献率仅次于品种。恩施地区具有喀斯特地貌特征，加上年降水量可达到1 400mm，容易造成土壤养分流失。为此，对该区域植烟土壤养分平衡进行科学估算与评价，旨在分析其土壤养分平衡状况，阐明当地植烟土壤的养分供需问题，为生态烟叶生产提供参考。

一、材料与方法

（一）研究区概况

恩施州烟区地处鄂西南（东经 109°4′48″~109°58′42″，北纬 29°50′24″~30°40′00″），是湖北省烟叶的主产区。该区域具有喀斯特地貌特征，属于亚热带季风和季风性湿润气候。年平均气温为 16.3℃，烟叶大田 ≥10℃ 活动积温为 3 061.8℃，全年降水量为 1 434.9mm，烟叶田间生长期降水量占全年降水量的 60%左右，年平均日照时数为 1 228.8h，年平均相对湿度为 81.5%。

（二）研究方法

烟田养分估算方法如下。

1. 输入

烟田养分输入主要考虑化肥、有机肥、生物固氮、烟苗带入养分、灌溉和降水所带入的养分（图 2-3）。化肥和部分有机肥投入量以 2009 年烟草公司全年投入资料为准，折算成纯养分量计入。人畜禽粪尿带入养分估算中的务农人口量和畜禽饲养量来自《2010 年湖北省统计年鉴》，按照年排放量进行估算。各种粪尿的 N、P、K 养分含量参照全国农业技术推广服务中心数据，各种畜禽粪尿的回田率参见文献，估算参数见表 2-1，畜禽年养分排放量见概算方程式 2.1。人粪尿的回田数量按照每年每人 1kg N、0.25kg P_2O_5、0.25kg K_2O 计算。人畜粪尿堆肥 N 损失按照 40%计算，P 和 K 的损失忽略不计。根据调查统计，恩施州 29.2%的烟田有施用人粪尿堆肥习惯，后以该类烟田占农田比例进行折算。

$$t = \left(\frac{Q_1 \times Q_0}{Q_2} + Q_2 \right) \times T \times q \qquad （式 2.1）$$

式中，t 为畜禽年养分排放量、Q_0 为前一年年末存栏数、Q_1 为年末存栏数、Q_2 为年内出栏数、T 为饲养周期、q 为日养分排放量。

秸秆按照作物产量和草谷比进行估算，秸秆中 N、P、K 养分含量参见全国农业技术推广服务中心数据（表 2-2）。秸秆回田率按 30%计算，由于烟田耕作制度和普通农田有一定差别，调查发现约15%的烟田有轮作和施用草木灰的习惯，后以该类烟田占农田比例折算秸秆带入的养分量。

表2-1　主要畜禽的饲养周期和日养分排放量

畜禽种类	饲养周期	日排泄养分量（g）			回田率
		N（%）	P$_2$O$_5$（%）	K$_2$O（%）	
牛	133.45	114.39	42.75	149.94	57%
马	76.57	78.15	37.80	87.10	42%
驴	99.95	57.80	44.60	78.50	65%
骡	63.68	39.90	37.20	44.80	65%
猪	198.49	15.97	12.76	12.72	47%
羊	243.05	18.17	7.67	13.80	53%
兔	179.64	0.70	0.54	0.63	65%
禽	210.00	0.99	0.98	0.93	51%

表2-2　恩施州不同作物秸秆养分含量汇总

种类	产量（t）	草谷比	秸秆养分含量(g)			养分总量(t)		
			N(%)	P$_2$O$_5$(%)	K$_2$O(%)	N(%)	P$_2$O$_5$(%)	K$_2$O(%)
小麦	28 474	1.10	0.6	0.2	1.2	193.3	51.1	383.7
杂粮	379	1.60	1.1	0.3	1.8	6.4	1.9	10.8
薯类	323 299	0.50	0.3	0.1	0.6	501.1	118.0	897.2
稻谷	388 940	0.90	0.8	0.3	2.1	2 891.4	955.6	7 210.9
玉米	558 726	1.20	0.9	0.3	1.3	5 826.4	2 044.9	8 984.3
高粱	71	1.60	1.2	0.3	1.6	1.4	0.4	1.9
大豆	50 509	1.60	1.6	0.4	1.3	1 319.7	314.4	1 028.0
棉花	43	9.20	0.9	0.3	1.1	3.7	1.3	4.3
油菜	53 756	1.50	0.8	0.3	2.2	658.0	258.8	1 803.8
花生	10 488	0.80	1.7	0.3	1.2	139.1	28.6	100.1
向日葵	3 412	3.00	0.7	0.2	1.9	75.1	24.2	197.1
麻类	18	0.78	1.2	0.1	0.6	0.2	0.0	0.1
糖料	1 044	0.18	1.0	0.3	1.2	1.9	0.6	2.3
烟叶	79 824	1.60	1.3	0.3	2.0	1 654.0	441.9	2 548.0
蔬菜	1 615 001	0.10	2.4	0.6	2.1	3 830.8	1 036.8	3 380.2
合计	3 113 984					17 102.3	5 278.5	26 552.7

　　植烟土壤绿肥推广面积为 4 013.3hm^2，按每公顷平均翻压还田 1.5 万 kg，绿肥养分含量按 N 0.502%、P$_2$O$_5$ 0.123%、K$_2$O 0.47%计算（图2-4）。烟苗

主要以育苗基质和培养液的形式将养分带入烟田，按照 N 0.302kg·hm^{-2}、P$_2$O$_5$ 0.015kg·hm^{-2}、K$_2$O 0.488kg·hm^{-2}计。通过干湿沉降输入烟田的养分平均每年 N 20.2kg·hm^{-2}、P$_2$O$_5$ 1.2kg·hm^{-2}、K$_2$O 8.3kg·hm^{-2}进行估算。恩施州烟水配套系统约占总烟田面积的 82.6%，按照此比例以平均每年 N 12.1kg·hm^{-2}、P$_2$O$_5$ 1.5kg·hm^{-2}、K$_2$O 14.8kg·hm^{-2}进行概算。

图 2-3　烟田起垄施肥

2. 输出

烟田养分输出包括烟叶生长吸收养分和养分损失两部分。烟叶生长所需养分按照烟叶总收购量和生产单位烟叶产量所需要 N、P、K 数量进行估算。其中，单位生产烤烟所需养分为 N 38.5kg·t^{-1}、P$_2$O$_5$ 12.1kg·t^{-1}、K$_2$O 70.5kg·t^{-1}；单位生产白肋烟所需养分为 N 68kg·t^{-1}、P$_2$O$_5$ 5.5kg·t^{-1}、K$_2$O 58kg·t^{-1}。无机肥料 N 损失按照 50%计算，有机肥料 N 的损失率低于化肥 N，按照 30%概算，磷肥和钾肥的径流和无效化损失以 20%和 17%计算。灌溉水和干湿沉降的养分损失参照化学肥料损失率。

3. 平衡

根据养分总量输入和养分总量输出估算 2009 年恩施州 65.8 万亩（15 亩 = 1hm^2。全书同）烟田总体养分平衡状况。

图2-4　烟田绿肥种植

输入＝化肥+有机肥+生物固氮+烟苗带入养分+灌溉水养分+降水中养分

（式2.2）

输出＝烟叶吸收+养分损失　　　　　　（式2.3）

损失＝化肥损失+有机肥损失+灌溉水和大气沉降养分损失　（式2.4）

平衡＝输入−输出　　　　　　　（式2.5）

（三）　土壤养分和烟叶数据来源

对恩施州6个县（市）烟叶主产区2002年和2009—2011年共计2 600余份土样进行检测。碱解氮采用碱解扩散法，速效磷采用碳酸氢钠浸提钼锑抗比色法，速效钾采用醋酸铵浸提原子吸收法。方法流程参考文献。烟叶钾含量数据来源于《中国烟草科学技术数据库》，提取出2003—2007年全国各省云烟87烟叶化学成分数据作为基础性数据。

二、结果与分析

（一）　烟田养分输入

恩施州烟田养分输入、输出与平衡估算结果如表2-3所示，下面从养分的输入、输出及平衡角度进行系统分析。

1. 化肥输入

2009 年度恩施州烟田养分总输入量约为 2.64 万 t，其中 N、P、K 总量分别为 0.83 万 t、0.53 万 t 和 1.28 万 t。化肥总投入量为 2.02 万 t，占总输入量的 77%，分别占 N、P、K 总输入量的 61.5%、83.8%、83.6%。按照肥料种类统计，复合肥、硫酸钾、硝酸钾、硝酸铵和磷肥分别占总输入量 56.8%、11.8%、0.4%、5% 和 2.7%。说明恩施州烟田化肥投入比例偏高，超过了总养分投入量的 70%。

表 2-3　恩施州烟田养分输入、输出与平衡估算　　　　　（单位：t）

项目	来源	种类	N	P_2O_5	K_2O	合计
投入	化肥	复合肥	3 747.3	3 747.3	7 494.6	14 989.2
		硫酸钾			3 108.4	3 108.4
		硝酸钾	26.7		90.0	116.7
		硝酸铵	1 316.2			1 316.2
		磷肥		706.8		706.8
		合计	5 090.2	4 454.1	10 693.0	20 237.3
	有机肥	饼肥	197.8	84.6	47.2	329.6
		商品有机肥	69.0	27.6	41.4	138.0
		绿肥	311.2	76.3	291.4	678.9
		人畜粪尿	497.8	532.6	628.6	1 659.0
		秸秆还田	110.1	34.0	170.9	315.0
		非共生固氮	658.0			658.0
		合计	1 843.9	755.1	1 179.5	3 778.5
	烟苗带入		13.2	0.7	21.4	35.3
	灌溉		438.4	54.4	536.3	1 029.0
	大气沉降		886.1	52.6	364.1	1 302.8
	合计		8 271.8	5 316.9	12 794.3	26 383.0
产出	作物吸收	烤烟	2 292.1	720.4	4 197.3	7 209.8
		白肋烟	2 029.4	164.1	1 730.9	3 924.4
	损失		3 764.5	1 063.3	2 175.0	7 002.8
	合计		8 086.0	1 947.8	8 103.2	18 137.0
	差值		+185.8	+3 369.1	+4 691.1	+8 246.0

2. 有机肥输入

有机肥总投入量为 0.38 万 t，约占总养分输入量的 14%，分别占 N、P、K

总输入量的 22.3%、14.2%、9.2%。烟草直接投入的有机肥（包括饼肥、商品有机肥和绿肥）、人畜粪尿、秸秆还田和非共生固氮所占总有机肥比例分别为 30.4%、43.9%、8.3% 和 17.4%，说明当前区域内有机肥主要源于人畜粪尿和烟草投入的有机肥。根据恩施州人口量及畜牧业和农作物生产状况进行估算，烟田的人畜粪尿和秸秆还田的潜在养分供应量分别为 1.68 万 t 和 0.21 万 t，因此充分利用该类有机肥，对解决有机肥投入量低、实现养分绿色循环有积极意义。

3. 其他输入

除上述两种主要输入途径外，烟田还能通过烟苗带入、灌溉和大气沉降方式带入一定量的养分，共计约为 0.24 万 t，占总养分投入量的 9%，分别占 N、P、K 总输入量的 16.2%、2% 、7.2%。其中，输入灌溉和大气沉降带入的养分较多，分别占总输入量的 3.9% 和 4.9%，说明由自然界直接进入烟田的养分，特别是 N 也占了一定的份额，对烟叶生产起到一定的作用。

（二）烟田养分输出

烟田养分输出主要由烟叶吸收的养分和养分损失组成。烟叶吸收的养分包括烟叶产量部分和秸秆部分（图 2-5 和图 2-6）。按恩施州 2009 年烤烟 5.95 万 t、白肋烟 2.98 万 t 的生产量计算，烟叶生产 N、P、K 养分数量分别为 0.43 万 t、0.09 万 t 和 0.59 万 t，分别占养分总输入量的 52.2%、16.6% 和 46.3%，养分输入大于烟叶吸收，其中磷肥表现最为明显。

除烟叶吸收外，还有一定数量的养分是通过各种途径损失。N 通过硝化—反硝化作用和雨水淋失等作用损失最大，经估算，恩施基本烟田 N 损失达 0.38 万 t，占总氮输入量的 45.5%；P 和 K 通过径流和无效损失率分别以 20% 和 17% 计，损失量达 0.11 万 t 和 0.22 万 t。

（三）烟田养分平衡

根据恩施州烟田养分输入与输出计算养分平衡状况表明，总体养分盈余量达 0.82 万 t，占总养分输入的 31.3%。其中，N、P、K 盈余量占相应总输入量的 2.2%、63.4% 和 36.7%。按 2009 年全州 65.8 万亩烟田计算，N、P、K 养分平均盈余为 0.3kg·亩$^{-1}$、5.1kg·亩$^{-1}$、7.1kg·亩$^{-1}$。结合恩施州基本烟田速效养分变化情况（图 2-7）推断可知：①平衡概算烟叶吸收 N 占总 N 输入的

图 2-5　烤烟成熟采收

图 2-6　烤烟烘烤

52.2%，大于常规意义中氮肥当季利用率30%的普遍结论，这是与概算过程中未将土壤本底N含量计入有关，且近期土壤碱解氮含量处于逐步下降趋势，说明该区域N输入、输出基本持平，处于略亏状态。②磷肥和钾肥后效较强，近期土壤有效磷和有效钾基本处于逐步上升状态，与投入量逐年增加有关。综上所述，该区域 N 输入、输出持平、略有亏损，P 和 K 均有盈余，该结论与陶帝等人对我国烤烟生产体系中的养分平衡进行评价的结果基本一致。

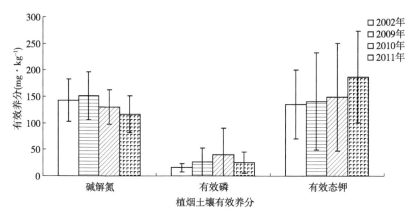

图 2-7　恩施州植烟土速效养分变化示意

三、小结

（一）适度增 N，稳定 P、K

一般说，农田 N 平衡盈余率［（输入-输出）/输出×100%］超过 20%时，即可能引起 N 对环境的潜在威胁，2009 年恩施州烟田养分中 N 为 2.3%，氮肥投入量基本持平，且土壤碱解氮有一定程度下降，对环境基本无影响。因此，对于 N 来讲，应适度增补氮肥用量，尤其是增加有机肥投入量，以提高氮肥的利用率和供应量，避免盲目减少氮肥用量而影响烟叶生产。

P 的后效较高，其累计利用率可达 80%以上，2009 年 P 的盈余率为 173%，烟叶带出占 P 总输入的 16.6%，且与 2002 年相比近期有效磷含量均值有显著升高，因此应推广平衡施肥，整体上适度稳定磷肥投入量，增施有机肥，提高土壤残留磷肥的有效性，满足烟叶生产，防止烟田磷肥残留量过高产生潜在危害。

我国农田 K 平衡达到盈余状态的并不多见，而恩施州烟田养分中 K 的盈余率为 57.9%，且近期土壤有效钾有一定程度地上升，说明烟田与其他农田的 K

含量有一定差别。土壤的供 K 能力和烟叶含 K 量有一定的相关性,与全国其他区域相比,恩施州云烟 87 含 K 量处于全国的中等偏上水平(图 2-8),仅次于安徽、湖南和云南等省,可能与当地钾肥盈余较高有关,应稳施钾肥,注重以增加钾肥追肥比例和次数的方式提高其利用率,后作经济作物,降低土壤 K 残留量,达到烟叶生产与环境可持续发展的目的。

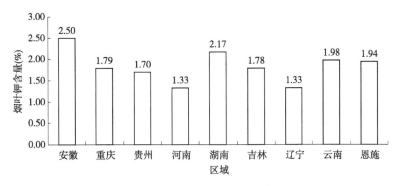

图 2-8　全国云烟 87 钾含量统计

(二)降低化肥投入量,防止土壤酸化

优质烟叶生产要求土壤 pH 值为 5.5~6.5,全国约有 21% 的烟田土壤 pH 值低于 5.5,属于酸性土壤,且基本集中在南方烟区。根据调查,与 2002 年恩施州烟田土壤酸碱度调查结果相比,近期土壤 pH 值低于 5.5 所占比例上升了 12.2%(图 2-9),且已有报道概述了恩施州耕地酸化状况日益突出,政府已投入了大量的人力、物力以缓解该问题给当地农业生产带来的不良影响。土壤

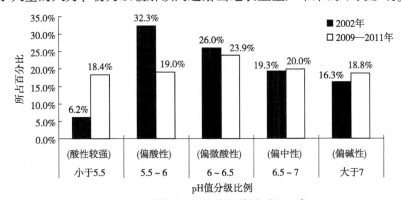

图 2-9　恩施州 pH 值分级统计对比示意

酸化的诱导因素有很多，张福锁（2015）研究表明，我国过去30年中对化肥的过度使用是导致土壤酸化的主要诱因。恩施州烟田化肥投入比例偏高，占总养分输入量的八成左右，P、K的盈余量大，部分区域出现了土壤板结和酸化现象，且近几年亩平均化肥投入量基本不变（表2-4），故应适度降低化肥的投入比例，以防止烟田土壤区域性酸化。

表2-4　近年亩平均烟田化肥输入养分

类别	化肥输入量（kg·亩⁻¹）				变异系数
	2008 年	2009 年	2010 年	2011 年	
N	8.4	8.8	9.9	8.6	7.6%
P_2O_5	9.2	7.9	8.6	7.4	9.4%
K_2O	17.1	19.1	21.0	19.8	8.4%
合计	34.7	35.8	39.5	35.8	5.7%

（三）提高有机肥投入量，重视农家肥施用

有机肥对改善土壤理化性状，提高土壤保水、保肥能力，增强土壤养分的有效性都有显著效果。2009年人畜粪尿和秸秆还田占总有机肥投入量的近一半，而烟草直投有机肥量约为其总量的1/3，只为直投化肥总量的5.7%左右，应逐步提高烟草直补有机肥的投入量。同时，恩施州人畜粪尿和作物秸秆的潜在纯养分年供应量约为1.89万t，如合理利用该类资源，可有效地降低烟叶生产成本，解决当前有机肥投入不足问题，鼓励烟农兴建沼气池、重视农家肥的施用，并给予一定的政策支撑，以实现烟叶生产的养分绿色生态循环模式。

（四）增加烟秆生物有机肥和绿肥的推广力度

按恩施州2009年烟叶8.94万t生产量，草谷比1.6，烟秆中N、P、K含量分别为1.295%、0.346%、1.995%，处理能力50%计算，生产出的烟秆生物有机肥含纯养分量为1 299.9t（N 463t、P 123.7t、K 713.2t），约是2009年有机肥总输入量的34.4%，可见推广烟秆生物有机肥既能就地取材，减少大量烟秆残留田间，又能解决当前烟草直补有机肥投入量不足的问题。同时，2009年绿肥的推广种植面积为4 013.3hm²，约占总有机肥投入量的18%，应继续加大绿肥的推广种植面积，以缓解恩施州烟区连作障碍、解决土壤退化呈现出的一些问题。

第二节　烤烟生产物质流、能量流和价值流特征

不同的海拔高度，植物的生长发育、物质代谢等情况也会存在差异。与不同纬度梯度相比，海拔高度的变化对温度、湿度和光照强度等环境因子的影响更加明显。有研究表明，作物的产量随海拔高度的升高会下降，但也有研究证明随着海拔的升高作物产量呈现先升高后降低的趋势。海拔高度对烤烟的农艺性状、外观质量、化学成分、香气和吃味均有显著影响，简永兴等（2006）研究表明，随着海拔的升高，烟叶的外观质量得到改善，化学成分更趋于协调。此外，海拔高度对烟田的投入有一定影响，由于山高路陡，农家肥的施用、机械投入会减少，而运输成本会增加。因此，结合一定的分析方法研究不同海拔高度烟田的物质流、能量流和价值流特征对于合理调整烟田投入和促进烟田高效产出具有一定的现实意义。本书以恩施州不同海拔的典型烤烟农户的生产系统为基本单位，对其烤烟生产过程中的物质能量进行统计与分析，了解和掌握整个生产系统中物质能量的流向、流量以及价值产出，评价和量化资源投入、产出和资源利用效率，并找出降低资源投入量、减少废物排放量、提高资源利用率的方法。为改善烟田的投能结构、促进烟田生态效益最大化提供理论依据及指导。

一、材料与方法

（一）研究区域概况

恩施州位于湖北省西南部，地处湘、鄂、渝三省（市）交汇处，位于东经108°23′12″~110°38′08″、北纬29°07′10″~31°24′13″。地貌结构总体以石灰岩组成的高原型山地为主，兼有部分石灰岩组成的峡谷、溶蚀盆地，砂岩组成的中、低、宽谷以及山间盆地等多种地貌类型，境内沟壑纵横，山峦起伏（图2-10）。人员多集中在山脚及低山处，随着海拔的升高，居民逐渐减少。

恩施州烟区属于雨热同期的中亚热带气候，主要植烟土壤类型是黄棕壤、黄壤、棕壤、石灰土等（图2-11）。烟区无霜期时间长，各植烟县（市）无霜期在237.28~296.08d，烟叶生长期≥10℃活动积温平均为3 273.38℃。恩施州烟区土壤pH值多在中性至微酸性范围内（5.80~6.44）。黎妍妍等

图 2-10 恩施州地形地貌

图 2-11 恩施州烟田土壤

（2008）研究表明，随着海拔高度的升高，恩施州烟区土壤酸碱性先降低后稳定，当海拔达到 800m 以上时，pH 值会稳定在 6.2 左右，土壤有机质含量与海拔高度呈正相关，在 1 200m 以上植烟土壤中有机质含量均高于 30g/kg（表 2-5）。

表 2-5 恩施州不同海拔高度土壤 pH 值和有机质含量状况

指标	海拔高度（m）				
	<800	800~1 000	1 000~1 200	1 200~1 400	>1 400
pH 值	6.58	6.20	6.21	6.20	6.21
有机质（g/kg）	26.28	27.88	28.73	30.35	34.47

（二）试验设计

恩施州烟区的光照、温度、热量、土壤等均能满足优质烤烟生长要求，并且植烟区域海拔分布非常广泛，从海拔 500~1 500m 均有烤烟种植。试验于 2014—2015 年在湖北恩施州进行，本次调查研究随机选取了恩施州各县（市）中具有代表性的植烟农户（共 32 户）作为研究对象，对农户 2014 年的烤烟生产情况进行了详细调查。同时，利用 GPS 定位对各数据采集点的海拔高度进行了记录，最后根据本次研究设置的 3 个海拔高度区间对取样数据进行了分类。其中，取样地点海拔在 500~900m 的共 10 户，占总数的 31.25%；海拔在 900~1 200m 的共 10 户，占总数的 31.25%；海拔在 1 200~1 500m 的共 12 户，占总数的 37.5%。

（三）调查内容和分析方法

调查内容是 2013—2014 年各典型烟区的种子、施肥种类和肥料价格、施肥量、农药、农膜、农用机械油耗、电力及人畜、用工、土地租金、烘烤燃煤、烟叶产量、杂草和秸秆等。其中以种子、施肥种类和肥料价格、施肥量、农药、烟叶产量、不适烟叶、杂草和秸秆等指标反映物质投入产出情况；以各项农事操作中种子、农药、肥料、农用机械的油耗、农膜、电力及人畜力消耗、烟叶产量、杂草和秸秆等指标反映农田能量输入、输出情况；以种子、肥料、农药、机械、用工、土地租金、农膜及烘烤燃煤、电力等反映价值投入情况，价值输出主要是烟叶带来的经济价值。

烤烟的生产以 1 年计，所以本系统的系统边界设置为 1 年。在计算不同海拔高度烟田的物质流时，由于输入和输出的物质种类繁多，分别计算较为烦琐，且不利于进行比较，因此以各物质的 N、P_2O_5、K_2O 含量为标准，根据各种不同类型物质的 N、P、K 含量进行换算（表 2-6），折算成纯 N、P、K 含量，然后进行物质循环的平衡分析；能量流则按照各种物质对应折能系数折算为统一的能量值，各物质折能系数如表 2-7 所示。

表 2-6　不同物质的 N、P、K 含量

种类	N（%）	P（%）	K（%）
硝铵磷	32.00	4.00	0.00
复合肥	8.00	12.00	24.00
硝酸铵	35.00	0.00	0.00
菜籽饼	4.98	2.06	1.90
农家肥	0.59	0.28	0.14
烟秆肥	0.12	0.40	4.50
过磷酸钙	0.00	12.00	0.00
烟叶	2.00	0.70	2.50
不适烟	3.20	0.67	1.00
杂草	2.00	0.27	5.40
烟秆	0.80	0.11	1.53

表 2-7　不同物质折能系数

指标	种子	烟秆肥	农家肥	菜籽饼	人工	氮肥	磷肥	钾肥	农药	农膜	燃油	烟叶	不适烟	秸秆	杂草
折能系数	15.9	13.3	20.4	17.5	12.5	91.2	13.4	9.2	102.0	51.9	418.0	19.9	19.9	14.7	14.6

注：人工折能系数单位是 $MJ \cdot d^{-1}$。

二、结果与分析

（一）不同海拔高度烤烟生产系统物质流分析

从表 2-8 可以看出，不同海拔高度烤烟生产系统物质投入项目主要是农家肥、烟秆肥、菜籽饼、复合肥、磷肥等，物质产出主要是烟叶、烟秆、不适烟和杂草。从物质投入结构上看，所有不同海拔高度烟田的无机投入均远大于有机投入。表 2-9 表明，随着海拔高度的升高，烟田的 N、P、K 物质投入呈减少的趋势，这可能是由于随着海拔高度的升高，气温降低，微生物的分解速度减慢和矿化作用减弱，土壤有机质含量增加，因此高海拔烟区肥料表观用量比低海拔烟区低。图 2-12 显示，随着海拔高度的升高，烟田生产系统 N、P、K 的产投比均呈现增加的趋势，其中海拔在 900～1 200 m 和海拔 1 200～1 500 m 烟田 P、K 的产投比相差不大。恩施州烟田 N 的物质产投比较高，说明烟田氮肥的利用效率较高，磷肥的利用效率最低，这可能是因为 P 容易被土壤固定变成无效磷，导致磷肥的吸收转化效率低。

表 2-8　不同海拔高度烟区的物质投入情况

| 海拔(m) | 物质流 | 有机肥（kg·hm^{-1}） | | | | 无机肥（kg·hm^{-1}） | | | | | 共计（kg·hm^{-1}） |
		菜籽饼	农家肥	烟秆肥	合计	硝铵磷	复合肥	磷肥	硝铵	合计	
500～900	N	9.71	26.55	1.13	37.39	4.80	81.0	0.00	0.00	85.80	123.19
	P$_2$O$_5$	4.02	12.60	3.75	20.37	0.60	121.5	47.00	0.00	169.10	189.47
	K$_2$O	3.71	6.30	42.19	52.20	0.00	243.0	0.00	0.00	243.00	295.20
900～1 200	N	6.35	17.70	1.73	25.78	4.80	58.2	0.00	6.3	69.30	95.08
	P$_2$O$_5$	2.63	8.40	5.76	16.79	0.60	87.3	52.02	0.00	139.92	156.71
	K$_2$O	2.42	4.20	64.80	71.42	0.00	174.6	0.00	0.00	174.60	246.02
1 200～1 500	N	1.87	18.80	0.96	21.63	2.00	66.0	0.00	14.0	82.00	103.63
	P$_2$O$_5$	0.77	8.93	3.20	12.90	0.25	99.0	31.50	0.00	130.75	143.65
	K$_2$O	0.71	4.46	36.00	41.17	0.00	198.0	0.00	0.00	198.00	239.17

表 2-9　不同海拔高度烟区的物质产出及产投比情况

| 海拔(m) | 物质流 | 物质产出（kg·hm^{-1}） | | | | | 物质投入 | 产投比 |
		烟叶	不适烟	杂草	烟秆	合计		
500～900	N	51.60	7.30	10.35	24.00	93.25	123.19	0.76
	P$_2$O$_5$	18.06	1.53	1.40	3.30	24.29	189.47	0.13
	K$_2$O	64.50	2.28	27.95	45.90	140.63	295.20	0.48
900～1 200	N	53.50	6.62	11.40	21.60	93.12	95.08	0.98
	P$_2$O$_5$	18.73	1.39	1.54	2.97	24.63	156.71	0.16
	K$_2$O	66.88	2.07	30.78	41.31	141.04	246.02	0.57
1 200～1 500	N	53.60	5.92	11.50	21.60	92.62	103.63	0.89
	P$_2$O$_5$	18.76	1.24	1.55	2.97	24.52	143.65	0.17
	K$_2$O	67.00	1.85	31.05	41.31	141.21	239.17	0.59

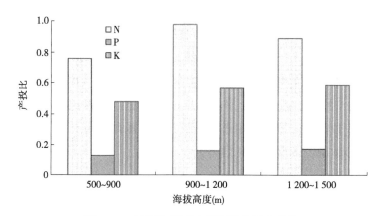

图2-12 不同海拔高度烟田的物质产投比

(二)烤烟生产系统物流图

通过对烤烟生产系统的物质输入和输出项目的统计和分析,得到本系统的物流图,如图2-13所示。本系统主要包括土壤库和作物库2个物流库,土壤库中的物质主要来自生产资料市场获得的各种肥料,包括农家肥、烟秆肥、菜籽饼、复合肥等;作物库则是从土壤中获取的养分以及微量的种子,通过光合作用积累碳水化合物,从而产出烟叶、烟秆、杂草等。在物质的输出过程中,土壤库中的部分物质通过土壤的淋溶作用和土壤微生物的矿化作用从系统中排出,而作物库中的物质则主要是通过烟叶的收购进入到产品市场,另外一部分不适用的烟叶以及烟秆和杂草还田或从系统中排出。从图2-13可以看出整个烟田生态系统的物质投入和产出流程,便于对烟田的物质资料生产有更加深刻的了解,找到影响烟田物质产投比的根源,提高资源利用率和产品转化率。

(三)不同海拔高度烤烟生产系统能量流分析

从表2-10可以看出,恩施州不同海拔高度烟田无机投能中最多的是化肥投能,这是因为烟草需肥量较大;有机能投入最多的是人工投能,这是由于恩施州烟田多在山区,农业机械化水平较低,加之烟草的田间管理和烘烤工艺繁杂,劳动力成本逐年升高。

不同海拔高度的烟田能量投入相差不大,其中能量投入最高的是海拔高度

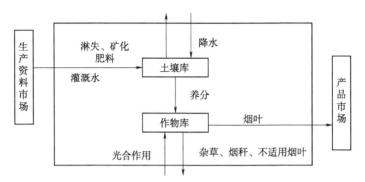

图 2-13　烤烟生产系统物质流动与库存示意

500~900m 的烟田，能量投入为 113 892MJ·hm⁻²；能量投入最低的是海拔高度 1 200~1 500m 的烟田，为 109 234MJ·hm⁻²。表 2-11 的结果表明，不同海拔高度烟田的能量产出随海拔的升高呈降低的趋势，其中能量产出最高的是海拔高度 900~1 200m 的烟田，产出能量为 105 061.8MJ·hm⁻²，能量产出最低的是海拔高度 500~900m 的烟田，为 104 212.5MJ·hm⁻²。而能量产投比最高的是海拔高度 900~1 500m 的烟田，可见一定的海拔高度更有利于烟田生态系统能量的高效转化。

表 2-10　不同海拔高度烟区的能量投入

| 海拔(m) | 无机投能(MJ·hm⁻²) | | | | | | 有机投能(MJ·hm⁻²) | | | | | | 总计(MJ·hm⁻²) |
	化肥	农机	农药	农膜	燃油	合计	种子	烟秆肥	农家肥	菜籽饼	人工	合计	
500~900	164 77	11 837	2 295	3 153.4	3 135	36 897.4	4.8	12 562.5	11 890.0	3 412.5	49 124.8	76 994.6	113 892
900~1 200	13 024	10 284	2 397	3 112.8	4 075	32 892.8	4.0	12 296.0	10 260.0	2 231.3	52 510.6	84 301.9	110 195
1 200~1 500	13 566	8 725	2 448	3 216.6	4 702	32 657.6	3.7	10 720.0	8 735.8	656.3	56 460.6	76 576.4	109 234

表 2-11　不同海拔高度烟田的能量产出及产投比情况

| 海拔(m) | 产出能量(MJ·hm⁻²) | | | | | 投入能量(MJ·hm⁻²) | 产投比 |
	烟叶	不适烟	秸秆	杂草	合计		
500~900	51 213.00	4 525.80	7 583.70	40 890	104 212.5	113 892.0	0.92
900~1 200	53 098.75	4 108.95	8 353.06	39 501	105 061.8	110 194.7	0.95
1 200~1 500	53 198.00	3 672.25	8 426.34	39 501	104 797.6	109 234.0	0.96

(四) 不同海拔高度烤烟生产系统价值流分析

烟田生态系统的价值投入主要是育苗、肥料、农药、农膜、机耕、植保、烘烤、租金以及人工等 (表2-12), 各不同海拔高度烟田的价值投入不同, 价值投入最高的是海拔 500~900m 的烟田, 投入 25 950 元·hm^{-2}, 这与其肥料投入量较大有关。在资金投入项目中, 人工投入占 41.6%, 无机价值投入 (化肥、农药、水电、机械、柴油、农膜、租金等) 占 58.4%, 说明在烟田生态系统的价值投入中以无机价值投入为主, 而人工的资金投入量最大, 这与烟草移栽、揭膜培土、施药、打顶、采收及烘烤等环节还多靠人工操作完成, 而且恩施州的烟田多是山地, 很难实现机械化有关。

价值产出主要是收获烟叶带来的经济价值, 因为不适烟基本没有为烟农带来经济价值, 恩施州虽然对烟秆进行回收, 但每亩价格很低, 故本研究忽略了烟秆和不适烟的经济价值。从表 2-13 中可以看出, 海拔 1 200~1 500m 烟田的价值产出最高, 为 56 280 元·hm^{-2}; 海拔 500~900m 烟田的价值产出最低, 为51 600 元·hm^{-2}。随着海拔的升高, 烟田产投比先增加后略微降低, 其中海拔 900~1 200m的烟田产投比最高, 为 2.19; 海拔 500~900m 的烟田产投比最低, 为 1.98。

表 2-12　不同海拔高度烟田的价值投入情况)　　(单位: 元·hm^{-2})

海拔(m)	育苗	肥料	农药	农膜	机耕	植保	烘烤	租金	人工	合计
500~900	600	5 400	600	600	1 350	600	3 000	6 000	10 800	25 950
900~1 200	600	4 800	600	600	1 500	600	3 000	6 000	12 000	25 700
1 200~1 500	600	4 500	600	600	1 950	450	3 000	6 000	14 300	25 900

表 2-13　不同海拔高度烟田的价值产出及产投比情况

海拔(m)	产出价值(元·hm^{-2})			投入价值 (元·hm^{-2})	产投比
	烟叶产量(kg)	均价(元·kg^{-1})	合计(元)		
500~900	2 580	20	51 600	25 950	1.98
900~1 200	2 675	21	56 175	25 700	2.19
1 200~1 500	2 680	21	56 280	25 900	2.17

三、讨论

从物质投入产出来看, 随着海拔的增加, 烟田的物质投入减少, 这是由于海拔的升高，土壤有机质含量增加，因此肥料投入的减少使得总物质投入减少；物质产出相差不大，但物质产出中烟叶的量呈增加的趋势，说明随着海拔的升高，烟叶的产量有所增加，这与王世通等（2012）的研究结果一致。从物质的产投比来看，各海拔高度烟田的N、K元素产投比较高，但由于P容易被土壤固定变成无效磷，故投入量大，物质产投比低，因此需要进一步采取措施，通过对水分、温度、土壤理化性状、肥料运筹以及耕作措施等因素进行综合调控，提高磷肥利用率，实现烟田生态系统的良性循环，促进烟田的高效、可持续发展。

所有不同海拔高度烟田的无机投入均远大于有机投入，对无机肥的依赖不利于烟田生态系统的循环、可持续发展，因此需要适度加大有机肥的投入。养猪业长期以来都是恩施农村的传统产业和农村经济的重要支柱产业，将猪粪等养殖废弃物通过堆肥的方式转变为有机肥还施到烟田中，不仅可以有效增加烟田土壤的有机质含量，还能提高养猪业废弃物的循环利用效率。烟秆生物有机肥还田同样是一种可以推广的改良土壤肥力、改善烟草种植区生态的有效技术。

从能量投入产出看，随着海拔的升高，人工投能增加，这是由于高海拔地区运输成本及人工成本较高；总的能量投入减少，这主要是受物质投入量的影响；能量产投比逐渐增大，最大达到0.96，这比张继光等（2015）在皖南研究的不同种植模式烤烟的能量产投比高，但低于李中魁（1996）在黄家二岔小流域研究的粮食作物的能量产投比。

海拔高度对烟田生态系统的价值投入影响差异不大，对价值产出主要是通过影响烟叶的产质量造成的。价值投入中人工的资金投入量最大，这与烟草移栽、揭膜培土、施药、打顶、采收及烘烤等环节还多靠人工操作完成有关，下一步可以朝着提高烟田农业机械化水平的方向发展。

四、结论

本研究表明，恩施州不同海拔高度烤烟的物质流、能量流和价值流具有一定的差异。在物质投入方面，各海拔高度的烟田均提高P、K肥利用率，可以采取养殖、种植相结合的复合农业模式，使用烟秆肥等方式加大有机肥的施用，促进有机无机均衡投入。下一步还需提高烟田的农业机械化水平。从物质、能量的高效利用及价值的产投比等角度综合考虑，海拔高度在900～

1 500m 烟田的综合生态效益比海拔 500~900m 烟田的要好，因此可以适当调整海拔 900~1 500m 的种烟面积，促进优质高效烟草的发展。

第三节　烤烟生产系统碳素物质流

一、材料与方法

（一）研究区域概况

恩施州位于湖北省西南部，地处湘、鄂、渝三省（市）交汇处，位于东经 108°23′12″~110°38′08″、北纬 29°07′10″~31°24′13″。西连重庆市黔江区，北邻重庆市万州区，南面与湖南湘西土家族苗族自治州接壤，东北端连神农架林区，东面与宜昌市为邻。恩施自治州辖恩施、利川两市，以及建始、巴东、宣恩、咸丰、来凤、鹤峰六县。

恩施州烟区属于雨热同期的中亚热带气候，主要植烟土壤类型是黄棕壤、黄壤、棕壤、石灰土等。烟区无霜期时间长，各植烟县市无霜期在 237.28~296.08d，烟叶生长期≥10℃活动积温平均为 3 273.38℃。恩施州烟区土壤 pH 值多在中性至微酸性范围内（5.80~6.44）。

黎妍妍等（2008）的研究表明，随着海拔高度的升高，恩施州烟区土壤酸碱性先降低后稳定，当海拔达到 800m 以上时，pH 值会稳定在 6.2 左右，土壤有机质含量与海拔高度呈正相关，在 1 200m 以上的植烟土壤中有机质含量均高于 30g·kg⁻¹（表 2-14）。

表 2-14　恩施州不同海拔高度土壤 pH 值和有机质含量状况

指标	不同海拔高度的 pH 值与有机质含量				
	<800m	800~1 000m	1 000~1 200m	1 200~1 400m	>1 400m
pH 值	6.58	6.20	6.21	6.20	6.21
有机质(g·kg⁻¹)	26.28	27.88	28.73	30.35	34.47

（二）试验设计

本次调查研究随机选取了恩施州各县（市）中具有一定代表性的植烟农户

（共 32 户）作为研究对象，对农户 2012 年的烤烟生产情况进行了详细调查（图 2-14）。同时，利用 GPS 定位对各数据采集点的海拔高度进行了记录，最后根据本次研究设置的 3 个海拔高度区间对取样数据进行了分类。其中，取样地点海拔 500~900m 的一共 10 户，占总数的 31.25%；海拔 900~1 200m 的一共 10 户，占总数的 31.25%；海拔 1 200~1 500m 的一共 12 户，占总数的 37.5%。

图 2-14　调查烟田地貌

（三）物质流模型建立

烤烟生产系统中的物流库主要包括了土壤库和作物库，主要是生物质资源的流动，所以在进行数据收集整理和碳素物质流分析时需要考虑的因素主要包括以下几个方面。①烤烟的生产以 1 年计，所以本系统的系统边界设置为 1 年。②碳元素作为本研究的分析对象，分析指标主要包括本系统的养分输入和输出项目，养分输入项目包括肥料、灌溉水等，养分输出项目主要包括烟叶、烟秆和杂草等。③由于输入和输出的物质种类繁多，所以必须根据各种不同类型物质的碳含量进行换算，折算成碳纯量，才能进行物质循环的平衡分析。

二、结果与分析

（一）烤烟生产系统养分输入与输出

烤烟通过光合作用将水、CO_2 和其他营养元素转化成大量碳水化合物，因此烤烟生长过程主要是将大气中的 CO_2 转化为有机碳的积累过程，土壤中碳的输入主要来自农家肥、商品有机肥、菜籽饼和菜枯等肥料的施用，输出途径则主要是烟株（烟叶和烟秆）和杂草。根据养分输入和输出项目的碳素流动量，列出烤烟生产系统的养分平衡表，3 个海拔区间的统计数据如表 2-15、表 2-16 和表 2-17 所示，不同海拔碳素盈亏状况如表 2-18 所示。

表 2-15　烤烟生产系统养分平衡（海拔 500~900 m）（单位：kg·hm^{-2}）

项目	种类	原始数据	碳(C)	种类	原始数据	碳(C)
养分输入（M$_入$）	硝铵磷	15.00	0.00	菜籽饼	195.00	87.75
	火土灰	1 500.00	135.00	农家肥	4 500.00	1 125.00
	尿素	57.00	11.40	菜枯	45.00	18.00
	硝酸铵	0.00	0.00	商品有机肥	937.50	187.50
	复合肥	1 012.50	0.00	灌溉水	13 500.00	0.00
	硝酸钾	358.50	0.00	过磷酸钙	391.67	0.00
碳合计				1 564.65		
养分输出（M$_出$）	杂草	517.50	232.88	烟叶	4 500.00	1 800.00
	烟秆	2 700.00	1 080.00	不适用烟叶	228.00	91.20
碳合计				3 204.08		
输入—输出（△W）				−1 639.43		

表 2-16　烤烟生产系统养分平衡（海拔 900~1 200m）　（单位：kg·hm^{-2}）

	种类	原始数据	碳(C)	种类	原始数据	碳(C)
养分输入（M$_入$）	硝铵磷	15.00	0.00	菜籽饼	127.50	57.38
	火土灰	3 750.00	337.50	农家肥	3 000.00	750.00
	尿素	36.00	7.20	菜枯	0.00	0.00
	硝酸铵	18.00	0.00	商品有机肥	1 440.00	288.00
	复合肥	727.50	0.00	灌溉水	7 500.00	0.00
	硝酸钾	351.00	0.00	过磷酸钙	433.50	0.00
碳合计				1 440.07		

（续表）

	种类	原始数据	碳（C）	种类	原始数据	碳（C）
养分输出（M出）	杂草	570.00	256.50	烟叶	4 500.00	1 800.00
	烟秆	2 700.00	1 080.00	不适用烟叶	207.00	82.80
碳合计				3 219.30		
输入—输出（△W）				−1 779.23		

表 2-17　烤烟生产系统养分平衡（海拔 1 200~1 500 米）　（单位：kg·hm⁻²）

	种类	原始数据	碳（C）	种类	原始数据	碳（C）
养分输入（M入）	硝铵磷	6.25	0.00	菜籽饼	37.50	16.88
	火土灰	0.00	0.00	农家肥	3 187.50	796.88
	尿素	0.00	0.00	菜枯	0.00	0.00
	硝酸铵	40.00	0.00	商品有机肥	800.00	160.00
	复合肥	825.00	0.00	灌溉水	7 500	0.00
	硝酸钾	340.63	0.00	过磷酸钙	262.50	0.00
碳合计				973.75		
养分输出（M出）	杂草	575.00	258.75	烟叶	4 500.00	1 800.00
	烟秆	2 700.00	1 080.00	不适用烟叶	185.00	74.00
碳合计				3 212.75		
输入—输出（△W）				−2 239.00		

表 2-18　烤烟生产系统不同海拔碳素盈亏状况

海拔（m）	输入 C 总量（kg·hm⁻²）	输出 C 总量（kg·hm⁻²）	输入—输出（kg·hm⁻²）	输出/输入
500~900	1 564.65	3 204.08	−1 639.43	2.05
900~1 200	1 440.07	3 219.30	−1 779.23	2.23
1 200~1 500	973.75	3 212.75	−2 239.00	3.30

化肥的主要成分是 N、P、K 等元素，所以碳素的输入量为零（图 2-15）；农家肥、商品有机肥、菜籽饼、菜枯等物料的主要成分是有机质（图 2-16），因此作为烤烟生产系统碳素的主要输入项目。输出项目则主要包括烟叶、烟秆以及烟田产生的杂草（图 2-17）。烤烟生产系统不同海拔碳素盈亏状况如表 2-18 所示，3 种海拔区间的烤烟生产系统碳输入量均小于输出量，海拔 500~900m、900~1 200m、1 200~1 500m 的输入碳总量逐渐减小，输出碳总量的变

化并不显著，输出/输入值分别为 2.05、2.23、3.3，即随着海拔高度的升高比值逐渐增加。

图 2-15　烟田化学肥料投入

图 2-16　烟田有机肥料投入

图 2-17　烟田废弃烟秆

（二）烤烟生产系统碳素物质流

通过对烤烟生产系统碳素输入和输出项目的统计和分析，得到本系统的碳素物流图。本系统主要包括土壤库和作物库 2 个物流库，土壤库中的碳素主要来自生产资料市场获得的各种肥料，包括农家肥、商品有机肥、菜籽饼、菜枯、火土灰、尿素等；作物库中的碳素最主要的来源是通过光合作用吸收 CO_2 固定的碳水化合物，另外一部分则来自作物根系从土壤中获取的养分。在碳素的输出项目中，土壤库中的碳主要通过土壤的淋溶作用和土壤微生物的矿化作用从系统中排出，而作物库中的碳则主要是通过烟叶的收购进入产品市场，另外一部分不适用的烟叶以及烟秆和杂草会从系统中排出。不同海拔区间的碳素流动与库存如图 2-18、图 2-19 和图 2-20 所示。

赵书军等的研究表明，恩施州土壤有机质含量随时间的变化并没有减少，而且有机质含量为 $10 \sim 30 g/kg$ 的土壤面积有增加的趋势。黎妍妍等（2008）的研究证明，恩施州地区随着海拔的增加，年降水量也随之增加，这必然会导致土壤的淋溶作用更加显著。烤烟生产系统的碳输入量与输出量基本维持在平衡的状态，由不同海拔地区烤烟生产系统碳素流动与库存示意图可以看出，不同海拔高度的烤烟光合作用固定的碳量与肥料中投入的碳量的总和均小于前面得到的系统的碳输出量，就此分析另外一部分碳通过土壤的淋溶作用和微生物的

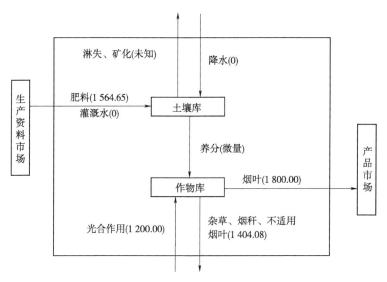

图 2-18 海拔 500~900m 烤烟生产系统碳素流动与库存（kg·hm⁻²）示意

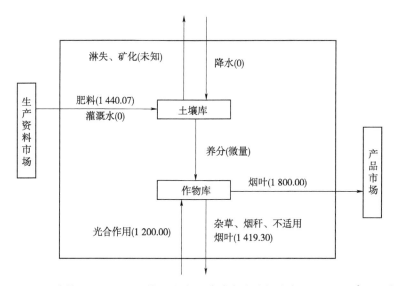

图 2-19 海拔 900~1 200m 烤烟生产系统碳素流动与库存（kg·hm⁻²）示意

矿化作用从系统中排出。另外，分析结果表明，随着海拔的升高，碳投入量逐渐减少，这主要是由于土壤淋溶作用增强导致的。

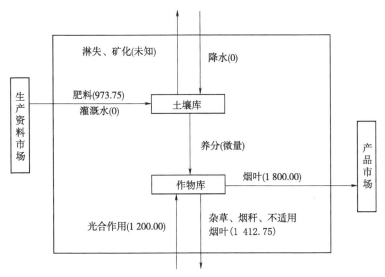

图 2-20　海拔 1 200~1 500m 烤烟生产系统碳素流动与库存（kg·hm^{-2}）示意

三、小结

　　恩施州植烟区域分布非常广泛，经调查从海拔 500~1 500m 均有烤烟种植；随着海拔的增加，土壤 pH 值先减小最后稳定在 6.2 左右；土壤有机质含量与海拔高度呈正相关，海拔高于 1 200m 的土壤有机质含量均在 30g/kg 以上。

　　烤烟生产系统主要包括土壤库和作物库两个物流库。其中，土壤库中碳素的输入主要来自农家肥、商品有机肥、菜籽饼、菜枯、火土灰以及尿素等肥料的施用，农家肥、商品有机肥和菜籽饼等因其有机碳含量较高，所以是碳投入的主要途径。火土灰则是以无机碳的形式输入。因为作物根系对含碳无机盐的吸收量非常少，所以作物库中碳素的输入绝大部分是通过光合作用固定的碳。

　　土壤库中碳素的输出主要是通过土壤的淋溶作用和微生物的矿化作用；作物库中碳素的输出则主要是烟株（烟叶和烟秆）和杂草，其中一部分达到烟叶收购要求的烟叶进入到产品市场，剩余不适用的烟叶、烟秆以及杂草则作为农业废弃物排出系统。

　　3 个海拔区间烤烟生产系统的碳输入量均小于输出量，海拔 500~900m、900~1 200m、1 200~1 500m 的输入碳总量逐渐减小，输出碳总量的变化并不显著，输出/输入值分别为 2.05、2.23、3.3，即随着海拔高度的升高比值逐渐增加，碳素利用效率升高。

养猪业长期以来都是恩施州农村的传统产业和农村经济的重要支柱产业，将猪粪等养殖废弃物通过堆肥的方式转变为有机肥还施到烟田中，不仅可以有效增加烟田土壤的有机质含量，还能提高养猪业废弃物的循环利用效率，因此可以尝试在当地开展养殖—种植一体化的复合农业形式，优化系统产业结构。

目前，烟草废弃物特别是烟秆的再利用率很低，绝大部分被农户用作秸秆燃烧，这不仅破坏了生态环境，而且浪费了可供利用的资源。烟秆由于纤维素含量高，直接还田不利于作物对养分的吸收，且容易发生病虫害。近几年，通过发酵腐熟的方式用烟秆制备生物有机肥的技术已经逐渐成熟，并且在恩施州的部分地区推广，使用效果良好。因此，烟秆生物有机肥还田同样是一种可以推广的改良土壤肥力、改善烟草种植区生态的有效技术。

第三章　烟田土壤碳矿化特征与碳排放

第一节　秸秆对烟田土壤碳矿化的影响

一、材料与方法

（一）试验材料

供试土壤采自恩施市白果乡茅坝槽烟田的耕层土壤（0~25cm），土壤类型为黄棕壤，土样采回后经自然风干，挑出侵入体和新生体，碾碎过2mm筛后备用。土壤的基本理化性状为：pH 值 6.28，有机质 18.6g/kg，碱解氮 68.25mg·kg^{-1}，有效磷 50.13mg·kg^{-1}，速效钾 281.07mg·kg^{-1}。选取玉米秆、稻秆、烟秆及稻秆生物炭 4 种秸秆样品，于 105℃烘干后，粉碎过 1mm 筛备用。其中，玉米秸秆基本性质为总碳 432.3g·kg^{-1}，总氮 11.8g·kg^{-1}，碳氮比 36.64；水稻秸秆基本性质为总碳 419.1g·kg^{-1}，总氮 10.7g·kg^{-1}，碳氮比 39.17，烤烟秸秆基本性质：总碳 447.7g·kg^{-1}，总氮 8.53g·kg^{-1}，碳氮比 52.49；水稻秸秆生物炭由中国科学院南京土壤研究所提供，其基本性质为总碳 630g·kg^{-1}，总氮 13.5g·kg^{-1}，碳氮比 46.67，灰分 140g·kg^{-1}，全磷 4.5g·kg^{-1}，全钾 21.5g·kg^{-1}。将上述过 2mm 筛的风干土样加入蒸馏水至最大田间持水量的 60%，在 25℃黑暗处预培养 1 周，以恢复土壤微生物活性，然后进行秸秆矿化试验。

（二）试验设计

该试验设 1 个对照和 4 个添加质量分数均为 1%的 5 个不同类型秸秆处理，每个处理设 3 次重复，具体试验处理如下。

T1：玉米秸秆。

T2：水稻秸秆。

T3：烟草秸秆。

T4：水稻秸秆生物炭。

CK：对照。

（三）测定项目

称取相当于 50g 干土的预培养土样于 150mL 塑料瓶中，加入质量分数为 1% 的不同秸秆，混匀，同时设不加土壤样品的空白和不加秸秆对照（CK），每处理 3 次重复，放于 1L 培养瓶中，同时在培养瓶中小心地放入一个内装 10mL 0.1mol/L NaOH 溶液的 50mL 三角瓶，以吸收土壤在培养期间释放的 CO_2，并在培养瓶底部加入少量蒸馏水以保持土壤湿度，密封后置于 28℃ 的培养箱中培养，在 1d、3d、7d、14d、21d、28d、35d、42d、49d、56d、63d、70d、84d 和 105d 随机取样，定期测定土壤在培养期间 CO_2 的释放量。

采用 $BaCl_2$ 沉淀酸碱滴定法测定添加秸秆后土壤在培养期间的 CO_2 释放量。

二、结果与分析

（一）有机碳矿化速率

图 3-1 所示为不同秸秆还田后土壤释放 CO_2 速率的动态趋势，分析可知在培养的第一天，各处理呼吸速率均达最大值，即在秸秆加入后，土壤呼吸形成一个排放高峰，随后降低。培养第一天呼吸速率的顺序是：T2 ≥ T1 > T3 > T4 > CK。随着培养时间的推移，各处理呼吸速率开始下降，3 周后开始趋于稳定，6 周后处理间的差异减小，至培养结束时，各处理的呼吸速率仅为 0.29 ~ 0.92mg · kg^{-1} · h^{-1}。这是因为不同秸秆的物质组成会影响自身的分解速率，木质素含量高其分解速度慢。分解初期秸秆中的糖类、淀粉等易于被微生物利用，使土壤呼吸在短时间内迅速升高，而分解中后期，木质素等物质不易分解，CO_2 的释放也随之趋于缓慢。

（二）有机碳矿化累积量

添加不同类型秸秆对土壤有机碳累积矿化量的影响见图 3-2。不同处理的

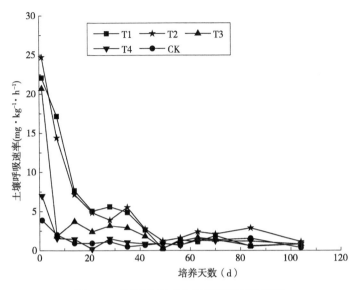

图3-1　不同秸秆对土壤呼吸速率的影响

土壤有机碳累积矿化量存在较大差异，其累积矿化量排序依次为：T1≥T2>T3>T4≥CK。土壤有机碳的累积矿化量受矿化速率影响，前期增加迅速，之后增长缓慢，70d后基本趋于稳定。施用不同秸秆的T1、T2和T3处理的有机碳累积矿化量与CK间均存在较大差异。施用水稻秸秆生物炭的T4处理，其土壤有机碳累积矿化量与CK基本一致，可见生物炭添加后对土壤中原有有机质的分解没有产生较大影响。施用玉米及水稻秸秆的T1、T2处理与施用烟草秸秆的T3处理间的有机碳累积矿化量差异较大，但T1与T2处理间土壤有机碳的累积矿化量基本一致。

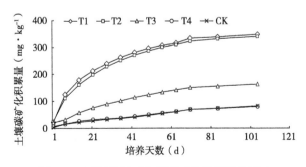

图3-2　不同秸秆对土壤碳矿化累积量的影响

三、讨论

添加秸秆后土壤有机碳的矿化速率随培养时间持续降低，在第一天，各处理土壤呼吸速率均最大，随后降低并在3周后趋于稳定。这主要是因为在培养初期秸秆中的糖类、淀粉等易分解组分容易被微生物利用，使土壤呼吸速率迅速提高，随着培养时间的延长，微生物开始转向秸秆中纤维素、木质素等不易被分解的组分，CO_2的释放也随之趋于缓慢。有研究表明，植物残体对土壤有机碳矿化的影响为矿化速率在培养前期较高，之后逐渐降低，一段时间后逐渐达到稳定状态。作物秸秆作为外源有机物质，由易分解组分（如糖类、淀粉等）和难分解组分（如纤维素、木质素等）组成，不同类型秸秆的物质组成会影响自身的分解速率，木质素含量高的作物秸秆其分解速度较慢。

有研究认为，土壤有机碳矿化累积量和秸秆碳氮比存在负相关，一般秸秆的碳氮比越高，其土壤有机碳的矿化累积量越低，这是因为土壤微生物在生长繁殖过程中，需要利用 N、P 等营养元素，且其最适宜的碳氮比为 25 左右。而本试验中不同类型秸秆处理的土壤有机碳矿化速率及其累积矿化量的排序依次为玉米秸秆≥水稻秸秆>烟草秸秆>水稻秸秆生物炭≥对照，碳氮比较大的玉米秸秆和水稻秸秆处理的土壤有机碳矿化累积量反而较高，可能是由于不同类型秸秆物质组成的差异，即玉米秸秆与水稻秸秆中易分解组分含量较高，造成其有机碳矿化累积量增加。而且本试验中还发现，等量的水稻秸秆生物炭与水稻秸秆相比，其土壤有机碳的矿化速率及累积矿化量明显降低，这一方面与秸秆生物炭本身具有相对较高的碳氮比有关，另一方面也与生物炭具有高度的芳香环状结构难以分解有关。因此，秸秆生物炭还田后，具有极低的矿化速率，可以起到较好的固碳效果。

四、结论

添加秸秆后，在第一天，各处理呼吸速率均达最大值，随后降低，3周后开始趋于稳定，6周后处理间的差异减小。不同处理的矿化速率及其累积矿化量的顺序为玉米秸秆≥T 水稻秸秆>烟草秸秆>水稻秸秆生物炭≥CK。生物碳还田后具有极低的碳矿化速率，可以起到很好的固碳效果。

各种秸秆加入土壤中后 N 的矿化量总体均为负值，说明加入秸秆后发生了土壤矿质 N 的固持作用。生物炭加入土壤后，其矿化量基本为正值，表现为促进土壤有机氮的矿化作用。

第二节 烟秆生物质炭对烟田土壤碳排放的影响

生物质是指通过光合作用而形成的各种有机体，包括所有的动物、植物和微生物。地球上的生物质资源非常丰富，但生物质资源的焚烧已经成为世界上非常重要的温室气体排放来源。根据有关部门统计，世界上每年约有 8.7Pg CO_2 因为生物质的燃烧而排放到大气中，约占 CO_2 排放总量的 40%。在我国农业生产当中，每年仅稻秆的产生量就有约 7 亿 t，粗略估计有一半以上的稻秆被直接焚烧（张阿凤等，2001）。生物质炭转化技术的应用，既保证了能源的高效利用，又有潜在的固碳减排效益（图 3-3）。Okimori 等（2003）经过计算得到，若印度尼西亚每年通过高温热解方式将 368 000t 的农作物秸秆及其废弃物转化为 77 000t 的生物黑炭而添加到土壤中贮存，那么每年利用高温热解方法可以减少 230 000t 的 CO_2 排放。

图 3-3 废弃烟秆炭化利用

目前，我国烟草的种植面积和烟叶产量均居世界首位，是我国非常重要的经济作物（刘国顺，2003）。土壤的理化性质对土壤中养分、水分、空气和热量等的协调供应能力有着直接的作用，土壤对烟株的生长发育非常重要，可以影响烟株的整个生长发育以及烟叶的产量和质量。一直以来，在我国烟草的种植生产当中，由于烟田土壤忽视有机肥的使用，长期大量地施用化学肥料，导致土壤有机质含量出现了严重的下降，土壤疏松度和通透性变差。同时，土壤中的矿质养分被大量利用，导致烟田的施肥效益下降，成为制约烟草生产的原因之一。因此，改良植烟土壤已经成为我国烟叶生产过程中面临的迫切任务。在对相关研究整理后发现，目前烟秆的资源化利用主要涉及制备活性炭、提取化学原料、堆肥、生产生物质燃料与饲料等方面（刘超等，2013），但是大部分利用途径都还处在试验研究阶段，并没有得到大面积的推广。现在国内研究和生产生物质炭的原料主要是稻壳、麦秆和玉米秆等，对烟秆进行热裂解生产生物质炭的报道则相对较少，因此将烟秆制成生物质炭配合肥料回施到烟田中具有现实的可行性。第一，将烟秆回收利用避免了焚烧造成的环境污染；第二，生物质炭可以改良土壤结构，提高土壤肥力，烟秆生物质炭理论上同样具有此效果；第三，烟秆生物质炭还田可以作为农业固碳增汇减排的有效途径；第四，烟秆经过加工后再返回烟田，可以减少部分烟草种植成本，提高烟农经济效益。烟秆生物质炭因其可能具有的土壤改良作用、养分固持效果、土壤固碳效应以及经济效益，可以对其进行详细的研究（图3-4和图3-5），以期为我国农业固碳减排、农业废弃物综合利用和烟草生产提供一定的参考依据。

一、材料与方法

（一）试验点概况

试验地位于湖北省恩施市"清江源"现代烟草农业科技园区望城坡村（30°19′N，109°25′E，海拔1 203.2m），属于亚热带季风和季风性湿润气候，年均气温13.3℃，多年平均降水量1 435mm。区域土壤为黄棕壤，土壤基本理化性状为 pH 值 6.8，容重 1.1g·cm^{-3}，有机碳 14.3g·kg^{-1}，速效氮 143.9mg·kg^{-1}，速效磷 64.41mg·kg^{-1}、速效钾 150.58mg·kg^{-1}。

图 3-4　生物质炭还田试验研究（1）

图 3-5　生物质炭还田试验研究（2）

（二）试验设计

以烟秆生物质炭为主要研究对象，共设计了烟秆生物质炭制备以及烟秆生物质炭对有机碳矿化、碳排放和烤烟生长的影响等试验内容。

1. 烟秆生物质炭制备

采集当地烟秆烘干，一部分经粉碎机粉碎，另一部分截成5cm左右小段，分别在300℃、350℃和400℃三个裂解温度下制成不同的烟秆生物质炭（图3-

6），并对以上生物质炭样品进行组成、结构和性质测定，从中找到最适合进一步研究的样品类型。

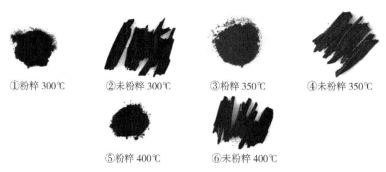

①粉粹 300℃　　②未粉粹 300℃　　③粉粹 350℃　　④未粉粹 350℃

⑤粉粹 400℃　　⑥未粉粹 400℃

图 3-6　不同烟秆生物质炭的外观

热解的具体操作方法是：第一，将处理好的烟秆放入热解器中，然后一侧开口密封；第二，关闭出气口，用氮吹仪（进气速率：10L·min^{-1}）从进气口持续将氮气通入热解装置中，1min 后打开出气口 10s，排出装置内气体，然后关闭出气口，如此重复操作 10 次；第三，在马弗炉加热到设定温度后，将热解器放到马弗炉内加热 3h；第四，关闭马弗炉，让热解器自然冷却至室温后将烟秆炭取出密封保存。具体制备流程如下。

烟秆 —前处理→ 热解器 —充氮气密封→ 马弗炉 —设置热解温度，3h→ 冷却至室温 —→ 烟秆生物质炭 —密封保存→ 组成、结构和性质测定

2. 烟秆生物质炭与土壤碳排放

试验采用 "S" 形多点混合的方法采集 0～25cm 耕层土壤带回实验室，剔除石块和根系过 2mm 筛，并充分混匀；选用烟秆经粉碎后在 400℃下制成的烟秆生物质炭用于试验。选取上述土壤和烟秆生物质炭样品在恒温培养室内进行培养试验。参考前人研究（张文玲等，2009；张斌等，2012；曲晶晶等，2012；匡崇婷等，2012；章明奎等，2012）内容，本试验设置 4 个处理：0%处理（对照，即不添加烟秆生物质炭）、0.5%处理（即添加质量分数为 0.5%的烟秆生物质炭）、1%处理（即添加质量分数为 1%的烟秆生物质炭）、2%处理（添加质量分数为 2%的烟秆生物质炭），其中质量分数均以干土计。

（1）土壤有机碳矿化特征。试验具体操作为：称取相当于 50g 干土的鲜土

装入 100mL 塑料瓶，添加不同处理后，根据土壤含水量及田间持水量计算 60%
田间持水量时的需水量，然后均匀地加入瓶底的土壤中。然后分别置于
1 000mL 培养瓶中，在瓶底部加入 30mL 蒸馏水，每个处理 3 次重复。同时，将
装有 10mL 0.2mol·L^{-1}NaOH 溶液的 25mL 小烧杯放置在培养瓶中（另设不加
土壤和生物质炭的空白），将培养瓶加盖密封，定期称重补充土壤水分，在
25℃的培养箱中培养，测定 CO_2 的释放量。在 0d、1d、3d、7d、14d、21d、
28d、42d、56d、84d 随机取样，取出 NaOH 溶液后再重新装入新配制的 NaOH
溶液，转移出的 NaOH 溶液用于分析土壤释放的 CO_2。

　　称取相当于 100g 干土的鲜土装入 200mL 塑料瓶，添加不同处理后，根据
土壤含水量及田间持水量计算出 60%田间持水量时的需水量，然后均匀地加入
瓶底的土壤中，瓶口加盖密封后扎 2 个小孔，保持通气条件。将样品放在 25℃
恒温箱内培养，定期称重补充土壤水分。在 0d、7d、14d、21d、28d、42d、
56d、84d 随机取样，用于测定土壤有机碳含量。

　　（2）土壤碳排放测定。试验供试烤烟品种为'云烟 87'。在翻地之前将上
述烟秆生物质炭均匀撒施到各小区，用旋耕机翻耕，然后整地、起垄并埋入水
槽装置，每个处理 4 行，每行植烟 20 株，行株距为 1.2m×0.55m，重复 3 次，
随机区组设计。常规施肥为每亩施纯氮 6.5kg，N：P_2O_5：K_2O = 1：1.5：3，
其他管理措施与当地栽培措施保持一致。试验设置 4 个处理：0%处理（对照，
施肥）、0.5%处理（施肥，添加质量分数为 0.5%的烟秆生物质炭）、1%处理
（施肥，添加质量分数为 1%的烟秆生物质炭）、2%处理（施肥，添加质量分数
为 2%的烟秆生物质炭），其中质量分数均以干土计。

　　烟苗移栽后每隔 15d 采样一次，采样时间控制在 9：00—11：00。每次采样
前将气体采样箱罩在水槽上方，在水槽内加水以确保密封。用注射器分别在关
箱后的 0min、10min、20min、30min 采样，后将气体导入预先抽真空的气体采
样袋中，采样结束后移走静态箱，所采气体样品用于 CO_2 气体含量的测定。

　　3. 相关仪器及测定指标

　　本研究中用于制备烟秆生物质炭的热解器设计参考了王群（2013）的设计
并根据实际情况进行了部分改进，热解器实际设计及实物如下图 3-7 所示。

　　本研究中温室气体的采集采用静态暗箱法，气体采样箱的设计参考了前人
（朱咏莉等，2005；蔡艳等，2006；梁尧等，2012）的设计，并根据烟草作物

特定的垄作方式进行了部分改进。箱体采用不透光 PVC 塑料制成，框架为不锈钢，贴合处均用硅胶密封并通过水压测试。箱体规格为 30cm×30cm×40cm，内部两侧安装风扇用来混匀箱内气体，上方设置橡胶塞用于注射器气体采集。与气体采样箱相配套的水槽设计高度为 10cm，在整地起垄时将水槽埋入土体中，用于气体采集时的液封，气体采样箱的具体设计和田间埋置如图 3-8 所示。

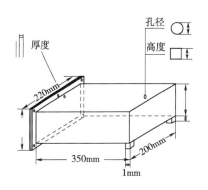

图 3-7　热解器设计示意及实物

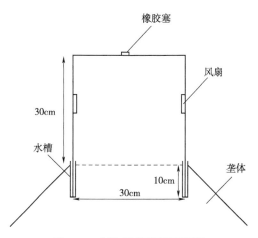

图 3-8　气体采样箱截面示意

生物质炭表面官能团采用 Nicolet iS10 傅立叶变换红外光谱仪（FTIR）分析；生物质炭元素组成由岛津 XRF-1800 X 射线荧光光谱仪测定；生物质炭孔隙结构由扫描电子显微镜测定；生物质炭比表面积经 ASAP2460 孔径分析仪

测定。

土壤有机质采用重铬酸钾-外加热法测定；pH 值采用雷磁 PHS-3C 型 pH 值计测定；土壤有机碳矿化采用 NaOH 吸收 CO_2，H_2SO_4 标准溶液滴定的方法测定；土壤速效氮采用碱解扩散法测定；土壤速效磷采用 0.05mol·L^{-1} HCl-0.025mol·L^{-1}（1/2H_2SO_4）法测定；土壤速效钾采用火焰光度计法测定；CO_2 气体含量采用岛津气相色谱仪 GC-2010 测定。

4. 计算方法与数据处理

$$M = (V_2-V_1) \cdot C_0 \cdot 44/ m \qquad (式3.1)$$

式中，M 为有机碳矿化量（mg·kg^{-1}）；V_1 为滴定样品中氢氧化钠所用硫酸的体积（mL）；V_2 为滴定空白样中氢氧化钠所用硫酸的体积（mL）；C_0 为硫酸溶液的标准浓度（mol·L^{-1}）；44 为 CO_2 的摩尔质量（g·mol^{-1}）；m 为土样质量（kg）。

$$V_{soc}=M/ \Delta t \qquad (式3.2)$$

式中，V_{soc} 为有机碳矿化速率（mg·kg^{-1}·d^{-1}）；M 为有机碳矿化量（mg·kg^{-1}）；Δt 为培养时间（d）。

$$\sum M_n = M_0+M_1+M_2+\cdots+M_n \qquad (式3.3)$$

式中，$\sum M_n$ 为某段时间内的有机碳累积矿化量（mg·kg^{-1}）；M 为有机碳矿化量（mg·kg^{-1}）；n 为测定时间。

$$R = \sum M_n/ S \qquad (式3.4)$$

式中，R 为有机碳累积矿化率（%）；$\sum M_n$ 为某时间段内的有机碳累积矿化量（mg·kg^{-1}）；S 为土壤初始有机碳含量（mg·kg^{-1}）。

$$Sy=L \cdot W \cdot D \qquad (式3.5)$$

$$D=0.724\,4-0.029\,7 \cdot Q \qquad (式3.6)$$

式中，Sy 为叶面积（cm^2）；L 为叶长（cm）；W 为叶宽（cm）；D 为叶面积指数（冉邦定等，1981）；Q 为长/宽。

$$F=\rho \cdot H \cdot dC/dt \cdot 273/(273+T) \cdot P/ P_0 \qquad (式3.7)$$

式中，F 为某气体成分的排放通量（CO_2 为 mg·m^{-2}·h^{-1}）；ρ 为某气体成分标准状态下的密度（CO_2-C 为 0.536kg·m^{-3}）；H 为气体采样箱地面以上的高度（m）；dC/dt 为采样箱内被测气体的浓度变化率（μL·L^{-1}·h^{-1}）；T 为

采集气体时采样箱内的平均温度（℃）；P 为采集气体时采样箱内的实际气压（Pa）；P_0 为标准状况下的大气压（$1.01×10^5$ Pa）。

所有数据采用 Excel 2003 和 SAS 9.0 软件进行数据处理与统计分析。

二、结果与分析

（一）烟秆生物质炭的结构与性质

1. 烟秆生物质炭主要元素组成

不同烟秆生物质炭的主要元素组成如表 3-1 所示。从表 3-1 中可以看出，烟秆生物质炭的元素组成主要有 C、H、K、Ca、Fe、Mn、Cu、Cl 和 Si 等，其中含量最高的是 C 元素，其次为 H 和 K 元素。经粉碎处理的烟秆生物质炭（烟秆生物质炭①、③和⑤）随着热解温度的升高，K 元素含量逐渐降低，Ca、Si 元素含量升高，且 K 和 Ca 的含量均高于相应热解温度下切段处理的烟秆生物质炭（烟秆生物质炭②、④和⑥）。

表 3-1　不同生物质炭的元素组成

生物质炭	元素组成（%）								
	C	H	K	Ca	Fe	Mn	Cu	Cl	Si
①	96.68	0.335	1.536	0.764	0.034	0.009	0.003	0.436	0.113
②	96.11	2.757	0.231	0.241	0.014	0.012	—	0.362	0.219
③	96.02	1.071	1.531	0.876	0.042	0.003	—	0.121	0.232
④	97.01	1.686	0.769	0.110	0.067	0.017	—	0.141	0.087
⑤	97.32	0.006	1.088	0.945	0.021	0.008	0.001	0.273	0.243
⑥	96.43	2.861	—	—	0.057	0.013	—	0.272	0.099

注：表中①表示300℃、粉碎烟秆生物质炭；②表示300℃、未粉碎烟秆生物质炭；③表示350℃、粉碎烟秆生物质炭；④表示350℃、未粉碎烟秆生物质炭；⑤表示400℃、粉碎烟秆生物质炭；⑥表示400℃、未粉碎烟秆生物质炭，下同。

2. 烟秆生物质炭表面官能团

不同烟秆生物质炭的 FTIR 分析图谱如图 3-9 所示。从图中可以看出，$3\,213\sim3\,353cm^{-1}$ 附近为羟基的吸收峰，$2\,923\sim2\,929cm^{-1}$ 附近为脂肪族碳氢键的吸收峰，$1\,000\sim1\,600cm^{-1}$ 附近为芳香族官能团的吸收峰，$1\,557\sim1\,592cm^{-1}$ 附近为羧基的吸收峰，$1\,373\sim1\,408cm^{-1}$ 附近为羰基的吸收峰，$1\,315cm^{-1}$ 附近

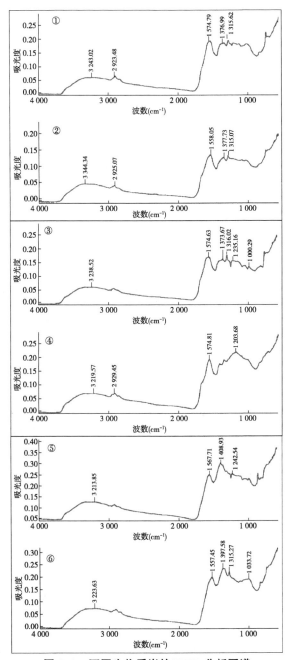

图3-9　不同生物质炭的FTIR分析图谱

为内酯基的吸收峰，1 203~1 000cm^{-1}附近为酚羟基的吸收峰。由此可以进一步得出，所有烟秆生物质炭都含有丰富的羧基官能团；烟秆生物质炭①的主要官能团为羧基、羰基和内酯基，烟秆生物质炭②的主要官能团为羧基、羰基和内酯基，烟秆生物质炭③的主要官能团为羧基、羰基、内酯基和酚羟基，烟秆生物质炭④的主要官能团为羧基、羰基和酚羟基，烟秆生物质炭⑤的主要官能团为羧基、羰基、内酯基和酚羟基，烟秆生物质炭⑥的主要官能团为羧基、羰基、内酯基和酚羟基。相同热解温度下，烟秆生物质炭的芳香族官能团数量要显著高于脂肪族碳氢键；随着热解温度的升高，烟秆生物质炭的主要表面官能团种类和含量呈增加趋势（烟秆生物质炭①~⑥）。

3. 烟秆生物质炭比表面积与孔隙结构

图3-10为不同条件下制备的烟秆生物质炭的扫描电子显微镜照片，由于生物质炭孔隙的孔径范围分布比较广，因此按照前人研究将孔隙尺寸分成4个等级：微孔（<1μm）、小孔（1~10μm）、中孔（10~60μm）和大孔（>60μm）（申卫博等，2015；曹美珠等，2014）。通过电镜照片对比可以看出，烟秆生物质炭①存在较多小孔，小孔尺寸主要分布在1~3μm，少部分在5~10μm；烟秆生物质炭②存在较多小孔和少量中孔，小孔尺寸主要在3~5μm，中孔尺寸主要分布在10~40μm；烟秆生物质炭③存在较多小孔和中孔，小孔尺寸在5μm左右，中孔尺寸主要分布在10~15μm；烟秆生物质炭④存在较多中孔和小孔，中孔尺寸主要分布在10~15μm，小孔尺寸在2μm左右；烟秆生物质炭⑤存在较多中孔和少量小孔，中孔尺寸在10~20μm，小孔尺寸主要分布在2μm左右；烟秆生物质炭⑥存在较多中孔和少量小孔，中孔尺寸主要分布在10~20μm，小孔尺寸在8μm左右。相同热解温度下，经切段处理制得的烟秆生物质炭的孔隙与经粉碎处理制得的烟秆生物质炭的孔隙相比，前者的中孔孔隙所占比例较大。

不同条件下制备的烟秆生物质炭经孔径分析仪测得的比表面积如图3-11所示。从图中可以看出，随着热解温度的升高，制得的烟秆生物质炭比表面积越大（烟秆生物质炭①~⑥）；相同热解温度下，经切段处理制得的烟秆生物质炭的比表面积要小于经粉碎处理制得的生物质炭的比表面积，但随着热解温度的升高两者之间的差异减小。

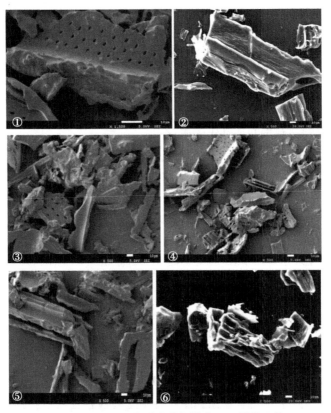

图 3-10　不同生物质炭的扫描电子显微镜照片

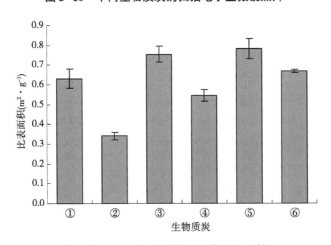

图 3-11　不同生物质炭的比表面积比较

4. 烟秆生物质炭产率及主要性质差异

不同烟秆生物质炭的产率及主要性质差异如表 3-2 所示。从表中可以看出，随着热解温度的升高，烟秆生物质炭的产率逐渐降低，灰分含量和 pH 值逐渐升高，有机质和速效磷含量逐渐降低，速效氮含量先升高后降低；相同热解温度下，经过粉碎处理制得的烟秆生物炭的有机质、速效氮和速效磷含量要略低于经切段处理制得的烟秆生物质炭。

表 3-2   不同生物质炭的理化性质

生物质炭	产率（%）	灰分（%）	pH 值	有机质（g·kg^{-1}）	速效氮（mg·kg^{-1}）	速效磷（mg·kg^{-1}）
①	49.6	12.68	8.46	924.98	104.12	702.95
②	47.2	13.00	9.46	930.12	108.35	708.33
③	42.3	13.65	9.92	802.62	111.28	650.34
④	41.5	13.61	10.03	813.53	114.78	654.56
⑤	37.0	16.97	10.56	749.59	57.34	604.65
⑥	37.2	17.77	10.42	761.45	59.02	609.22

5. 小结

随着热解温度的升高，烟秆生物质炭的产率降低，灰分含量升高，pH 值和比表面积增大，芳香族官能团和脂肪族碳氢键数量均呈逐渐增加趋势。随着热解温度的升高，烟秆生物质炭的有机质和速效磷含量逐渐降低，速效氮含量先增加后减少。烟秆生物质炭的孔隙尺寸主要分布在 $1\sim40\mu m$，随着热解温度的升高，烟秆生物质炭的孔隙孔径增大，小孔比例减少，中孔比例增加。经粉碎处理制得的烟秆生物质炭在主要养分含量方面要略低于经切段处理制得的烟秆生物质炭，孔隙尺寸也要略小于后者，比表面积则大于后者。

（1）不同制备条件对生物质炭性质的影响。前人研究结果表明，在相同的生产工艺条件下，随着热解温度的提高，由秸秆制得的生物质炭的产率越低，灰分含量越高，C 元素的含量越高，生物质炭的 pH 值、孔隙度和比表面积也越大，官能团数量会呈现先增加后减少的趋势，即温度过高或者过低都不利于官能团的存在（刘莹莹，2012；王群，2013；李敏等，2015；刘洪贞，2010；Katyal et al.，2003；Demirbas et al.，2001；Chun et al.，2004；Keiluweit et al.，2010）。本研究中的生物质炭①~⑥是通过自制的热解装置炭化制得，热解器设计参考了王群（2013）的设计，原理类似于固定床热解炭化中的外加热式。同时，为了确保生物质炭的纯度，在热解之前也利用氮吹仪通入了足够的氮气以创造缺氧环境。在实际操作中由于热解装置技术条件有限，生产生物质炭的热解温度只能控制到400℃，因此若要获得更高温度的生物质炭还需要对装置进行进一步改良。

本研究结果显示，随着热解温度的升高，烟秆生物质炭的产率降低，灰分含量升高，pH值和比表面积增大，这与前人研究结果基本一致。通过与先前对稻壳炭的研究比较我们发现，随着热解温度的提高，烟秆炭的芳香族官能团和脂肪族碳氢键数量均呈逐渐增加趋势，且芳香族官能团的含量要明显高于稻壳炭，因此其对酸碱的缓冲能力也就越强（袁金华等，2011）。而叶丽丽（2011）的研究表明，稻秆炭随着温度升高（250~450℃），芳香族官能团含量增加，脂肪族碳氢键含量降低，存在差异的原因可能是由于烟秆与稻秆原材料本身性质不同导致的。烟秆炭的有机质、速效磷和速效氮含量要显著高于稻壳炭，这也与原材料本身的养分含量有直接关系。另外，在前处理方式方面本研究主要设置了粉碎和切段2种方式，结果分析发现粉碎后制得的烟秆炭在主要养分含量方面要略低于后者，原因可能是粉碎之后热解得会更彻底，养分含量损失会增加；粉碎后制得的烟秆炭的孔隙尺寸要略小于后者，比表面积则大于后者，这同前人的研究结果一致（申卫博等，2015）。

（2）生物质炭孔隙特征的影响因素。目前，关于生物质炭孔隙尺寸大小的分类主要有2种，Lehmann等（2009）将生物质炭孔隙分为微孔（<0.8nm）、小孔（0.8~2nm）、中孔（2~50nm）和大孔（>50nm），王蕾等（2009）则将其分成微孔（<1μm）、小孔（1~10μm）、中孔（10~60μm）和大孔（>60μm），这两种分类存在数量级差异的原因主要是由制备生物质炭的原材料以及热解条件不同造成的，其中纤维素、半纤维素和木质素等组分的含量差异会对制得的生物质炭结构造成很大影响（韩彦雪，2013；Yang et al.，2007；Yang，2012）。申卫博等（2015）对果木、桃木和槐木等9种木材生物质炭的孔隙进行研究证明，木材生物质炭的孔径尺寸为微米级别，且微孔和小孔对生物质炭比表面积的贡献要比中孔和大孔大。本研究发现烟秆炭的孔隙尺寸主要分布在1~40μm，且随着温度升高烟秆炭的孔隙孔径增大，即小孔数量减少，中孔数量增多；而稻壳炭的孔隙尺寸则主要分布在5μm以下，含有较多的微孔，且从孔隙数量上要明显多于烟秆炭。这就说明了烟秆由于其木质化程度更高，从原材料性质上更接近于木材，烟秆炭的比表面积也明显小于稻壳炭。已有研究证明，生物质炭中的小孔隙主要影响养分的吸附和转移，而大孔隙对土壤的通气性和保水性影响较大，能为微生物提供较好的繁殖场所（申卫博等，2015；袁金华等，2011），因此烟秆炭施入土壤中应具有较好的通气性、保水性，能为土壤微生物生存和繁殖提供良好环境。

（二）烟秆生物质炭对土壤碳排放的影响

1. 土壤主要养分状况

（1）土壤有机质含量变化特征。不同烟秆生物质添加量处理的土壤有机质含量如图 3-12 所示。从图中可以看出，随着烟秆生物质炭添加量的增加，土壤有机质含量也随之增大，并且在整个烤烟生育期内均维持在较高含量水平。在烤烟生长前期（20~40d）1% 和 2% 处理的根际土有机质含量显著或极显著高于对照；而在烤烟生长中后期（60~100d）2% 处理的根际土有机质含量显著或极显著高于对照。由此可以得出，2% 处理对土壤有机质含量的提升最为明显。

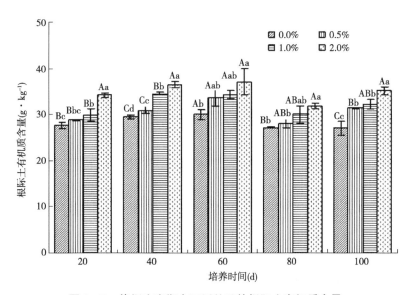

图 3-12　烤烟生育期内不同处理的根际土有机质含量

注：不同小写字母表示同一时期不同处理间差异达显著水平（$P<0.05$），不同大写字母表示同一时期不同处理间差异达极显著水平（$P<0.01$），下同。

（2）土壤速效氮含量变化特征。图3-13为不同烟秆生物质添加量处理的土壤速效氮含量比较。从图中可以看出，在烤烟生长前期（20d），0.5%、1%和2%处理的根际土速效氮含量均极显著低于对照，且随着添加量的增加土壤速效氮含量呈下降趋势；在烤烟生长中后期（60～100d）添加烟秆生物质炭的各处理的土壤速效氮含量与对照之间差异并不显著。由此可以得出，添加烟秆生物质炭能够使烤烟生长前期的土壤速效氮急剧减少，但从整个烤烟生育期来看其对土壤速效氮的总消耗量没有影响，即添加烟秆生物质炭提高了速效氮的消耗速率。

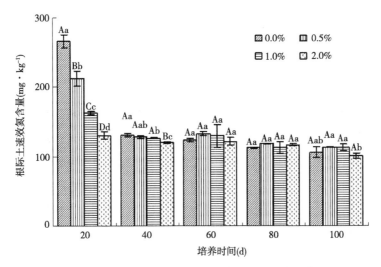

图3-13 烤烟生育期内不同处理的根际土速效氮含量

2. 土壤有机碳矿化特征描述

（1）土壤总有机碳矿化速率的动态变化。不同烟秆生物质添加量处理的土壤总有机碳矿化速率随时间的变化如图3-14所示。从图中可以看出，不同处理之间的土壤总有机碳矿化速率随时间变化呈现基本一致的趋势，0.5%、1%和2%处理的总有机碳矿化速率要略高于对照，从第一天到第二十一天，各处理土壤有机碳的矿化速率急剧下降，下降范围在79.01%～88.46%，在21d之后各处理的土壤有机碳矿化速率逐渐趋于平稳，至培养结束时各处理与对照之间几乎无差别。从而可以得出，添加烟秆生物质炭能够提高土壤的有机碳矿化速率，但对有机碳矿化的变化趋势没有影响。

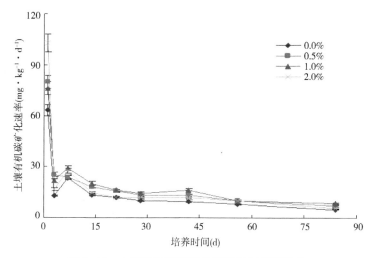

图3-14 土壤总有机碳矿化速率随时间的变化

（2）土壤有机碳累积矿化量的动态变化。图3-15为不同烟秆生物质炭添加量处理的土壤有机碳累积矿化量随时间的变化。从图中可以看出，不同处理之间的土壤有机碳累积矿化量随时间变化同样表现出基本一致的趋势。随着矿化培养时间的延长，添加0.5%、1%和2%烟秆生物质炭处理的有机碳累积矿化量显著高于对照，且在矿化培养的14d之后，1%处理的有机碳累积矿化量最大，其次为0.5%和2%处理。由此可以知道，添加烟秆生物质炭虽然对土壤有机碳矿化速率的影响不是非常显著，但由于矿化速率与累积矿化量之间存在数量关系，随着矿化培养时间的延长施炭处理与对照之间的有机碳累积矿化量差异逐渐增大。

（3）土壤总有机碳累积矿化率的动态变化。不同烟秆生物质炭添加量处理的土壤总有机碳累积矿化率如图3-16所示。土壤的总有机碳累积矿化率是指整个培养期内的有机碳累积矿化量占土壤初始（0d）有机碳含量的百分率。各处理的土壤初始有机碳含量分别为14 304.82 mg·kg^{-1}、18 053.11 mg·kg^{-1}、20 812.57 mg·kg^{-1}和23 859.42 mg·kg^{-1}，经过84d培养之后各处理存留的有机碳含量分别为13 489.36 mg·kg^{-1}、16 971.44 mg·kg^{-1}、19 613.78 mg·kg^{-1}和22 873.06 mg·kg^{-1}。由图中可以看出，在土壤中添加不同量烟秆生物质炭培养84d后，其土壤总有机碳累积矿化率分别为5.7%、5.99%、5.76%和4.13%，

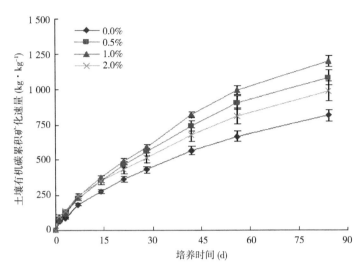

图 3-15 土壤有机碳累积矿化量随时间的变化

其中 2%处理的总有机碳累积矿化率显著低于另外 3 个处理。综合以上可以得出，施用烟秆生物质炭显著增加了土壤中有机碳含量，且 2%处理增加土壤有机碳含量的效果最明显。

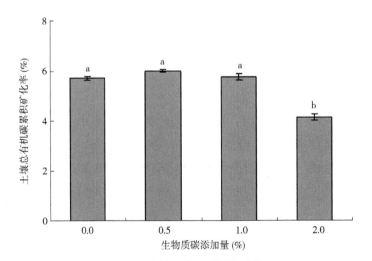

图 3-16 土壤总有机碳累积矿化率

3. 土壤主要温室气体排放特征描述

土壤 CO_2 排放动态规律如下。

烤烟生长期中土壤的 CO_2 排放通量动态变化情况如图 3-17 所示。从图中可以看出，不同处理下土壤 CO_2 排放趋势是一致的，在整个烤烟生长期内呈现逐渐减少的变化规律，这与土壤 N_2O 的排放存在相似性。此动态变化表明，肥料的施用促进了前期土壤 CO_2 的产生和排放，后期由于易分解有机质减少、肥料损耗等因素的影响，CO_2 的排放通量维持在较低水平。

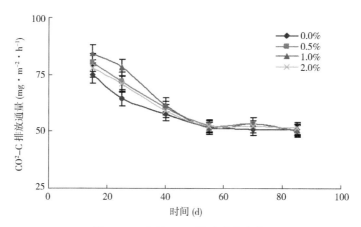

图 3-17　土壤 CO_2 排放动态变化

三、讨论

目前，已有各种研究表明，将生物质炭添加到土壤中能够影响土壤的理化性状和微生物生存环境，从而影响土壤中 CO_2、CH_4 和 N_2O 等温室气体的排放。然而由于地域差异、试验条件和生物质炭材料等因素的不同，生物质炭对于温室气体排放的效果却不尽相同。目前关于此项研究的试验方式主要有室内培养和田间试验 2 种，试验土壤的类型主要有水稻土、小麦地、玉米地、轮作土壤等不同种类，生物质炭涉及麦秆炭、稻秆炭、玉米秆炭、稻壳炭、竹炭和木质炭等多种类型，在施炭量方面换算成所占质量分数之后基本上在 0.5%~5%。

（一）烟秆生物质炭对土壤碳排放的影响

Zhang 等（2010）的研究表明，在氮肥施用情况下添加麦秆生物质炭的土壤 CH_4 和 CO_2 排放增加，而且在不施氮肥情况下 CH_4 排放更多。在稻田中添加竹炭和稻秆炭之后，土壤 CH_4 和 CO_2 排放量降低（Liu et al.，2011）。Spokas 等（2009）通过添加质量分数 2%～60% 的木质炭证明其能降低土壤中 CH_4 和 CO_2 的产生。通过向小麦地中添加木质炭发现其对土壤 CH_4 和 CO_2 排放没有显著影响（Castaldi et al.，2011）。Knoblauch 等（2008）的研究表明添加稻壳炭对土壤 CH_4 和 CO_2 排放没有显著影响。土壤有机碳矿化是由土壤呼吸造成的。土壤有机质的分解、土壤动物呼吸、土壤微生物呼吸、植物根等呼吸以及含碳物质的化学氧化作用等方面的共同影响产生（Bowden et al.，1993）。Schmidt 等（2000）通过试验发现，在生物质炭施用初期有机碳会产生流失，原因可能是由于生物质炭表面被氧化，可挥发物被土壤中的微生物分解导致的。张文玲等（2009）的研究表明，由于生物质炭表面存在大量的表面负电荷和非常高的电荷密度，可能会引起土壤腐殖质的结构高度芳香化，稳定土壤有机碳库，吸附无机离子，减少养分淋失。

本研究结果显示，添加烟秆生物质炭能够提高土壤有机质含量，且与添加量之间呈正相关，这与已有研究结果一致（章明奎等，2012；Laird et al.，2010；马秀枝等，2014）。这是由于烟秆生物质炭本身含有大量的有机质，如经热解生成的各种芳香族和脂肪族化合物，这些有机化合物施到土壤中之后短时间内不易被分解，所以造成了土壤有机质含量的提高。添加 2% 烟秆生物质炭处理能显著降低土壤的总有机碳累积矿化率。0.5% 和 1% 处理由于添加的烟秆生物质炭本身含有较多有机碳成分（远远高于培养期间的有机碳累积矿化量），所以虽然在有机碳矿化速率和有机碳累积矿化量上显著高于对照，但两者的总有机碳累积矿化率与对照之间并没有显著差异；2% 处理虽然在有机碳矿化速率和有机碳累积矿化量上高于对照，但由于添加的烟秆生物质炭本身含有更多的有机碳成分（土壤初始有机碳含量远大于对照），导致其有机碳累积矿化率要显著低于对照，即促进了土壤有机碳的积累，这与前人研究对于生物质炭能够增加土壤碳贮存的观点一致。

单独添加烟秆生物质炭能够显著促进土壤有机碳的矿化即促进土壤中 CO_2

的排放，但随着培养时间的延长促进效果逐渐减弱，原因可能是土壤中微生物可分解的有机质减少造成的。在施肥情况下添加烟秆生物质炭同样能够促进施肥前期土壤中 CO_2 的产生和排放，施肥能够改善微生物矿化过程中的氮素营养、促进微生物繁殖，从而提高土壤的有机碳矿化（谢国雄等，2014）；中后期可能由于土壤中易分解的有机质减少、肥料损耗等因素的影响，促进效果不再明显。另外，添加量与促进效果之间不呈正相关，当施炭量达到 2% 时有机碳矿化反而出现降低，因此可以推测烟秆生物质炭对土壤有机碳矿化作用的影响是双重的，即在一定范围内随着烟秆生物质炭添加量的增加，土壤有机碳矿化促进效果越显著，但当超过某一值后促进效果反而降低，此时由于过多的烟秆生物质炭吸附土壤简单有机分子，使其聚合成更复杂的有机分子，从而在一定程度减弱了土壤有机碳的矿化作用效果（Liang et al.，2010）。添加烟秆生物质炭对土壤 CH_4 排放没有显著影响，烤烟生长前期为 CH_4 排放高峰，这一时期主要是由于试验地降水量大，烟垄多形成较普遍的淹水环境，从而导致土壤中 CH_4 的大量排放。烤烟生长中后期降水量逐渐减少，土壤因此失去了厌氧环境，CH_4 的排放量减少。

（二）烟秆生物质炭固碳减排效果及最适施用量的探讨

Lehmann（2007）在关于生物质炭削减 CO_2 气体的模型中解释道，若将植物光合固定的 CO_2 量计为 1 个单位，那么将有 0.5 个单位通过呼吸返回大气，若再将植物残体经热裂解制成生物质炭，将有 0.25 个单位变成生物能通过消耗回到大气，剩余的 0.25 个单位通过生物质炭形式回到土壤后将有 0.05 个单位矿化分解释放，最终会有 0.2 个单位的碳以生物质炭的形式封存在土壤中，起到碳汇效果。

本研究结果表明，添加烟秆生物质炭在促进土壤有机碳矿化的同时，也提高了土壤中的有机碳含量，但是在去除有机碳累积矿化量之后，经过 84d 的培养，0.5%、1% 和 2% 处理土壤中存留的有机碳相较对照分别增加了 3 482.08mg · kg^{-1}、6 124.42mg · kg^{-1} 和 9 383.70mg · kg^{-1}，分别提高了 25.81%、45.4% 和 69.56%，这就说明烟秆生物质炭的添加起到了明显的碳汇效果。此外，本研究发现添加烟秆生物质炭对土壤 CH_4 的排放没有显著影响，其虽然提高了施肥前期土壤 N_2O 的排放速率，但对其整个生育期的排放总量并没有显著影响。而且由于生物质炭性质非常稳定，仅有极少量的易氧化成分在微生物作用下生成 CO_2 回到大气（李飞跃等，2013），不需要经常性的施用，因此烟秆生物质炭可以作为一种有效的固碳减排途径。

近几年来，诸多研究人员对各种固碳减排项目的计量方法学进行了详细研究（李玉娥等，2009；董红敏等，2009；程堃等，2011），主要涉及养鸡场、养猪场、农村户用沼气、测土配方施肥、再造林等项目。固碳减排计量是实施碳交易机制的基础性工作，而适合特定项目的计量方法学是实现碳交易的有效工具。目前生物质炭的热裂解转化生产技术已经逐渐成熟，烟秆生物质炭的农田施用作为一种有效的固碳减排项目，如何对其进行计量方法学层面的效果分析进而得出烟秆生物质炭农业应用的净碳汇效应变得至关重要，如项目基线的确定、项目边界的认定和项目泄露的界定等项目内容都需要进行进一步的探讨和研究。

从本研究结果可以看出，添加烟秆生物质炭能够显著促进烤烟的生长和干物质的积累，2%处理虽然在土壤碳汇方面的促进效果最为明显，但其对烤烟生长的促进效果不如1%处理，而与0.5%处理的效果相近。另外，考虑到烟秆生物质炭的生产成本以及在施用过程中的劳动成本，1%处理的综合效果是最好的。

四、结论

本章主要研究了不同热解温度及前处理方式条件下所制备的烟秆生物质炭的结构、组成和性质，并通过室内培养试验、盆栽试验和田间试验研究了不同添加量的烟秆生物质炭单施、与肥料配施到土壤中对土壤碳氮排放的影响，由此得到烟秆生物质炭的固碳减排效果和田间最适用量，同时对烤烟生长情况也进行了部分研究，最终得到以下主要结论。

第一，随着热解温度的升高，烟秆生物质炭的产率降低，灰分含量升高，pH 值和比表面积增大，芳香族官能团和脂肪族碳氢键数量均呈逐渐增加趋势，烟秆生物质炭的孔隙孔径增大，小孔比例减少，中孔比例增加，有机质和速效磷含量逐渐降低，速效氮含量先增加后减少。经粉碎方式制得的烟秆生物质炭在主要养分含量方面要略低于经切段方式制得的烟秆生物质炭，孔隙尺寸也要略小于后者，比表面积则大于后者。烟秆生物质炭的孔隙尺寸主要分布在 1~40μm，稻壳炭的孔隙尺寸主要在 5μm 以下（含有较多的微孔），烟秆生物质炭的孔隙数量要少于稻壳炭，芳香族官能团含量、有机质、速效磷和速效氮含量要显著高于稻壳炭。

第二，添加烟秆生物质炭能够显著促进土壤的有机碳矿化，但随着培养时间的延长促进效果逐渐减弱，促进效果最明显的是 1%处理，其次为 0.5%处理和 2%处理，2%处理的总有机碳累积矿化率显著低于对照。添加烟秆生物质炭能够显著提高土壤有机质含量，0.5%、1%和 2%三个处理的有机质含量与对照相比分别提高了 25.81%、45.4%和 69.56%，随着添加量的增加呈增高趋势，均具有显著的碳汇效果。

第三，添加烟秆生物质炭能够促进施肥前期土壤中 CO_2 的产生和排放，后期由于土壤中易分解有机质减少、肥料损耗等因素的影响，促进效果不明显。添加烟秆生物质炭对土壤中 CH_4 的排放影响不显著。

第四，烟秆生物质炭的添加具有明显的碳汇效果，可以作为一种有效的固碳减排途径。2%处理虽然在土壤碳汇方面的促进效果最为明显，但其对烤烟生长的促进效果不如 1%处理，而与 0.5%处理的效果相近。另外，考虑到烟秆生物质炭的生产成本以及在施用过程中的劳动成本，1%处理的综合效果是最好的，可以作为田间的最适施用量。

第四章 烟田土壤碳库调控技术研究与应用

土壤碳库是陆地生态系统中最大的活跃性碳库，已有研究表明，全球土壤中固定的有机碳储量超过大气与植被有机碳固定量之和，并且土壤碳库与全球气候变化、土壤养分循环与能量转换、温室气体排放等密切相关。近年来，土壤碳库的研究受到了国内外学者的高度关注，土壤有机碳矿化过程的变化会对CO_2释放产生影响，进而影响整个生态系统的碳平衡。同时，土壤有机碳的变化也直接影响土壤肥力和环境变化。有机物料是重要的培肥改土材料，既可以释放矿质养分供植物吸收，也会影响土壤有机碳组分的变化，本部分系统研究了秸秆、生物炭、绿肥以及有机肥等有机物料的烟田施用技术，以期能够为烟田土壤的碳库调控提供技术支持和理论依据。

第一节 秸秆翻压还田技术

除烟草秸秆外，烟区还拥有大量的其他作物秸秆，资源相当丰富。秸秆还田是当今世界上普遍重视的一项培肥地力的措施，在杜绝了秸秆焚烧所造成的大气污染的同时，还具有增加土壤有机质、改良土壤结构、促进微生物群落发展等作用（图4-1和图4-2）。但若方法不当，也会导致土壤病菌增加、作物

图4-1 烟草秸秆机械粉碎

病害加重及缺苗（僵苗）等不良现象。因此，采取合理的秸秆还田措施，才能起到良好的还田效果。为分析秸秆还田对植烟土壤的碳氮调控机制，通过定位还田试验，研究了不同秸秆施用对植烟土壤理化性状以及烟草产质量的影响，并对不同种类和用量秸秆还田后的土壤微生物群落结构的变化进行了系统分析。研究结果将为恩施州烟田秸秆资源的高效利用及烟叶质量的可持续提升提供重要的理论和技术支撑。

图4-2　烟草秸秆还田

一、秸秆还田对烟草生长发育的影响

（一）材料与方法

1. 试验地点

试验地点位于恩施市望城坡茅坝槽，定位时间为3年。秸秆粉碎后，于烟叶移栽前1个月直接还田。

2. 试验处理

试验共10个处理，设置水稻秸秆、玉米秸秆、烟草秸秆3类秸秆，各类秸秆设3个不同还田量（以秸秆干重计），分别为250kg·亩$^{-1}$、500kg·亩$^{-1}$、1 000kg·亩$^{-1}$，以常规施肥不翻压秸秆作为对照。具体如表4-1所示。

表 4-1　试验处理设置

处理	秸秆种类	还田量(kg·亩⁻¹)
T1		250
T2	水稻秸秆	500
T3		1 000
T4		250
T5	玉米秸秆	500
T6		1 000
T7		250
T8	烟草秸秆	500
T9		100
CK	常规对照	0

（二）结果与分析

1. 团棵期农艺性状

2013—2015 年各处理烟草团棵期的农艺性状如表 4-2 所示，不同处理中以玉米和烟草秸秆还田表现较好，株高和最大叶片面积具有一定的优势，相对而言水稻秸秆还田团棵期株高偏低。综合考虑各处理及历年团棵期的农艺性状，施用烟草秸秆处理优势较为明显，株高、最大叶面积等数值均优于对照，不同秸秆还田量以 T7 表现最好（图 4-3）。

表 4-2　不同秸秆还田对烟株团棵期农艺性状的影响

处理		株高(cm)	叶片数	最大叶长(cm)	最大叶宽(cm)
	T1	10.43	7.55	36.08	18.58
	T2	10.55	7.95	38.00	19.50
	T3	9.35	7.35	35.20	18.60
	T4	11.05	7.45	36.15	19.20
2013 年	T5	10.13	7.10	31.95	18.10
	T6	11.98	8.00	36.68	18.78
	T7	12.63	8.20	37.05	19.45
	T8	11.73	7.65	36.78	19.75
	T9	10.45	7.40	35.68	18.50
	CK	10.68	7.70	36.20	18.83

（续表）

处理		株高（cm）	叶片数	最大叶长（cm）	最大叶宽（cm）
2014 年	T1	31.80	10.93	47.67	18.67
	T2	28.50	9.70	44.80	17.60
	T3	26.70	9.10	44.20	16.80
	T4	32.47	10.87	47.53	20.20
	T5	30.80	10.60	45.80	17.93
	T6	27.69	9.54	42.23	17.69
	T7	37.00	11.60	49.67	23.33
	T8	35.00	11.27	47.60	21.27
	T9	30.77	10.69	43.62	19.54
	CK	31.13	10.67	44.13	19.33
2015 年	T1	24.96	9.42	41.42	21.67
	T2	28.58	9.67	44.08	22.42
	T3	22.92	9.42	44.92	22.00
	T4	30.08	8.50	41.50	15.50
	T5	28.75	9.33	48.08	18.88
	T6	31.08	9.17	40.42	20.55
	T7	31.13	9.08	40.08	17.67
	T8	32.50	9.75	47.25	21.17
	T9	31.63	8.58	44.33	16.37
	CK	28.25	7.83	35.63	13.08

2. 平顶期农艺性状分析

在烟草平顶期，2013—2015 年各处理的农艺性状如表 4-3 所示。秸秆还田处理在株高和茎围等农艺性状的表现优势较突出，其调查数值大部分都高于常规对照。就 3 个部位叶面积分析，下部叶和中部叶以施用水稻和烟草秸秆较好，上部叶以施用玉米和烟草秸秆最好。综合分析，施用烟草秸秆和水稻秸秆能够促进烟株的生长发育，增强了烟株的田间长势。2013 年试验结果以水稻秸秆还田处理后期烟株长势较强，2014 年施用烟草秸秆处理 8 表现较为优异，2015 年施用烟草秸秆后烟叶叶面积也表现较好（图 4-3 和图 4-4）。

图 4-3　秸秆翻压还田烤烟团棵期长势

表 4-3　不同秸秆还田对烟株平顶期农艺性状的影响

处理		株高 （cm）	茎围 （cm）	节距 （cm）	有效 叶数	下二棚面积 （cm²）	腰叶面积 （cm²）	上二棚面积 （cm²）
2013 年	T1	129.67	10.00	6.03	18.83	1 483.82	1 464.73	848.83
	T2	130.42	9.80	6.41	18.50	1 596.35	1 262.00	724.39
	T3	128.67	9.74	5.93	19.08	1 408.80	1 295.54	701.75
	T4	126.84	9.78	5.83	19.00	1 361.35	1 153.05	694.73
	T5	128.34	9.46	5.93	18.67	1 406.58	1 260.54	860.12
	T6	123.92	9.35	5.93	18.59	1 544.93	1 498.64	879.55
	T7	130.67	9.44	6.17	18.50	1 472.57	1 248.91	845.41
	T8	133.25	9.63	5.83	19.09	1 406.37	1 400.46	963.20
	T9	128.58	9.63	6.09	18.50	1 463.32	1 353.55	928.20
	CK	125.67	9.38	5.62	18.84	1 384.45	1 244.10	809.94
2014 年	T1	111.90	10.55	6.61	17.20	1 951.60	2 022.80	1 167.08
	T2	116.40	10.45	6.65	17.70	2 289.69	2 037.08	1 128.52
	T3	117.40	10.70	6.62	17.80	2 200.96	2 084.95	1 184.01
	T4	114.27	10.55	6.49	17.73	2 049.59	2 042.10	1 365.95
	T5	105.70	10.05	6.26	16.90	1 989.12	1 748.67	1 231.40
	T6	112.00	10.45	6.51	17.30	2 091.96	1 983.80	1 317.38
	T7	116.70	10.65	6.56	17.90	2 317.27	1 909.24	1 258.36
	T8	115.50	10.95	6.66	17.40	2 511.34	2 118.18	1 269.20
	T9	111.60	10.45	6.18	18.10	2 235.65	1 895.20	1 192.60
	CK	113.90	10.40	6.35	18.00	2 056.86	1 951.29	1 208.48

（续表）

处理		株高（cm）	茎围（cm）	节距（cm）	有效叶数	下二棚面积（cm²）	腰叶面积（cm²）	上二棚面积（cm²）
2015 年	T1	112.00	9.72	6.17	19.00	1 412.39	1 066.49	632.67
	T2	114.33	9.68	6.09	18.17	1 455.15	1 114.90	582.92
	T3	118.33	9.85	6.49	18.33	1 625.09	1 131.49	653.40
	T4	100.67	8.93	5.93	19.67	1 055.87	867.65	521.16
	T5	109.33	9.47	6.18	18.83	1 157.12	947.81	606.22
	T6	116.17	9.50	6.56	18.67	1 265.00	1 153.16	676.31
	T7	109.00	9.87	5.93	19.83	1 289.01	977.96	613.62
	T8	109.50	10.00	6.26	18.00	1 477.47	1 133.19	690.62
	T9	100.83	8.92	5.83	19.00	1 103.69	879.15	549.45
	CK	99.17	8.97	6.17	19.67	1 050.54	772.82	498.06

图 4-4　秸秆翻压还田烤烟平顶期长势

3. 经济性状分析

不同种类秸秆以及不同数量秸秆还田对烤后烟叶经济性状影响较大（表 4-4），2013 年结果表明，亩产量以 T9 最好，亩产值以 T8 最好，2 个处理均为施用烟草秸秆，能够获得一定的经济效益，施用烟草秸秆处理烤后烟叶等级结构比例也有一定的提升。2014 年结果表明，水稻秸秆还田效果较好，其 3 个不同用量处理烤后烟叶产量、产值以及均价等经济性状指标与对照相比具有较明显的优势，其次为烟草秸秆。2015 年施用水稻和烟草秸秆均取得了较好的烟叶产量和产值，施用玉米秸秆烟叶产量较对照表现较好，但烟叶产值没有表现出较好的优势。

表 4-4　不同秸秆还田对经济性状的影响

处理		产量(kg·亩⁻¹)	产值(元·亩⁻¹)	均价(元·kg⁻¹)	中上等烟率(%)
2013 年	T1	160.00	2 518.10	15.74	59.78
	T2	140.81	2 147.34	15.25	60.42
	T3	138.45	1 889.21	13.65	40.54
	T4	123.22	1 590.16	12.91	41.91
	T5	138.12	2 194.90	15.89	62.92
	T6	135.34	2 210.64	16.33	68.32
	T7	143.34	1 949.64	13.60	48.08
	T8	147.38	2 223.18	15.08	50.10
	T9	138.03	1 768.85	12.81	40.98
	CK	139.46	1 855.03	13.30	43.30
2014 年	T1	80.94	1 359.47	16.80	61.71
	T2	116.97	1 839.78	15.73	80.61
	T3	131.54	1 942.87	14.77	73.14
	T4	125.13	1 916.43	15.32	54.35
	T5	122.10	1 947.88	15.95	82.86
	T6	133.38	1 967.24	14.75	68.08
	T7	136.13	1 723.24	12.66	52.32
	T8	146.30	1 984.38	13.56	58.82
	T9	153.91	1 629.69	10.59	56.00
	CK	132.55	1 840.74	13.89	60.47
2015 年	T1	152.44	2 080.93	13.65	60.53
	T2	163.90	2 373.53	14.48	58.42
	T3	137.04	1 578.50	11.52	50.54
	T4	137.81	1 931.28	14.01	51.02
	T5	153.91	1 939.28	12.60	60.31
	T6	135.46	2 693.15	19.88	61.20
	T7	176.79	3 413.56	19.31	54.28
	T8	146.78	2 740.86	18.67	56.31
	T9	141.67	2 260.50	15.96	52.34
	CK	107.16	1 967.39	18.36	53.31

4. 烟叶化学成分分析

2013年烟叶化学成分的检测结果表明（表4-5），施用秸秆后，T1、T5、T6和T8烤后烟叶总糖和还原糖含量有一定的增加趋势，施用烟草秸秆T9处理烟叶总氮、总磷和总钾含量均表现较高。施用3种类型秸秆均提高了烟叶总磷含量，烟叶氯离子含量也具有一定的增加趋势。

表4-5　不同秸秆还田对C3F烟叶化学成分的影响（2013年）

处理	氯离子（%）	还原糖（%）	总糖（%）	总氮（%）	总磷（%）	总钾（%）
T1	0.47	25.28	28.64	1.47	0.19	0.79
T2	0.46	18.02	25.07	1.73	0.18	0.73
T3	0.51	16.63	25.04	2.01	0.16	0.86
T4	0.37	18.62	23.21	1.94	0.17	0.69
T5	0.39	21.49	29.16	1.69	0.16	0.65
T6	0.49	23.99	28.15	1.64	0.17	0.68
T7	0.34	18.35	27.39	1.92	0.16	0.82
T8	0.24	21.08	28.93	1.76	0.17	0.76
T9	0.57	13.92	24.48	2.02	0.17	0.95
CK	0.34	19.28	27.30	1.77	0.15	0.84

2014年的检测结果表明（表4-6），上、中、下3个部位烟叶的化学成分具有较为一致的变化趋势，其中施用不同种类秸秆烟叶总糖和还原糖含量与对照相比具有上升趋势，其中以施用水稻秸秆T3处理表现最好，其次为施用烟秆处理T8。秸秆还田后烟叶总氮和烟碱含量总体呈现下降趋势，烟叶总钾含量呈现上升趋势。与对照相比，施用烟秆后烟叶总氯含量具有一定的增加趋势，烟叶pH值整体差异不大。

2015年检测结果表明（表4-7），施用3种秸秆后烟叶总氮含量呈现出一定的下降趋势，施用水稻和烟草秸秆后烟叶烟碱含量呈现出一定的下降趋势。施用玉米秸秆和烟草秸秆后烟叶总糖和还原糖含量呈现出升高的趋势，其中施用烟草秸秆表现较好。施用秸秆后烟叶K的含量得到了一定程度的提升，各处理烟叶Cl的含量相对较低。连续3年进行秸秆定位还田后，对烟叶的化学成分协调性起到了一定的提升作用。

表4-6　不同秸秆还田对烟叶化学成分的影响（2014年）

部位	处理	烟碱(%)	总糖(%)	还原糖(%)	N(%)	K(%)	Cl(%)	pH值
B2F	T1	3.43	26.70	23.80	3.06	2.45	1.13	5.32
	T2	3.64	30.46	27.59	3.01	2.25	1.03	5.28
	T3	3.31	34.73	28.85	2.75	1.93	0.98	5.33
	T4	3.55	28.05	25.62	2.86	1.42	0.78	5.40
	T5	3.42	25.34	22.34	2.75	1.68	0.73	5.35
	T6	3.75	18.66	16.66	2.99	1.47	0.73	5.36
	T7	3.43	27.79	24.53	3.23	1.43	0.96	5.31
	T8	3.55	33.04	27.93	3.59	1.85	1.27	5.36
	T9	3.77	25.10	22.92	3.30	1.88	1.46	5.27
	CK	3.82	24.96	21.71	2.82	0.80	0.78	5.32
C3F	T1	2.98	26.30	23.32	2.41	1.80	0.79	5.40
	T2	2.82	28.98	26.01	2.21	1.50	0.88	5.42
	T3	3.17	31.28	27.76	2.02	1.62	0.70	5.50
	T4	3.05	24.00	22.80	2.21	1.40	0.55	5.39
	T5	3.63	31.79	26.55	2.47	1.79	0.56	5.43
	T6	3.34	22.18	20.48	2.39	1.85	0.62	5.40
	T7	3.22	24.30	21.48	2.33	1.61	0.83	5.37
	T8	3.26	30.10	26.73	2.26	1.59	0.58	5.44
	T9	3.59	26.42	25.18	2.61	1.60	1.21	5.36
	CK	3.68	28.71	24.47	2.48	1.27	0.57	5.34
X2F	T1	2.30	23.84	20.00	2.17	2.19	1.00	5.38
	T2	1.69	22.62	18.79	1.82	2.21	0.99	5.45
	T3	2.05	27.96	23.05	1.76	2.04	0.59	5.46
	T4	2.50	25.91	20.53	2.10	1.49	0.60	5.36
	T5	2.44	23.42	17.96	1.81	1.43	0.45	5.46
	T6	3.17	23.66	17.47	2.37	1.57	0.62	5.39
	T7	2.37	23.51	17.03	2.23	2.13	0.74	5.46
	T8	3.33	27.41	22.09	2.22	1.60	1.02	5.35
	T9	2.65	22.73	17.26	2.23	1.81	1.44	5.40
	CK	3.09	20.60	17.78	2.04	1.42	0.50	5.45

表 4-7　不同秸秆还田对烟叶化学成分的影响（2015 年）

部位	处理	烟碱（%）	总糖（%）	还原糖（%）	N（%）	K（%）	Cl（%）
C3F	T1	2.71	29.00	19.29	2.13	2.04	0.17
	T2	3.01	28.55	20.40	2.10	1.99	0.16
	T3	2.39	30.26	19.74	1.99	2.09	0.15
	T4	3.45	29.18	19.74	2.16	2.22	0.20
	T5	3.41	30.51	19.79	2.01	2.04	0.23
	T6	3.19	35.38	28.03	1.78	2.22	0.27
	T7	2.71	34.82	28.05	2.05	2.02	0.34
	T8	3.01	33.06	26.16	2.02	1.73	0.32
	T9	2.39	36.78	30.16	1.79	1.72	0.19
	CK	3.38	32.78	26.08	2.31	1.65	0.40

（三）小结

水稻、玉米和烟草秸秆定位还田后，烟株田间长势均整体较好，其中施用烟草秸秆和水稻秸秆处理的烤后烟叶产量、产值以及均价等经济性状指标具有较明显的优势。

施用秸秆后能够不同程度地增加烟田土壤有机质含量，其中施用烟草秸秆土壤含水量保持较好，增加了烟田土壤有机质、碱解氮以及速效磷的含量。施用烟草和水稻秸秆均对烟田土壤速效钾含量具有一定的提升作用。

连续 3 年进行秸秆定位还田后，对烟叶的化学成分协调性起到了一定的提升作用。综合研究结果，以水稻秸秆 500kg·亩⁻¹和烟草秸秆 500kg·亩⁻¹还田量较为适宜。

二、秸秆还田对烟田土壤特性的影响

（一）材料与方法

1. 试验地点

试验地点位于恩施市望城坡茅坝槽村。

2. 试验设计

2012—2014 年连续定位试验，每年于移栽前 1 个月进行秸秆粉碎直接还田。3 种还田秸秆为水稻秸秆、玉米秸秆、烟草秸秆。每种秸秆处理下设 3 个还田量水平（以干重计），分别是 250kg·亩$^{-1}$、500kg·亩$^{-1}$、1 000kg·亩$^{-1}$。以常规施肥不翻压秸秆（CK）作为对照，各种类型及用量的秸秆还田处理见表 4-8 所示。

表 4-8　秸秆还田试验处理

处理	秸秆种类	还田量(kg·亩$^{-1}$)
CK	对照	0
T1		250
T2	水稻秸秆	500
T3		1 000
T4		250
T5	玉米秸秆	500
T6		1 000
T7		250
T8	烟草秸秆	500
T9		1 000

3. 取样分析

在 2014 年，每个处理烟田烤烟采收完毕后，分别在垄体上两株烟之间，采集 0~20cm 土壤样品，采用多点取样法，每一个样品取 10 钻进行混合，选取 1/2 样品在室内风干，测定土壤的基本理化性状，其余样品暂放于-20℃冰箱保存，并采用宏基因组技术测定土壤细菌及真菌的群落结构。

根据所扩增的细菌 16S V4 区域及真菌 ITS1-2 区域特点，基于 Illumina MiSeq 测序平台，利用双末端测序（Paired-End）的方法，构建小片段文库进行双末端测序。通过对 Reads 拼接过滤，OTUs（Operational Taxonomic Units）聚类，并进行物种注释及丰度分析，可以揭示样品物种构成；进一步的 α 多样性分析（Alpha Diversity）及 β 多样性分析（Beta Diversity）可以挖掘土壤样品群落结构之间的差异。

4. 宏基因分析工作流程

（1）基因组 DNA 的提取。采用 CTAB 或 SDS 方法对样本的基因组 DNA 进行提取，之后采用琼脂糖凝胶电泳检测 DNA 的纯度和浓度，取适量的样品于离心管中，使用无菌水稀释样品至 1ng·μL^{-1}。

（2）PCR 扩增。以稀释后的基因组 DNA 为模板，根据测序区域的选择，使用带 Barcode 的特异引物。使用 New England Biolabs 公司的 Phusion® High-Fidelity PCR Master Mix with GC Buffer。使用高效和高保真的酶进行 PCR，确保扩增效率和准确性。引物对应区域：16S V4 区引物为 515F-806R；ITS1 区引物为 ITS1-5F-ITS2；ITS2 区引物为：ITS2-3F-ITS2-4R。

（3）PCR 产物的混样和纯化。PCR 产物使用 2% 浓度的琼脂糖凝胶进行电泳检测；根据 PCR 产物浓度进行等浓度混样，充分混匀后使用 2 % 的琼脂糖凝胶电泳检测 PCR 产物，使用 Thermo Scientific 公司的 GeneJET 胶回收试剂盒回收产物。

（4）文库构建和上机测序。使用 New England Biolabs 公司的 NEB Next® Ultra™ DNA Library Prep Kit for Illumina 建库试剂盒进行文库的构建，构建好的文库经过 Qubit 定量和文库检测，合格后，使用 MiSeq 进行上机测序。

（5）信息分析流程。为了使信息分析的结果更加准确、可靠，首先对测序得到的原始数据（Raw Data）进行拼接、过滤，得到有效数据（Clean Data）。然后基于有效数据进行 OTUs（Operational Taxonomic Units）聚类和物种分类分析，并将 OTU 和物种注释结合，从而得到每个样品的 OTUs 和分类谱系的基本分析结果。再对 OTUs 进行丰度、多样性指数等分析，同时对物种注释在各个分类水平上进行群落结构的统计分析。最后在以上分析的基础上，可以进行一系列的基于 OTUs、物种组成的聚类分析，PCoA 和 PCA、CCA 和 RAD 等统计比较分析，挖掘样品之间的物种组成差异，并结合环境因素进行关联分析。

（二）结果与分析

1. 对土壤理化性状的影响

（1）烟田土壤理化性质分析。不同种类秸秆还田后的土壤物理特性如表 4-9 所示，施用烟草秸秆处理的土壤含水量保持较好，施用水稻秸秆的土壤容重偏大，总孔隙度偏小，综合分析以 T9 处理表现较好，土壤容重、总孔隙度以及含水量等数值优于对照。

表4-9　不同秸秆还田对土壤物理性状的影响

处理	土壤容重（g·cm⁻³）	土壤含水量（%）	总孔隙度（%）
T1	1.12±0.02	19.92±0.57	57.61±0.60
T2	1.12±0.05	20.34±1.90	57.57±1.74
T3	1.13±0.05	19.73±0.86	57.51±1.79
T4	1.15±0.09	20.40±1.12	56.48±3.46
T5	1.10±0.04	20.12±0.24	58.63±1.63
T6	1.09±0.01	19.98±0.73	58.90±0.39
T7	1.10±0.05	20.40±0.49	58.45±1.73
T8	1.12±0.04	20.50±0.31	57.87±1.69
T9	1.03±0.03	23.82±3.07	61.13±0.98
CK	1.06±0.01	21.83±0.20	60.17±0.22

2013年不同秸秆还田后的土壤化学性质如表4-10所示，不同种类秸秆以水稻和烟草秸秆还田后土壤碱解氮含量高于对照，玉米秸秆还田T5和T6土壤碱解氮含量低于对照。施用秸秆后能够不同程度地增加烟田土壤有机质含量，不同种类秸秆表现具有一定的差异，总体而言以水稻和烟草秸秆表现较好，T9烟田土壤有机质含量最高。施用玉米秸秆后烟田土壤有效磷含量表现下降的趋势，施用玉米秸秆T5和T6烟田土壤氯离子含量呈现上升的趋势。施用3种类型秸秆后，以水稻秸秆T2、玉米秸秆T4和烟草秸秆T9，3个处理烟田土壤速效钾含量有所升高。

表4-10　不同秸秆还田对土壤化学性状的影响

处理	pH值	有机质（g·kg⁻¹）	碱解氮（mg·kg⁻¹）	速效磷（mg·kg⁻¹）	速效钾（mg·kg⁻¹）	氯离子（mg·kg⁻¹）	CEC（cmol·kg⁻¹）
T1	6.15	21.51	116.56	96.35	468.38	13.35	4.32
T2	5.80	20.02	117.44	81.67	585.04	11.57	4.91
T3	6.10	18.45	131.63	81.64	475.58	12.72	4.73
T4	6.13	20.88	114.79	55.92	542.83	12.16	4.42
T5	7.24	17.42	90.41	54.81	494.11	23.74	4.42
T6	7.06	17.24	94.40	51.84	392.37	26.00	4.20
T7	6.84	19.43	116.12	88.13	435.43	13.79	4.40
T8	5.75	18.80	113.01	76.45	443.67	22.21	6.26
T9	5.77	23.97	136.50	89.27	565.65	17.70	5.96
CK	5.61	19.60	110.35	86.07	527.57	17.08	5.84

2014 年不同秸秆还田土壤化学性质的结果如表 4-11 所示，施用水稻和烟草秸秆后烟田土壤 pH 值表现一定的下降趋势，除烟草秸秆外，施用水稻秸秆 T3 以及施用玉米秸秆 T6 均能够提高烟田土壤的有机质含量。施用一定用量的 3 种秸秆均能够提高土壤全氮含量（T3、T6、T9）；施用烟草秸秆也一定程度增加了烟田土壤的碱解氮、速效磷以及速效钾含量。而且施用 3 种类型秸秆后烟田土壤的 CEC 含量升高，与对照相比，整体上以施用烟草秸秆处理的土壤化学性状表现较好。

表 4-11　不同秸秆还田对土壤化学性质的影响

处理	pH 值	有机质 （g·kg⁻¹）	全氮 （%）	碱解氮 （mg·kg⁻¹）	速效磷 （mg·kg⁻¹）	速效钾 （mg·kg⁻¹）	CEC （cmol·kg⁻¹）
T1	6.61	17.85	0.137	80.50	41.45	115.96	7.63
T2	6.23	17.75	0.136	101.50	67.60	89.58	7.88
T3	6.21	21.21	0.157	119.88	80.95	76.39	12.00
T4	7.45	19.84	0.138	87.50	38.20	76.39	7.88
T5	7.35	17.40	0.095	83.13	26.83	76.39	7.00
T6	7.19	20.38	0.164	103.25	52.15	168.73	7.50
T7	6.64	32.82	0.133	114.63	52.83	366.62	8.25
T8	6.31	24.90	0.147	113.75	56.83	76.39	8.63
T9	6.38	21.53	0.152	113.75	67.23	155.54	8.00
CK	7.08	19.67	0.146	108.50	34.08	50.00	7.50

（2）对土壤微生物的影响。

第一，OTU 数据统计与分析。在 OTUs 构建过程中，对不同样品的 Effective Tags 数据、低频数的 Tags 数据和 Tags 注释数据等信息进行初步统计，统计结果如图 4-5 所示。测序后，过滤后得到的细菌拼接序列总数最高的是 T7 处理，其次是 T6，最低的是 T8 处理，CK 处理次之。而得到的细菌种群 OTUs 数目最高的是 T3 处理，为 694 个；其次是 T5 和 T6 处理，最少的则是 CK 处理，为 551 个。而在真菌序列统计中，过滤后得到的真菌拼接序列总数最高的是 T3 处理，其次是 T1，最低的是 T8 处理。在各处理中，真菌种群 OTUs 数目最高的是 T3 处理，为 1037 个；其次是 T9 处理，最少的则是 T8 处理，为 356 个。

第二，基于 OTU 的物种注释及菌群分类特征。在序列不同分类学水平上进行统计每个样品的群落组成（图 4-6），各处理各分类水平上均呈现相一致的

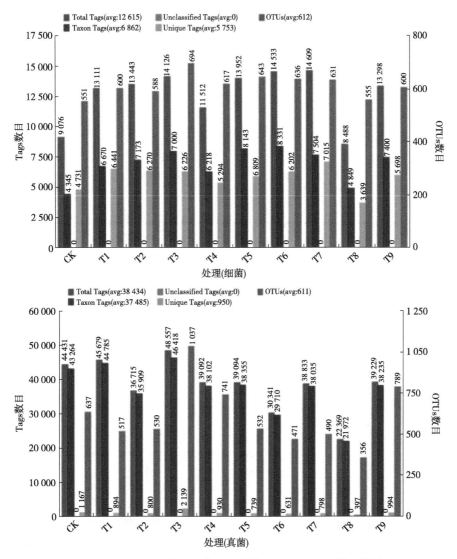

图 4-5　不同处理样品细菌及真菌的 Tags 和 OTUs 数目统计

趋势。即与对照相比，随着水稻和玉米秸秆还田量的增加，各处理的细菌种群在各分类级别上均明显多于对照，但烟秆还田则与此不同，特别是中量还田的 T8 处理，并没有明显增加细菌种群在各分类级别上的序列数目。对不同秸秆而言，玉米秸秆在对细菌不同分类学水平的序列数量增加效果优于水稻秸秆和烟草秸秆。对土壤真菌而言，在各分类级别上的序列构成中，最低的是 T8 处理，其次是 T6 处理，最高的是 T3 处理，其次是 T1 处理。与对照相比，施用不同量的玉米和烟草秸秆还田后，各处理真菌种群在各分类级别上均明显低于对照，但水稻秸秆还田中除 T2 外，其他 2 个处理的真菌种群均高于对照。

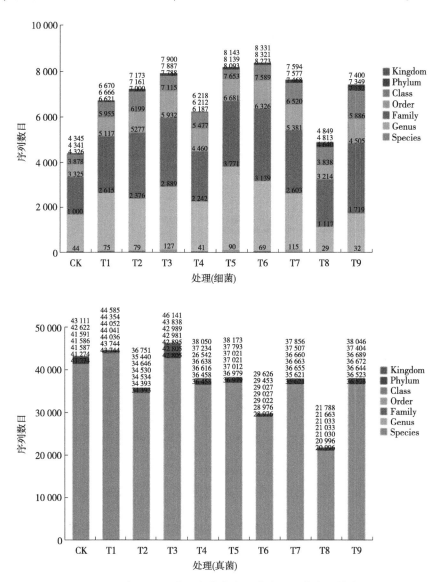

图 4-6　各处理细菌和真菌在各分类水平上的序列构成

选取在门（Phylum）分类水平上最大相对丰度排名前十的门，生成的物种相对丰度分布柱形图（图4-7）。各处理的土壤细菌中变形菌门（Proteobacteria）平均所占比例最高，达50%。其次是放线菌门（Actinobacteria）和酸杆菌门（Acidobacteria），这些均为土壤中的优势菌群。秸秆还田量最高的3个处理与对照相比，变形菌门和放线菌门的占比在降低，而酸杆菌门和泉古菌门（Crenarchaeota）的占比在增加，土壤细菌的群落结构发生明显改变。各处理土壤真菌中除T1处理中担子菌门（Basidiomycota）占主导外，其他处理土壤中真菌均是子囊菌亚门（Ascomycota）占主导地位。与对照相比，烟秆还田各处理的担子菌门占比下降，而子囊菌亚门占比上升。T3、T4及T9处理与对照相比

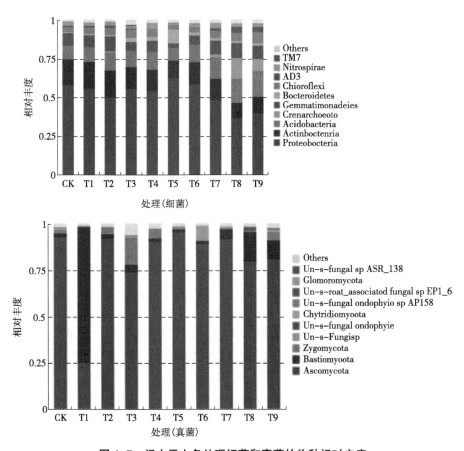

图4-7 门水平上各处理细菌和真菌的物种相对丰度

接合菌类（Zygomycota）占比明显上升。

为了进一步研究 OTUs 的系统发生关系和不同样品（组）之间的优势菌群的结构组成差异，使用 PyNAST 软件（Version 1.2）与 GreenGene 数据库中的"Core Set"数据信息进行快速多序列比对，得到所有 OTUs 代表序列的系统发生关系。选取最大相对丰度排名前 10 个属所对应的 OTUs 系统发生关系数据，并结合每个 OTUs 的相对丰度及其代表序列的物种注释置信度信息，可以直观地展示研究环境中的细菌物种组成的多样性，结果如图 4-8 所示。根据细菌属的系统发生关系及组成差异可分为 4 个大类，在各处理中 OUTs 相对丰度最大的是鞘脂单胞菌目的 *Kaistobacter* 属，其次是红游动菌属（*Rhodoplanes*）。

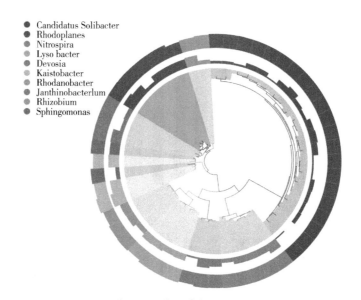

图 4-8　细菌 OTUs 的系统发生关系及其物种注释

第三，基于 OTU 的物种丰度聚类分析。根据所有处理样品在属水平的物种注释及丰度信息，选取丰度排名前 35 的属及其在每个样品中的丰度信息绘制热图，并从分类信息和样品间差异 2 个层面进行聚类，便于结果展示和信息发现，从而找出研究样品中聚集较多的物种或样品，结果展示见图 4-9 所示。从各处理细菌及真菌属水平上丰度聚类图可以看出，在细菌属的样品聚类上可以分为 3 类，其中 CK 与 T1、T3 和 T2 为一类，T5、T4 和 T6 为一类，T7、T8 和 T9 为一类，充分反映出施用不同秸秆种类所导致的土壤细菌群落结构上的差异。而真菌属的土壤样品聚类可以分为 2 类，T3 和 T9 为一类，其余为另一类。

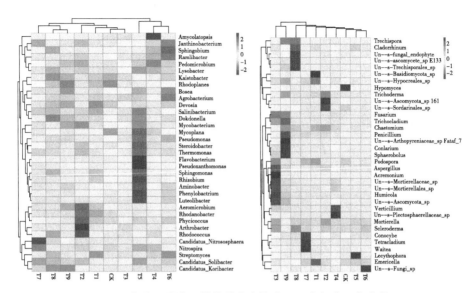

图 4-9　各处理属水平的物种丰度聚类图（左细菌，右真菌）

　　第四，样品复杂度分析。Alpha Diversity 用于分析样品内（Within - community）的群落多样性，主要包含 3 个指标：稀释曲线（Rarefaction Curves）、物种丰富度（Species Richness Estimators）和群落多样性（Community Diversity Indices）。用 Qiime 软件（Version 1.7.0）对样品复杂度指数进行计算并绘制相应的曲线。

　　稀释曲线：稀释曲线可直接反映测序数据量的合理性，并间接反映样品中物种的丰富程度，当曲线趋向平坦时，说明测序数据量渐进合理，更多的数据量只会产生少量新的 OTUs，反之则表明继续测序还可能产生较多新的 OTUs。从本研究数据构建的稀释性曲线（图 4-10）来看，在测序量增加的初始阶段，OTU 数呈急剧上升趋势，随测序量的不断增加，OTU 的数增加基本趋向于平缓，表明各处理测序数据量合理，能够完全反映出土壤菌群构成及细菌的多样性水平。同时，在一定测序量下，各处理细菌的 OTU 数以 T3 处理最高，T4 和 T6 处理次之，T8 处理最低。各处理真菌的 OTU 数同样以 T3 处理最高，T9 和 T4 处理次之，T8 处理最低。

　　物种多样性指数曲线：Chao1 指数是广泛使用的物种多样性指数之一，

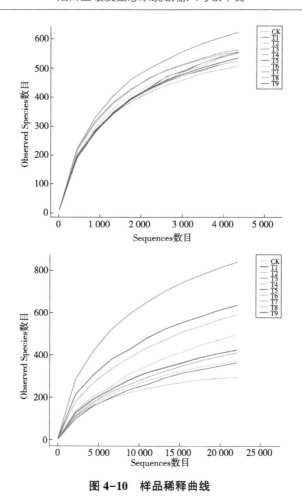

图 4-10　样品稀释曲线

Shannon 值越大说明群落多样性越高，当样品中有 2 个以上物种且每个物种丰度为 1 时 Shannon 指数达到最大，绘制的细菌 Chao1 指数及 Shannon 指数的曲线如图 4-11 所示，真菌的多样性曲线如图 4-12 所示。从细菌群落物种数的 Chao1 指数可以看出，在所有处理中 T3 的物种数最高，T9 处理的 Chao1 指数值最低，Shannon 指数曲线也具有类似的趋势。可见，T4 与 T5 处理与对照相的多样性指数差异不大，T3 的生物多样性最高，而 T9 的多样性指数最低。从真菌群落物种数的 Chao1 和 Shannon 多样性指数可以看出，同样 T3 处理的真菌物种数最高，T9 和 T4 处理的多样性指数次之，但均高于对照，T8、T6 和 T1 的多样性指数最低，真菌的 Shannon 指数曲线也具有类似趋势。

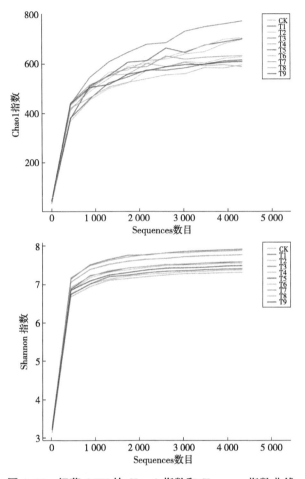

图 4-11　细菌 OTU 的 Chao1 指数和 Shannon 指数曲线

　　第五，多样品比较分析。Beta 多样性指数：在 Beta 多样性研究中，选用 Weighted Unifrac 距离和 Unweighted Unifrac 两个指标来衡量两个样品间的相异系数，其值越小，表示这两个样品在物种多样性方面存在的差异越小。各处理土壤细菌以 Weighted Unifrac 和 Unweighted Unifrac 距离绘制的 Heatmap 展示结果如图 4-13 所示，在同一方格中，上、下两个值分别代表 Weighted Unifrac 和 Unweighted Unifrac 距离。从土壤细菌的两样品间的相异系数可以看出，CK 与水稻秸秆还田处理（T3、T2 和 T1）的物种多样性的差异较小，其次是玉米秸秆，而与烟草秸秆还田的物种多样性差异较大。而且同一秸秆不同量间的细菌

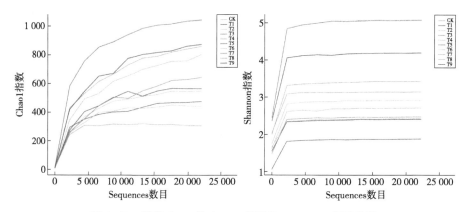

图4-12 真菌 OTU 的 Chao1 指数和 Shannon 指数曲线

多样性差异均小于不同种类秸秆之间的差异。图 4-14 为土壤真菌以 Unweighted Unifrac 距离绘制的 Heatmap 图, 不同样品间土壤真菌的相异系数则与此不同, 仅 T1 处理与其他所有处理的真菌多样性差异较大, 而其他处理间的真菌多样性则差异相对较小。

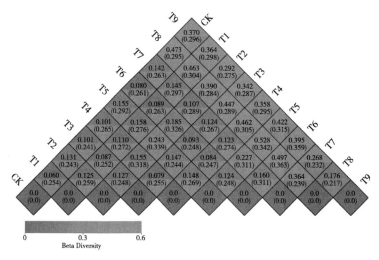

图4-13 不同处理土壤细菌的 Beta 多样性指数热图

主成分分析: PCA 能够提取出最大程度反映样品间差异的两个坐标轴, 从而将多维数据的差异反映在二维坐标图上, 进而揭示复杂数据背景下的简单规律。如果样品的群落组成越相似, 则它们在 PCA 图中的距离越接近, 本研究的

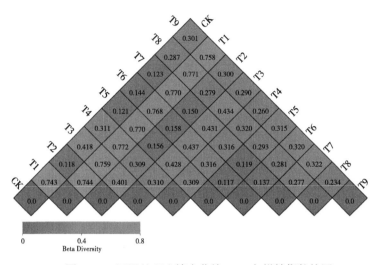

图4-14 不同处理土壤真菌的 Beta 多样性指数热图

细菌和真菌 OTU 的聚类结果如图 4-15 所示。从细菌 PCA 图中可以看出，第一和第二主成分对各处理细菌样品差异的贡献值分别是 40.4% 和 20.21%，CK 与 T1 和 T2 的距离接近，群落组成相似，而与 T3、T8 和 T9 距离相对较远。从真菌 PCA 图中可以看出，第一和第二主成分对各处理真菌样品差异的贡献值分别是 31.49% 和 20.41%，CK 与 T2、T7 和 T9 的距离接近，群落组成相似，而与 T1 和 T3 距离相对较远，真菌群落组成差异较大。

样品聚类分析：为研究不同样品间的相似性，还可以通过对样品进行聚类分析，构建样品的聚类树。在环境生物学中，UPGMA（Unweighted Pair-group Method with Arithmetic Mean）是一种较为常用的聚类分析方法，主要用来解决分类问题。本研究中以 Unweighted Unifrac 距离矩阵做 UPGMA 聚类分析，并将聚类结果与各样品在门水平上的物种相对丰度如图 4-16 所示。从各处理细菌的 UPGMA 聚类树结构看出，各处理聚成 3 类，CK 与 T1、T2 和 T3 为一类，玉米秸秆为一类，烟草秸秆为一类，在门水平上从细菌的相对丰度分析，其主导的细菌门主要是变形菌门、放线菌门、酸杆菌门和芽单胞菌门（Gemmatimonadetes）。而真菌与细菌不同，各处理分成 2 类，一类是 T1 处理，在门水平上真菌的主导种类为担子菌门（Basidiomycota）。其余为另一类，主导真菌门为囊菌亚门（Ascomycota），这与前面基于门分类水平上的真菌物种相对丰度分布相一

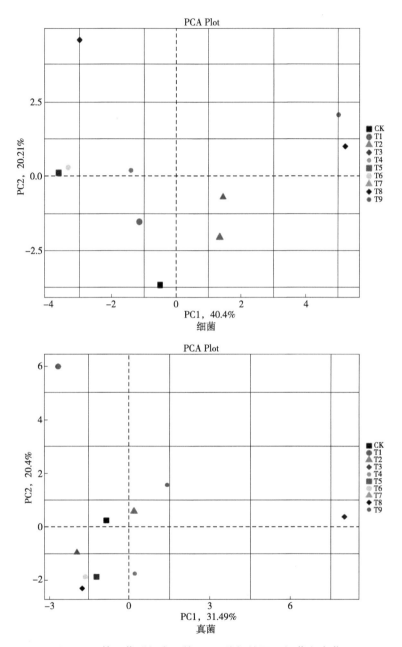

图4-15 基于菌群门水平的PCA分析结果（细菌和真菌）

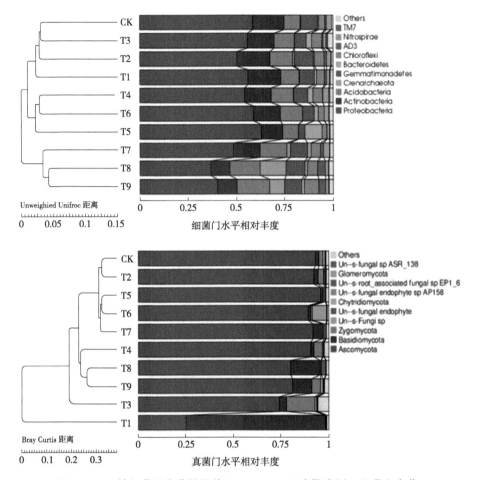

图 4-16　土壤细菌及真菌样品的 Bray Curtis 距离聚类树（细菌和真菌）

致，但与对照相比，真菌群落差异形成的原因还需要进一步分析。

三、小结

施用秸秆后能够不同程度地增加烟田土壤有机质含量，其中施用烟草秸秆土壤含水量保持较好，增加了烟田土壤有机质、碱解氮以及速效磷的含量。施用烟草和水稻秸秆均对烟田土壤速效钾含量具有一定的提升作用。

玉米秸秆在对细菌不同分类学水平的序列数量增加效果优于水稻秸秆和烟草秸秆。其主导的细菌门主要是变形菌门、放线菌门、酸杆菌门和芽单胞菌门。施用不同量玉米和烟草秸秆后，各处理真菌种群在各分类级别上明显低于对照。

第二节 秸秆炭化还田技术

合理处理作物秸秆废弃物，提高其资源化利用率符合我国农业可持续发展的方向，也是生态烟叶生产的重要措施之一。随着作物秸秆炭化还田技术在我国的发展，为项目组在利用烟草秸秆废弃物方面提供了新的途径和措施。我们通过设置盆栽及田间试验，重点开展了不同秸秆生物炭在植烟土壤固碳保氮效果评价及其根际土壤微生物变化机制研究；围绕秸秆生物碳的施用方式，系统分析了生物炭撒施、根区穴施以及与肥料混施对烟田土壤的改良效果；并以烟草秸秆为原料，开展了烟秆生物质炭性能及其相关技术研究（图4-17和图4-18）。

图4-17 生物炭对烤烟生长发育影响的试验

一、生物质炭对烤烟生长发育及土壤性质的影响

秸秆作为一种农业废弃物资源，目前存在直接燃烧污染环境、工业应用成本较高、农业有效利用率低等问题。而秸秆炭化为生物炭进入农田应用后，不

图 4-18 生物炭对烤烟根际土壤影响的试验

但可以补充土壤有机碳，有效增加氮素固持，提高土壤肥力，而且可以改良土壤理化性状，提高作物对养分的吸收能力，从而提高土壤生产力。从作物生长需求来看，生物炭对土壤理化环境的改善，有助于提升土壤肥力及其生态功能，这对促进作物的生长发育具有重要意义。国内外许多研究表明，施用一定量的生物炭对玉米、水稻和小麦等农作物的生长及其产量均有不同程度的提升作用。目前，在生物炭的烟田应用方面，秸秆生物炭对烤烟生长发育及土壤理化性状影响方面已有一些报道，但秸秆生物炭施用对烤烟生长的根冠比特性、土壤活性有机碳及酶活性等方面尚缺乏研究。本研究以湖北恩施地区的典型黄棕壤为研究对象，采用盆栽试验，研究生物炭对烤烟生长发育特征、土壤有机碳及酶活性的系统影响，以期为秸秆生物炭在现代烟草农业上的应用提供理论与实践指导。

（一）材料与方法

1. 试验材料

采用盆栽试验，在湖北省恩施州"清江源"现代烟草农业科技园区温室大棚中进行。供试土壤采自当地白果乡茅坝槽烟田的耕层土壤，土壤类型为黄棕壤，烤烟品种为'云烟87'。供试土壤经自然风干后挑出侵入体和新生体，碾碎，过

5mm 筛。生物炭来源于水稻秸秆，由中国科学院南京土壤研究所制作。其理化性质为 pH 值 9.2，总碳 630g·kg^{-1}，总氮 13.5g·kg^{-1}，CEC19cmol·kg^{-1}，灰分含量 140g·kg^{-1}，全磷 4.5g·kg^{-1}，全钾 21.5g·kg^{-1}。秸秆生物炭经粉碎过 2mm 筛后，装土之前先在塑料薄膜上将土壤与肥料及生物炭充分混匀，并在盆底加入少量石砾等排水填充物。每盆装风干土 15kg，然后灌以足够水分使土壤沉实。每盆移栽生长一致的健康无病烟苗 1 株。试验期间每 3~5d 称重补水，使土壤含水量保持 60% 的田间持水量。盆栽试验中施肥参照当地施肥标准统一执行，每公顷施全氮 105kg，N：P$_2$O$_5$：K$_2$O=1：1.5：3。所有肥料均作基肥一次性施入。

2. 试验方法

（1）试验处理。该盆栽试验设 1 个对照和 3 个不同添加量处理，每个处理 15 次重复。

T0：常规对照，生物炭添加量 0%（0g/kg 干土）。

T1：生物炭添加量 0.2%（2g/kg 干土）。

T2：生物炭添加量 1%（10g/kg 干土）。

T3：生物炭添加量 5%（50g/kg 干土）。

（2）取样及测定方法。

烟草的农艺性状调查：每个处理确定 5 盆烟株，移栽后在烟草的团棵期和现蕾期分别定株观察烟草生长发育情况，记录烟草的主要农艺性状指标。其中叶面积=叶片长×叶片宽×叶面积指数，叶面积指数按通常用的 0.634 5 计算。

烟草根系指标的测定：在烟草不同生育期（团棵期、旺长期、现蕾期和平顶期），每个处理分别取有代表性的烟株 3 株，采取破坏性取样将根系完整取出，冲洗干净后，观测根系发育状况，记录主根长、一级侧根长及二级侧根长，并测量根系的体积、鲜重和干重，其中干重采用烘干法，根体积用排水法测定。

烟草植株的干物质重：在根系取样测定的同时，烟株按照根、茎、叶 3 个部位分别取样，特别在烟草现蕾期和平顶期烟叶分上、中、下 3 个部位（上部叶 1~7 片、中部叶 8~14 片、下部叶 15~21 片）分别取样。所取样品均在 105℃进行杀青 30min，然后在 70℃烘干至恒重后称取干物质重。

土样的采集与测定：在烟草成熟期，采集烟草根区的土样，带回实验室风干过筛后，检测土壤的 pH 值、有机质、碱解氮、速效磷和速效钾含量。用重铬酸钾氧化法测定土壤有机碳含量，易氧化态有机碳则依据 Blair 等采用的 333mmol/L 高锰酸钾氧化法测定。土壤的脲酶、蔗糖酶、酸性磷酸酶和过氧化氢酶活性参考关松荫的方法。

3. 数据处理

试验数据采用 SPSS15.0 和 Excel 软件分别进行统计分析和作图。

(二) 结果与分析

1. 烟草地上部分生长发育

从团棵期和现蕾期烟草农艺性状可以看出（表 4-12 和表 4-13），在团棵期，T1 处理的株高及最大叶面积均最大，T0 与 T2 处理的最大叶面积差别不大，而 T3 处理的长势最弱，说明添加少量的秸秆生物炭（0.2%）对烟草生长前期的长势有一定的促进作用，而随着生物炭添加量的增加，烟草的长势逐渐减弱；在现蕾期，从总体长势来看，T2>T1≈T0>T3。T2 处理的农艺性状整体上优于 T0 处理，T1 处理与 T0 相比差异不大，而生物炭添加量最大的 T3 处理，其株高、有效叶数及最大叶长、宽等农艺性状比对照处理 T0 差。由此可见，土壤中添加适量生物炭（0.2%～1%）有助于烟草地上部分的生长发育，但较高的施用量（5%）反而对烟草地上部分的生长发育不利。

表 4-12　生物炭还田对烟草团棵期农艺性状的影响

处理	株高（cm）	有效叶数（片）	最大叶面积（cm^2）
T0	21.00ab	10.67a	371.56b
T1	21.83a	10.00a	404.94a
T2	18.50bc	10.00a	382.13ab
T3	16.67c	9.67a	351.82c

注：表中同一列相同的小写字母表示两者在统计学上无显著差异（$P<0.05$），下同。

表 4-13　生物炭还田对烟草现蕾期农艺性状的影响

处理	株高（cm）	有效叶数（片）	叶面积（cm^2）		
			下部叶	中部叶	上部叶
T0	132.33a	24.67b	831.99b	1 005.72ab	201.80b

（续表）

处理	株高（cm）	有效叶数（片）	叶面积（cm²）		
			下部叶	中部叶	上部叶
T1	135.67a	26.00a	846.07b	997.61b	190.95b
T2	135.33a	24.33b	947.41a	1 049.94a	249.52a
T3	117.33b	23.00bc	763.65bc	884.44c	201.85b

2. 烟草地下部分发育状况分析

从团棵期到成熟期各处理烤烟的地下部分生长情况如图4-19所示，在团棵期根系的生长比较缓慢，进入旺长期根体积和主根的增长速度明显加快，在旺长期主根长基本达到最大值。在旺长期到现蕾期根系体积增长又呈缓慢增长趋势后略有下降，主根也基本停止发育，从现蕾期到平顶期，根系体积又出现快速增加的过程，主要是由于在这个时期茎基部生长出更多的不定根，大量的不定根可以增强根系的吸收能力。该时期烟草的不定根比重较大，一般占烟株总根量的10%~30%。到成熟期主根出现衰老现象，主要表现为主根长度明显变短。

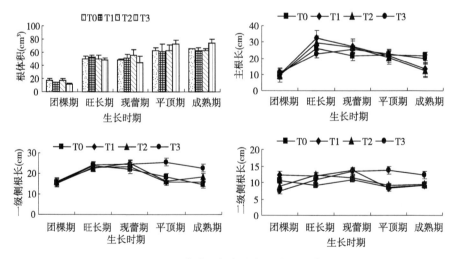

图4-19　烟草地下部各生长时期生长情况

从各处理的差异来看，在生长前期，添加生物炭的各处理并没有表现出与对照（T0）的明显差异；到烟草生长的中期、后期，由于较细的侧根有机质供应不足,易导致其衰老死亡。所以秸秆生物炭的添加可明显地促进烟草根系一级侧根和二级侧根的生长发育,延缓衰老。

3. 烟草生物量状况

图 4-20 为烟草 4 个生育期各部分的生物量状况和根冠比情况。在烟草生长前期,烟株各部分的生物量均以 T3 处理为最低,T1 处理的生物量最大,可能是由于施用较大量的生物炭对烤烟的前期生长有一定的抑制作用。到烟草生长的中、后期,添加秸秆生物炭处理对根系的生长促进作用开始显现,但对烟草地上部分的生长继续呈现抑制作用,而施用较少量生物炭的 T1 和 T2 处理根、茎、叶的干物质重均高于常规施肥的对照处理 T0。

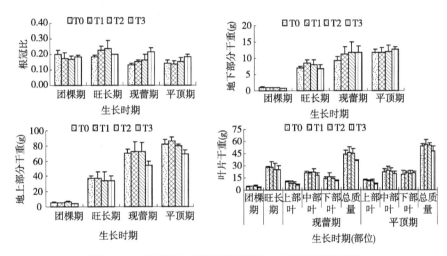

图 4-20 烟草不同时期的根冠比和各部分的干物质量

根冠比是生物量积累分配的主要指标,其变化反映了植物地下部分与地上部分干物质积累的变化情况。从图 4-19 中可以看出在团棵期对照处理的根冠比要大于添加秸秆生物炭的处理,可能是因为秸秆生物炭对烟草前期的根系生长有一定的影响。从旺长期开始,秸秆生物炭对烟草根系生长的促进作用开始显现,添加大量的秸秆生物炭可以为根系的生长提供一定量的有机质,因此生物炭的添加有利于烟草根系尤其是侧根在中后期的生长发育。同时,由于添加大量生物炭对烟草地上部分生长的抑制作用,所以在生长后期 T3 处理的根冠比明显大于其他各处理。

可见将生物炭添加到土壤后，较少的添加量可使烟草的生物量出现增加的趋势，较多的添加量反而抑制烟草地上部分的生长，因此适宜的生物炭添加量（0.2%~1%）对烟草生长发育特别重要。添加5%的生物炭（T3）可以明显调控烟草根冠比，更促进根系生长。

4. 对土壤容重的影响

从不同秸秆生物炭施用量对土壤容重的影响可以看出（图4-21），秸秆生物炭处理的土壤容重均小于常规对照T0，随着生物炭施用量的增加土壤容重逐渐下降，且施用生物炭的量越大，容重降低的幅度越大。处理T1与常规对照T0间无显著性差异，而处理T2和T3与常规对照T0之间差异显著，说明土壤中添加秸秆生物炭能够在一定程度上降低土壤容重，但添加量较小时差异不明显。

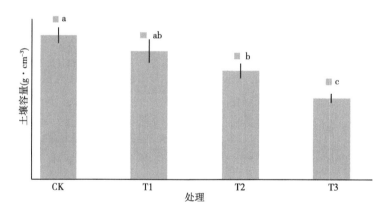

图4-21 不同秸秆生物炭施用量对土壤容重的影响

5. 对土壤养分的影响

从烟草成熟期的土壤养分指标可以看出（表4-14），随着秸秆生物炭施用量的增加，土壤的pH值和有机碳、碱解氮、速效磷、速效钾等养分指标均呈增加趋势，其中T1处理与对照相比，上述养分指标中除速效钾外其余均差异显著，此外T2及T3处理与对照之间的养分指标间具有显著差异。这主要是因为秸秆生物炭本身含有一定量有机碳，其灰分中还有一定量碱性金属离子，而使生物炭本身具有碱性，从而能使土壤的有机碳及pH值增加。此外，由于生物炭本身的速效养分、特殊多孔结构及表面诸多的官能团，使生物炭可以吸附

N、P、K 等土壤养分离子,减少淋失,从而使土壤碱解氮及速效钾等含量也随添加量的增加而增加。

表 4-14 烟草成熟期各处理的土壤养分指标

处理	pH 值	有机碳(g/kg)	碱解氮(mg/kg)	有效磷(mg/kg)	速效钾(mg/kg)
T0	6.38c	10.94c	92.18c	81.97c	695.49d
T1	6.56c	12.32bc	105.48c	87.40bc	994.16c
T2	7.12b	13.00b	124.09b	92.26b	1 373.12b
T3	7.72a	43.92a	140.05a	118.88a	2 352.77a

6. 对土壤有机碳及活性有机碳的影响

从图 4-22 可见,随着生物炭施用量的增加,土壤有机碳及活性有机碳均呈上升趋势,其中 T3 和 T2 处理的有机碳含量与对照处理差异显著;而活性有机碳仅 T3 处理与对照差异显著。但 T3 处理的活性有机碳占土壤有机碳的比例最低,仅 10% 左右。可见,不同用量的秸秆生物炭均能促进土壤有机碳及活性有机碳含量的增加,但土壤活性有机碳的增加效果没有总有机碳明显。

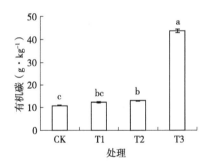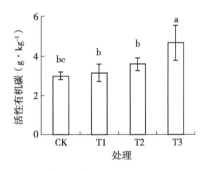

图 4-22 不同用量秸秆生物炭对土壤有机碳的影响

7. 对土壤酶活性的影响

从图 4-23 可以看出,与对照相比,添加生物炭各处理的土壤脲酶、蔗糖酶和酸性磷酸酶的活性均有不同程度提高,其中土壤脲酶活性表现为 T3>T1>T2>T0,T1、T2 和 T3 处理与对照相比分别增加了 12.91%、0.89%、119.95%,且 T1、T3 处理与对照相比差异显著;土壤蔗糖酶活性表现为 T3>T2>T1>T0,T1、T2、T3 相比对照分别增加了 67.74%、77.42%、364.52%,且 T1、T2 和

T3 各处理均与对照差异显著；酸性磷酸酶活性表现为 T1>T2>T3>T0，T1、T2、T3 相比对照分别增加了 42%、35. 36%、6. 63%，且 T1、T2 处理与对照差异显著。秸秆生物炭对过氧化氢酶活性的影响与其他酶活性不同，表现为生物炭中、低量添加时有抑制作用，而高量添加则影响不大，其酶活性表现为 T0 = T3>T1>T2，T1、T2 处理与对照相比分别下降了 52. 62% 和 57. 89%，且两者与对照差异显著，T3 处理则与对照无显著差异。可见，土壤脲酶、蔗糖酶和酸性磷酸酶活性均随秸秆生物炭添加量的增加呈不同程度地增加趋势，但过氧化氢酶活性则呈下降趋势或变化不大。

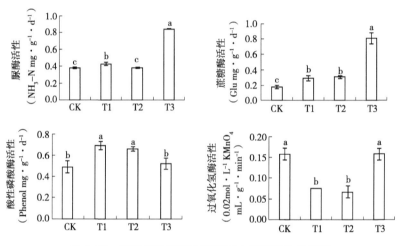

图 4-23 不同用量秸秆生物炭对土壤酶活性的影响

（三）讨论

本研究表明，适宜的生物炭添加量（0. 2%~1%）可以促进烤烟生长发育，而较高的生物炭添加量（5%）会抑制烤烟地上部生长，相对更促进烤烟根系生长，这可能是由于施用生物炭降低了土壤容重，提高了土壤孔隙度，增加了有机质供应，为根系的生长提供了良好的环境和物质基础。刘新源等（2014）在许昌地区的研究发现，生物炭对烤烟生长的影响表现为前期抑制，旺长期后促进的作用。张伟明等的研究表明，添加适量生物炭后水稻根系体积、鲜重、根冠比、总吸收面积、活跃吸收面积均有明显提高，并可在一定程度上延缓水稻在生长后期的根系衰老，增强了根系的生理功能。刘卉等（2016）研究表明，在一定范围内施用生物炭能够增加烤烟的干物质积累量，促进根系的生长发育，协调地上部分与地下部分的比例，改善源库流的关系。但也有研究结果显示，施用生物炭降低了大田后期烤烟干物质的积累量。可见，施用生物炭对烤烟等作物生长发育的影响并不一致，这可能与生物炭的来源、制备条件、施用量、土壤性质及作物种类等多种因素有关。生物炭本身较高的碳含量和孔隙度，一方面可以直接提高土壤有机碳含量，另一方面可以为土壤微生物提供良好的分解原料和生活场所，间接提高土壤有机碳含量，同时增加土壤活性有机碳的含量。本研究结果显示，随着生物炭施用量的增加，土壤有机碳和活性有机碳均呈上升趋势，但活性有机碳的增加效果没有总有机碳明显。由于生物炭本身含有的碳素大都为稳定性碳，所以土壤中施用大量生物炭时，虽然提高了活性有机碳的含量却相对降低了其在有机碳中的占比。土壤活性有机碳在土壤总有机碳中所占比例虽然较小，但由于它是土壤微生物的能源及土壤养分的驱动力，能直接参与土壤生物化学过程，所以在维持土壤肥力、改善土壤质量、保持土壤碳库平衡等方面具有重要意义。许多研究表明，施用生物炭可显著增加土壤有机碳的积累，但长期施用生物炭可能对土壤有机碳的品质产生不利影响，减弱有机质的活性。因此，生物炭添加对土壤活性有机碳的最终影响，还需要后续的长期定位研究方能确定。土壤酶活性的变化能够调控作物吸收养分的有效性，反映土壤微生物活性的高低、表征土壤养分转化和运移能力的强弱。土壤酶活性受土壤养分含量、pH 值、CEC 值、持水性及孔隙结构的影响。

　　本研究表明，秸秆生物炭不同添加量处理的土壤脲酶、蔗糖酶和酸性磷酸酶活性均有不同程度的提高，但中、低添加量时过氧化氢酶活性有所下降，较高添加量则没有影响。黄剑（2016）的研究表明，生物炭施用对土壤转化酶、碱性磷酸酶和过氧化氢酶活性均有显著提高，但当生物炭施用量较高时，对土壤脲酶可能起抑制作用。周震峰等（2015）研究发现，生物炭对土壤过氧化氢酶的影响表现为前期抑制后期促进。陈心想等（2014）则认为施用生物炭在短期内对蔗糖酶和碱性磷酸酶活性无显著影响。可见，生物炭对土壤酶活性的影响具有可变性，这些影响可能跟生物炭本身的理化性质、施用量和与目标底物之间的反应有关。由于生物炭较强的吸附性能，增加了其对土壤酶作用的复杂性，一方面生物炭对反应底物的吸附有助于酶促反应的进行从而促进了土壤酶活性，另一方面生物炭对酶分子的吸附保护了酶促反应的结合位点，从而抑制了酶促反应的进行。秸秆生物炭作为一种较好的土壤改良剂，合理施用可通过改善和调控耕层土壤理化性质及酶活性而对烤烟生长发育具有正面影响。同时，生物炭与土壤的相互作用是一个长期的过程，其对烟草生长发育的影响也受自身特性、施用量及各种环境因素制约而具有不确定性。因此，后续要通过设置长期的生物炭烟田定位试验，来进一步研究生物炭对烟草生长发育的正负效应及其相关机制。

（四）结论

适量的秸秆生物炭添加（0.2%～1%）有助于烤烟生长发育，表现为株高、叶面积及地上部茎、叶生物量的增加，而较高的添加量（5%）反而有抑制作用。

生物炭能促进烤烟根系发育、调控库源关系，其根系生物量及根冠比均随生物炭添加量的增加而增加，并以添加量5%时根系生物量及根冠比最高。

随生物炭添加量的增加，土壤有机碳及活性有机碳均呈增加趋势，但活性有机碳的增加效果没有总有机碳明显。

生物炭对土壤酶活性具有重要影响，土壤脲酶、蔗糖酶和酸性磷酸酶活性随生物炭添加量的增加有不同程度的提高，但过氧化氢酶活性则下降或变化不大。

二、生物质炭对烟草根际土壤微生物的影响

（一）材料与方法

1. 试验处理

本试验根据生物炭施用量设置2个处理，具体如下。

T1：当地习惯施肥+亩施生物炭150kg。

T2：当地习惯施肥+亩施生物炭300kg。

CK：当地习惯施肥，不施用生物炭。

均匀撒施于土壤然后翻入土壤。每个处理4行，每行栽烟20株，重复3次。需要土地面积（不含保护行）432m²。

2. 土壤采集及处理

在烟叶成熟期，每个处理烟田烤烟采收完毕后，分别在垄体上两株烟之

间，采集 0~20cm 土壤样品，采用多点取样法，每个样品取 10 钻进行混合，选取 1/2 样品在室内风干，测定土壤的基本理化性状，其余样品暂放于 -20℃ 冰箱保存，并采用宏基因组技术测定土壤细菌及真菌的群落结构。

根据所扩增的细菌 16S 区域及真菌 ITS1-2 区域特点，基于 Illumina MiSeq 测序平台，利用双末端测序（Paired-End）的方法，构建小片段文库进行双末端测序。通过对 Reads 拼接过滤，OTUs（Operational Taxonomic Units）聚类，并进行物种注释及丰度分析，可以揭示样品物种构成；进一步的 α 多样性分析（Alpha Diversity）、β 多样性分析（Beta Diversity）可以挖掘样品之间的差异。

3. 微生物分析工作流程

（1）基因组 DNA 的提取。采用 CTAB 或 SDS 方法对样本的基因组 DNA 进行提取，之后采用琼脂糖凝胶电泳检测 DNA 的纯度和浓度，取适量的样品于离心管中，使用无菌水稀释样品至 1ng/μL。

（2）PCR 扩增。以稀释后的基因组 DNA 为模板，根据测序区域的选择，使用带 Barcode 的特异引物。使用 New England Biolabs 公司的 Phusion® High-Fidelity PCR Master Mix with GC Buffer。使用高效和高保真的酶进行 PCR，确保扩增效率和准确性。引物对应区域：16S V4 区引物为 515F-806R；ITS1 区引物为 ITS1-5F-ITS2；ITS2 区引物为：ITS2-3F-ITS2-4R。

（3）PCR 产物的混样和纯化。PCR 产物使用 2% 浓度的琼脂糖凝胶进行电泳检测；根据 PCR 产物浓度进行等浓度混样，充分混匀后使用 2% 的琼脂糖凝胶电泳检测 PCR 产物，使用 Thermo Scientific 公司的 GeneJET 胶回收试剂盒回收产物。

（4）文库构建和上机测序。使用 New England Biolabs 公司的 NEB Next® Ultra™ DNA Library Prep Kit for Illumina 建库试剂盒进行文库的构建，构建好的文库经过 Qubit 定量和文库检测，合格后，使用 MiSeq 进行上机测序。

具体流程如图 4-24 所示。

图 4-24　微生物分析工程流程示意

4. 信息分析流程

测序的原始数据（Raw Data），存在一定比例的干扰数据（Dirty Data），为了使信息分析的结果更加准确、可靠，首先对原始数据进行拼接、过滤，得到有效数据（Clean Data）。然后基于有效数据进行 OTUs（Operational Taxonomic Units）聚类和物种分类分析，并将 OTU 和物种注释结合，从而得到每个样品的 OTUs 和分类谱系的基本分析结果。再对 OTUs 进行丰度、多样性指数等分析，同时对物种注释在各个分类水平上进行群落结构的统计分析。最可以进行一系列的基于 OTUs、物种组成的聚类分析、PCoA 和 PCA、CCA 和 RAD 等统计比较分析，挖掘样品之间的物种组成差异，并结合环境因素进行关联分析。

（二）结果与分析

1. OTU 数据统计与分析

在 OTUs 构建过程中，对不同样品的 Tags 数据和 OTU 数据等信息进行初步统计，结果见图 4-25 所示。过滤后得到的细菌有效拼接序列总数最高的是 T2 处理，CK 处理次之，T1 最低。而得到的细菌种群 OTUs 数目最高的是 CK 处理，为 271 个；其次是 T2 及 T1 处理，分别为 258 个和 253 个。而真菌序列统计中，过滤后得到的真菌拼接序列总数最高的是 CK 处理，其次是 T2，最低的是 T1 处理。真菌种群 OTUs 数目最高的是 T1 处理，为 424 个；其次是 T2 处理；最少的则是 CK 处理，为 252 个。

2. 基于 OTU 的物种注释及菌群分类特征

选取在门（Phylum）分类水平上最大相对丰度排名前十的门，生成的物种相对丰度分布柱形图如图 4-26 所示。各处理的土壤细菌中变形菌门（Proteobacteria）平均所占比例最高，达 50% 以上。其次是放线菌门（Actinobacteria）和酸杆菌门（Acidobacteria），这些均为土壤中的优势菌群。生物炭施用的 2 个处理与对照相比，放线菌门的占比在降低，而变形菌门和酸杆菌门的占比在增加，土壤细菌门水平上的群落结构发生明显变化。各处理土壤真菌也具有相似的变化，其中真菌均是子囊菌亚门（Ascomycota）占主导地位，占 75% 以上，且其随着生物炭用量增加先减少后增加，而 Un-s-Fungi sp 则先增加后减少，接合菌类（Zygomycota）和担子菌门（Basidiomycota）等则随着用量增加先增加后减少。

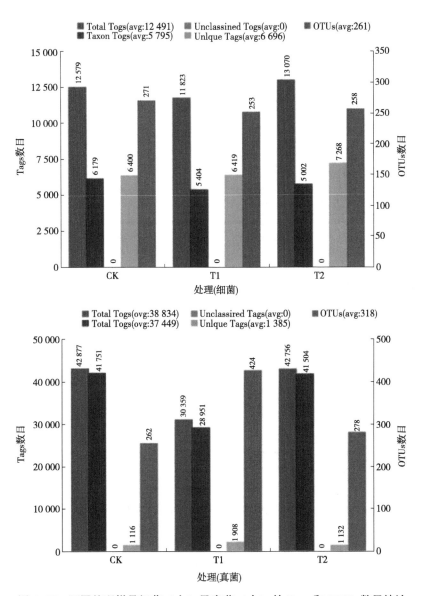

图4-25　不同处理样品细菌（左）及真菌（右）的 Tags 和 OTUs 数目统计

3. 基于 OTU 的物种丰度聚类分析

根据所有处理样品在属水平的物种注释及丰度信息，选取丰度排名前 35 的细菌和真菌属及其在每个样品中的丰度信息绘制热图，并从分类信息和样品

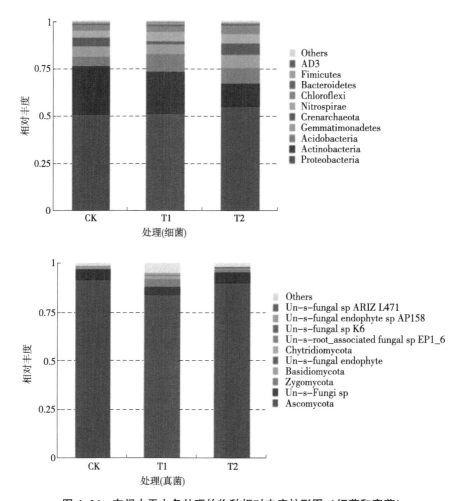

图4-26　在门水平上各处理的物种相对丰度柱形图（细菌和真菌）

间差异两个层面进行聚类（图4-27），从结果展示可以找出研究样品中聚集较多的物种或样品，其中在细菌属的样品聚类上可以分为两类，其中 CK 与 T2 为一类，T1 为一类；真菌属的土壤样品聚类上可以划分为相同的两类，这充分反映出不同用量的生物炭所导致的土壤细菌及真菌群落结构上的差异。

4. 样品的复杂度分析

样品内的群落 Alpha 多样性主要包含 3 个指标：稀释曲线（Rarefaction Curves）、物种丰富度（Species Richness Estimators）和群落多样性（Community

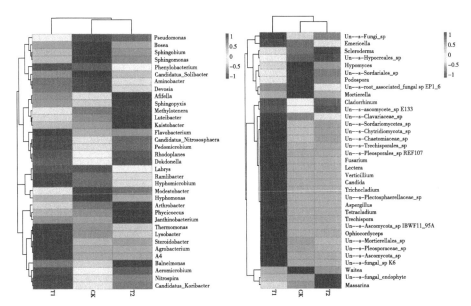

图 4-27　各处理属水平的物种丰度聚类图（左细菌，右真菌）

Diversity Indices）。用 Qiime 软件（Version 1.7.0）对样品复杂度指数进行计算并绘制的相应的曲线。

（1）稀释曲线。稀释曲线可直接反映测序数据量的合理性，并间接反映样品中物种的丰富程度，当曲线趋向平坦时，说明测序数据量渐进合理，更多的数据量只会产生少量新的 OTUs，反之则表明继续测序还可能产生较多新的 OTUs。从各样品数据构建的稀释性曲线（图 4-28）来看，在测序量增加的初始阶段，OTU 数呈急剧上升趋势，随测序量的不断增加，OTU 数增加基本趋向于平缓，表明各处理测序数据量合理，能够完全反映出土壤菌群构成及细菌的多样性水平。在一定测序量下，各处理细菌的 OTU 数以 CK 处理最高，T2 处理次之，T1 处理相对最低。各处理真菌的 OTU 数则以 T1 处理最高，T2 处理次之，CK 处理最低。

（2）物种多样性指数曲线。Chao1 指数和 Shannon 值是广泛使用的物种多样性指数之一，其值越大说明群落多样性越高。各样品土壤细菌测序数据量与 Chao1 指数和 Shannon 指数的曲线如图 4-29 所示，但各样品的 Chao1 指数及 Shannon 指数稍有不同，其中 Chao1 指数 CK 处理最高，而 Shannon 指数则是 T2

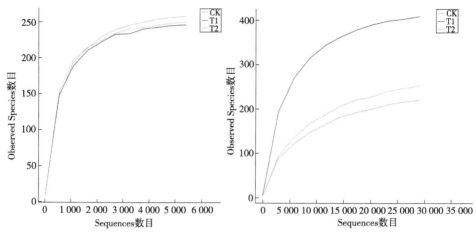

图 4-28　稀释曲线（左细菌，右真菌）

处理最高，但各处理之间差异不大。而土壤真菌的多样性曲线如图 4-30 所示，Chao1 指数及 Shannon 指数均具有一致的变化趋势，即 T1>T2>CK。可见，生物炭处理与对照相比较，其细菌多样性指数变化不大，但真菌的多样性变化较大。施用生物炭促进了真菌物种多样性的提高，而且以用量较小的 T1 处理提高最大。

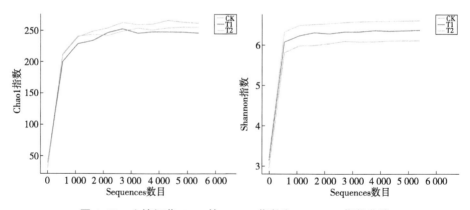

图 4-29　土壤细菌 OTU 的 Chao1 指数和 Shannon 指数曲线

5. 多样品比较分析

（1）Beta 多样性指数。在 Beta 多样性研究中，选用 Weighted Unifrac 距离

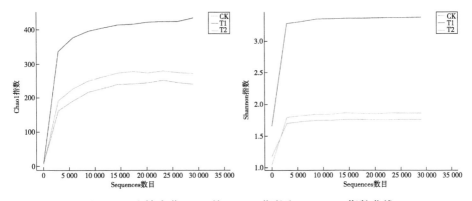

图4-30 土壤真菌 OTU 的 Chao1 指数和 Shannon 指数曲线

和 Unweighted Unifrac 2 个指标来衡量 2 个样品间的相异系数，其值越小，表示这 2 个样品在物种多样性方面存在的差异越小。各处理土壤细菌以 Weighted Unifrac 和 Unweighted Unifrac 距离绘制的 Heatmap 展示结果分别如图 4-31 所示，在同一方格中，上、下 2 个值分别代表 Weighted Unifrac 和 Unweighted Unifrac 距离。可以看出，CK 与 T1 处理的细菌多样性的差异相对较小，而 T1 与 T2 处理的细菌多样性差异较大。Bray-Curtis 距离也可作为衡量 2 个样品间的相异系数的指标，其值越小，表示这 2 个样品在物种多样性方面存在的差异越小。以 Bray-Curtis 距离绘制的真菌的 Heatmap 结果如图 4-32 所示，不同样品间土壤真菌的相异系数与细菌不同，CK 与 T2 处理的细菌多样性的差异相对较小，而与 T1 处理的差异较大。

（2）主成分分析。PCA 能够提取出最大程度反映样品间差异的 2 个坐标轴，从而将多维数据的差异反映在二维坐标图上，进而揭示复杂数据背景下的简单规律。如果样品的群落组成越相似，则它们在 PCA 图中的距离越接近。本研究中的细菌和真菌 OUT 的聚类结果如图 4-33 所示。从细菌 PCA 图上可以看出，第一和第二主成分对各处理细菌样品差异的贡献值分别是 57.48% 和 42.51%，CK 与 T1 的距离在 PC1 接近，细菌的群落组成相似。从真菌 PCA 图上可以看出，第一和第二主成分对各处理真菌样品差异的贡献值分别是 84.17% 和 15.82%，CK 与 T2 在 PC1 轴上的距离接近，表现为真菌群落组成相似。

（3）样品聚类分析。在环境生物学中，UPGMA（Unweighted Pair-group

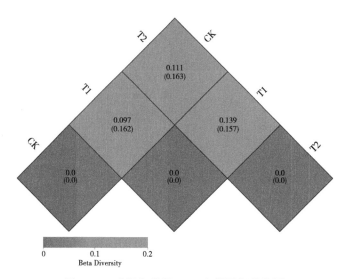

图 4-31 土壤细菌的 Beta 多样性指数热图

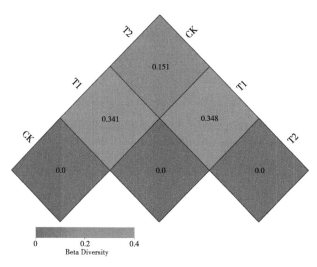

图 4-32 土壤真菌的 Beta 多样性指数热图

Method with Arithmetic Mean）是一种较为常用的聚类分析方法。本研究中以 Unweighted Unifrac 距离矩阵做 UPGMA 聚类分析。从各处理细菌的 UPGMA 聚类树结构看出（图 4-34），各处理分成 2 类，其中 T1、T2 处理为一类，CK 为一类，从门水平上细菌的相对丰度来看，其主导的细菌门主要是变形菌门

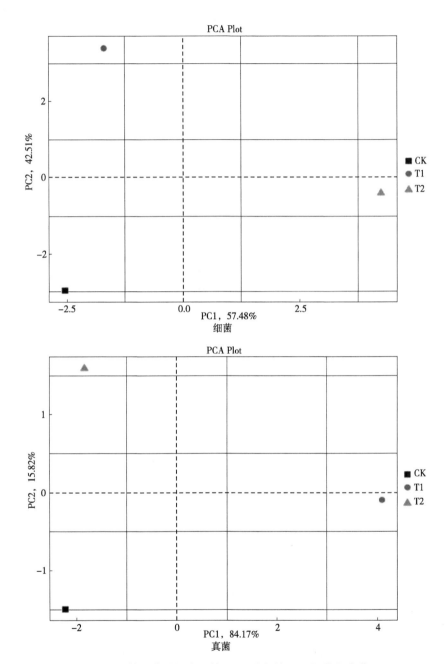

图 4-33 基于菌群门水平的 PCA 分析结果（细菌和真菌）

（Proteobacteria）、放线菌门（Actinobacteria）、酸杆菌门（Acidobacteria）和芽
单胞菌门（Gemmatimonadetes）。而真菌与细菌的分类不同（图 4-35），CK 与
T2 处理为一类，T1 处理为一类，在门水平上真菌的主导种类为担子菌门（Ba-
sidiomycota），占据最多数，其次是囊菌亚门（Ascomycota）。其真菌群落差异
及分类形成的原因还需要深入分析。

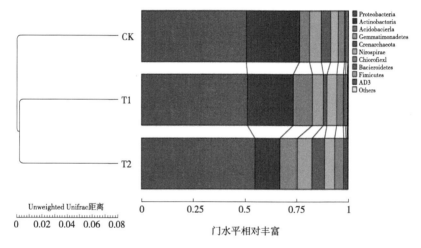

图 4-34 土壤细菌样品 Unweighted Unifrac 距离的 UPGMA 聚类树

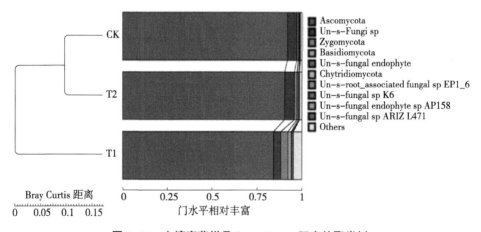

图 4-35 土壤真菌样品 Bray Curtis 距离的聚类树

（三）讨论

生物炭含有丰富的矿质养分元素，施入土壤后可以提高土壤中的养分含量，同时由于其特殊的结构和理化性质，可以吸附土壤中未被作物利用的养分，延缓养分释放，提高有效性，促进作物吸收和生长。本研究结果表明，施用生物炭后植烟土壤速效磷、速效钾和有机质含量均呈现出一定的上升趋势。这与生物炭在其他种植作物土壤上的研究结果基本一致。生物炭含有大量的碳，施入土壤可以增加土壤有机质含量，同时生物炭中 K 的有效性较高，张祥等研究指出施用生物炭对红壤和黄棕壤的速效钾含量影响最大，在本试验中 2 个施用生物炭处理的烟田土壤全钾和速效钾含量均较高。邢刚等研究表明，生物炭还可以提高土壤 K 的淋洗量，施用生物炭能够在烟株生长后期促进土壤释放出吸附的钾素，从而提高速效钾含量。目前，施用生物炭对土壤速效磷的影响研究结论不尽相同，Enders 等研究表明，生物炭本身含有大量的磷并且有效性较高，输入土壤后可以显著增加速效磷的含量。但施用生物炭后也可以影响土壤对 P 的吸附和解吸。Chintala 等研究发现在碱性土壤中，施用生物炭后 P 的吸附能力增强，从而使速效磷减少，这可能与碱性土壤含有大量的 Ca 和 Mg 等阳离子有关。在本试验中施用生物炭后植烟土壤速效磷含量呈现出一定的增加趋势。生物炭对土壤速效磷的影响机制还有待于进一步分析研究。在烤烟生产中，氮素是影响烟叶产量和品质最为重要的营养元素。生物炭施入土壤能够通过改变氮素的持留和转化，进而改善氮素的循环，提高氮素的有效性。赵殿峰研究指出，施用生物炭后植烟土壤速效氮含量在烟株生长旺长期达到了一个峰值，随后逐渐下降。本研究中，在烤烟生长成熟期施用生物炭后植烟土壤速效氮含量均低于对照，也呈现出了一定的下降趋势。已有研究结果表明，生物炭可以降低土壤铵态氮和硝态氮的淋出，但是同时也能够降低土壤中可交换氮的含量。在本试验生物炭施用量条件下，可能产生了土壤速效氮的生物固定作用，进而影响了土壤中速效氮的含量。

土壤微生物是土壤碳库中最为活跃的组分，对环境的变化最为敏感，生物炭的多孔性和吸附性为土壤微生物的生长与繁殖提供了良好的栖息环境，在土壤中添加生物炭后，微生物利用基质发生改变，从而改变了土壤碳等的养分循环，进而影响了土壤中微生物群落的变化。生物炭对土壤中微生物的群落分布具有一定的控制作用，施用生物炭的土壤微生物种类和不施生物炭的土壤有较大不同。Graber 等研究指出，在辣椒种植土壤中 *Bacillus* spp.、*Filamentous fungi*、*Pseudomonas* spp. 等微生物菌群的丰度均随着生物炭添加比例增加而显著升高。顾美英等研究指出，施用生物炭促进了连作棉田土壤细菌和真菌的生长，施用生物炭对两种连作棉田根际土壤 Shannon 指数有提升作用。利用生物炭进行土壤改良，能够提高土壤细菌和真菌群落的多样性，与未改良土壤相比，施加生物炭后土壤细菌多样性增加 25%。在本研究中，施用生物炭后土壤细菌中的放线菌门所占比例降低，而变形菌门和酸杆菌门所占比例增加，说明生物炭对植烟土壤细菌的群落结构也产生了一定的影响。对于真菌菌群，Jin 等研究指出生物炭改良土壤后，真菌如接合菌门和球囊菌门数量增加，而担子菌门和变形菌门的丰度却有所降低。在本研究中，随着生物炭的施用植烟土壤真菌中的子囊菌亚门呈现一定的降低趋势，而接合菌门和担子菌门具有一定的上升趋势，这与 Jin 等的研究结果稍有不同，其中接合菌门的变化表现出了相同的趋势。生物炭对土壤微生物群落结构的影响是很复杂和具有多变性的，土壤中不同微生物类群对施加生物炭后的响应特征有所不同，土壤环境的改变，包括土壤养分含量、非生物因素的改变、不同的生境等，均会成为影响土壤微生物的主要因素，从而导致微生物组分和结构的变化。我国大多数烟区烟草种植采取连作方式，与其他农田相比植烟土壤性质具有很大差异。因此，有关生物炭对植烟土壤微生物群落结构的影响机制，还有待于进一步深入研究。

（四）结论

生物炭影响了植烟土壤细菌和真菌的丰富度和多样性，其中施用生物炭后植烟土壤细菌中的放线菌门所占比例在降低，而变形菌门和酸杆菌门所占比例在增加；随着生物炭的施用，植烟土壤真菌中的子囊菌亚门呈现一定的降低趋势，而接合菌门和担子菌门具有一定的上升趋势。施用生物炭后植烟土壤真菌群落多样性指数变化大于细菌。因此，生物炭能够对植烟土壤养分以及微生物群落结构产生积极的作用，生物炭作为改良剂施加到植烟土壤中具有较好的应用前景。今后还需要针对不同的植烟土壤类型继续深入开展生物炭对土壤性质的影响机制研究，从而为我国不同烟区生物炭施用技术的制定奠定基础，促进烟草农业的可持续发展。

三、生物质炭烟田施用方式研究

恩施烟区大部分烟草种植采取长期连作方式，同时在烟叶生产中普遍存在大量施用化学肥料的现象。近年来，大部分烟叶产区植烟土壤生态逐渐遭到破坏，植烟土壤健康受到严重威胁，导致烟叶产量和质量下降，成为制约烟草农业可持续发展的关键问题。生物炭由于其良好的特性已经日益受到国内外研究学者的广泛关注，生物炭是指农林废弃物等生物质材料在完全或部分缺氧的条件下，经高温热解炭化产生的一类高度芳香化难熔性固态物质。生物炭含碳量丰富，具有较大的比表面积和发达的孔隙结构，吸附能力强，在自然条件下较稳定，通常呈碱性。生物炭所具有的优良结构和特性能够对土壤的理化性质产生重要影响。生物炭施入土壤后能够改善土壤的通气性和保水能力，并能够增加土壤养分的吸持能力，进而提高土壤养分的有效性，便于作物吸收利用。因此，将生物炭作为土壤改良剂或肥料增效载体使用，能够促进作物增产，降低肥料损失，提高肥料利用效率，同时可以减少土壤肥料养分损失给环境带来的危害。本部分内容系统研究了生物炭在烤烟生产上的施用技术，分析了对烤烟生长发育以及烟叶品质的影响，为生物炭在烟叶生产中的进一步应用奠定了基础。

（一）烟田撒施生物炭的土壤改良技术研究

1. 材料与方法

（1）试验设计。

对照：当地习惯施肥。

处理1：当地习惯施肥+亩施生物炭150kg。

处理2：当地习惯施肥+亩施生物炭300kg。

生物炭施用方法：均匀撒施于土壤然后翻入土壤。每个处理4行，每行栽烟20株，重复3次。需要土地面积（不含保护行）432m²。

（2）土壤采集。整地移栽前采集耕层土壤样品1.5kg左右。

烟叶收获完成后，每个小区用环刀采集0~10cm、10~20cm、20~30cm原状土壤。每个小区内共采集3个点。同一个点采集2套，一套用来测定养分含量，一套用来测定容重和持水量。

每个小区烟田烤烟采收完毕后，分别在笼体上两株烟之间，采集 0~20cm 土壤样品，采用多点取样法，每一个样品取 10 钻进行混合、编号，样品放于 -20℃冰箱保存。

（3）烟株样品采集。移栽后 45d（团棵期）和打顶期每个小区采集代表性烟株 2 株，分为根、茎、叶（打顶期还有花序）烘干，称重，测定 N、P、K 含量。

（4）田间调查与分析。移栽、施肥等农事操作，主要生育时期。

分别在团棵期、现蕾期、平顶期，每个小区调查 10 株烟株，测定株高、茎围、节距、叶数、团棵期最大叶长和叶宽以及现蕾期和平顶期上、中、下 3 个部位叶长、叶宽等农艺性状指标。

调查各处理小区烟叶病虫害发生情况。

经济性状调查：全小区单收单采，烘烤后进行经济性状计算。

烟叶样品分析：各处理取 X2F、C3F、B2F 各 1 份约 1.5kg，进行外观质量鉴定、化学成分检测和感官质量评吸。

2. 结果与分析

（1）农艺性状分析。试验田烟株在团棵期的农艺性状如表 4-15 所示，前期长势整体较好，其中以 T1 处理株高以及最大叶面积数值表现最好，均优于常规对照。T2 处理（亩施生物炭 300kg）烟株团棵期农艺性状没有表现出较好的优势。

表 4-15　各处理在团棵期农艺性状

处理	株高（cm）	最大叶长（cm）	最大叶宽（cm）	有效叶数（片）
CK	44.93±1.17	48.43±1.96	21.47±1.76	12.63±0.19
T1	46.10±1.50	49.47±1.37	22.10±0.63	12.97±0.36
T2	43.77±1.15	46.63±0.54	21.87±1.65	12.60±0.15

烟株平顶期的农艺性状如表 4-16 所示，平顶期 T1 处理的株高整体表现较好，施用生物炭处理后 3 个部位叶片面积具有一定的优势，其中以上部叶片表现较为明显，T2 处理的烟株茎围最大。综合以上分析，在烟株生长后期，施用生物炭处理能够促进烟株的生长发育。

表4-16　各处理在平顶期的农艺性状

处理	株高（cm）	中部叶		上部叶		节距（cm）	茎围（cm）	有效叶数（片）
		长（cm）	宽（cm）	长（cm）	宽（cm）			
CK	119.00±5.39	80.07±3.08	25.73±3.04	68.20±1.82	17.53±0.81	30.09±1.36	10.83±0.49	19.87±0.21
T1	124.07±0.55	79.53±3.75	26.27±3.47	65.87±7.51	16.80±2.06	31.78±0.84	10.70±0.50	19.60±0.47
T2	118.24±4.44	79.74±2.98	26.83±1.34	71.34±3.45	19.44±1.28	29.97±1.05	11.08±0.38	19.79±0.34

（2）烟株生物量分析。对烟株在团棵期和平顶期不同器官的生物量进行了测定，与对照相比，施用生物炭后烟株的根、茎、叶的干物质重量均呈现一定的增加趋势，以T2处理（亩施生物炭300kg）表现最好，就烟株根部的生物量来看，亩施生物炭300kg取得了较好的促进根系发育的效果（表4-17和表4-18）。

表4-17　各处理的团棵期生物量

处理	根（g）	茎（g）	叶（g）
CK	3.91±1.51	4.97±1.58	16.84±4.58
T1	3.91±0.54	5.43±1.34	18.55±3.96
T2	5.02±1.36	6.35±1.10	21.45±3.22

表4-18　各处理的平顶期生物量

处理	根（g）	茎（g）	上部叶（g）	中部叶（g）	下部叶（g）
CK	22.55±13.96	35.36±18.46	17.05±6.40	32.63±13.74	19.06±5.20
T1	23.61±10.28	41.01±6.41	15.90±2.74	34.19±3.65	21.56±3.05
T2	31.88±28.26	45.04±33.35	18.89±14.17	36.16±23.75	20.76±16.47

（3）烟叶化学成分分析。施用生物炭处理后，烤烟3个部位烟叶总氮和烟碱含量呈现一定的下降趋势，对于中部和上部烟叶以T2表现较好。施用生物炭中部烟叶总糖和还原糖含量高于对照，中部和下部烟叶总钾含量以生物炭施用量300kg·亩$^{-1}$表现最好，上部烟叶总钾含量各处理间差异不大。各处理上部烟叶总氯含量最高，下部烟叶总氯含量最低。烟叶pH值差异不大，整体范围为5.29~5.55（表4-19）。

表 4-19　各处理烟叶化学成分分析

处理	等级	烟碱（%）	总糖（%）	还原糖（%）	总氮（%）	总钾（%）	总氯（%）	pH 值
CK	X2F	2.66	23.81	19.84	2.15	1.55	0.45	5.51
T1	X2F	1.91	22.58	20.56	1.96	1.71	0.43	5.55
T2	X2F	2.01	26.52	22.43	2.05	1.93	0.45	5.53
CK	C3F	3.43	29.07	23.55	2.56	1.57	0.55	5.42
T1	C3F	3.47	29.86	24.20	2.43	1.45	0.56	5.43
T2	C3F	2.99	30.93	26.53	2.34	1.87	0.51	5.47
CK	B2F	4.61	24.16	20.51	3.20	1.12	0.79	5.38
T1	B2F	4.55	25.23	22.32	3.18	1.12	0.69	5.37
T2	B2F	4.23	28.70	24.12	3.11	1.10	0.73	5.29

（4）烟田土壤养分分析。施用生物炭后烟田土壤的养分指标如表 4-20 所示，其中土壤的 pH 值与对照相比呈上升趋势，T1 和 T2 处理烟田土壤全氮含量和全钾含量均呈现增加趋势，但土壤碱解氮含量均低于对照，在烤烟生长期间，施用生物炭处理能够提高土壤养分的有效性，一定程度上促进了烟株对氮素养分的吸收利用。施用生物碳处理后烟田土壤速效磷、速效钾和有机质含量具有一定的上升趋势，2 个处理均高于对照。

表 4-20　各处理的土壤养分分析

处理	pH 值	CEC	全氮（%）	全磷（%）	全钾（%）	碱解氮（mg·kg⁻¹）	速效磷（mg·kg⁻¹）	速效钾（mg·kg⁻¹）	有机质（g·kg⁻¹）
CK	7.09	6.63	0.150	0.109	1.547	112.00	93.65	272.23	24.01
T1	7.17	7.25	0.163	0.097	1.752	100.33	101.97	333.15	33.18
T2	7.12	7.50	0.175	0.112	1.921	100.92	112.15	326.86	28.72

3. 小结

在烟株生长后期，施用生物炭处理能够促进烟株的生长发育。亩施生物炭 300kg 烟株根部生长发育最好，其生物量最高。

施用生物炭处理后，烤烟 3 个部位烟叶总氮和烟碱含量呈现一定的下降趋势，生物碳施用量 300kg·亩⁻¹ 的烟叶总钾含量表现较好。

施用生物碳处理后烟田土壤全氮、速效磷和有机质含量具有一定的上升趋势，提高了烟株对土壤中氮素的吸收利用。

（二）根区穴施生物炭对烤烟生长及养分吸收的影响

生物炭是指农林废弃物等生物质材料在完全或部分缺氧的条件下，经高温热解炭化产生的一类高度芳香化难熔性固态物质。生物炭含碳量丰富，具有较大的比表面积和发达的孔隙结构，吸附能力强，在自然条件下较稳定，通常呈碱性。生物炭所具有的优良结构和特性能够对土壤的理化性质产生重要影响。生物炭施入土壤后能够改善土壤的通气性和保水能力，并能够增加土壤养分的吸持能力，进而提高土壤养分的有效性，便于作物吸收利用。因此，将生物炭作为土壤改良剂或肥料增效载体使用，能够促进作物的增产，降低肥料损失，提高肥料的利用效率，同时可以减少土壤肥料养分损失给环境带来的危害。烟草是中国重要的经济作物之一，多数烟区烟草种植采取长期连作方式，同时在烟叶生产中普遍存在大量施用化学肥料的现象。近年来，大部分烟叶产区植烟土壤生态逐渐遭到破坏，植烟土壤环境受到严重威胁，导致烟叶产量和质量下降，成为制约烟草农业可持续发展的关键问题。生物炭由于其良好的特性已经受到国内外研究学者的广泛关注，目前，生物炭在烟草农业生产中的研究应用尚处于起步阶段。本试验利用水稻秸秆生物炭，采取穴施的方法，研究了其对烤烟生长及养分吸收的影响，以期能够为生物炭在烟草上的进一步应用提供理论依据。

1. 材料与方法

（1）试验材料。供试烤烟品种为'云烟87'。试验在湖北省恩施市白果乡茅坝槽村进行大田试验。土壤类型为黄棕壤，耕层土壤 pH 值为 6.7，有机质含量 20.7g · kg^{-1}，碱解氮含量 69.8mg · kg^{-1}，速效磷含量 57.4mg · kg^{-1}，速效钾含量 194.7mg · kg^{-1}。供试生物炭由水稻秸秆炭化而得，其 pH 值为 9.2，总碳含量为 630g · kg^{-1}，总氮含量为 13.5g · kg^{-1}，全磷含量为 4.5g · kg^{-1}，全钾含量为 21.5g · kg^{-1}。

（2）试验方法。根据穴施生物炭用量共设计 4 个处理，分别为不施用生物炭（CK）、根区穴施生物炭 0.1kg/株（T1）、根区穴施生物炭 0.2kg/株（T2）、根区穴施生物炭 0.3kg/株（T3）。每个处理 3 次重复，试验田共 12 个小区，随机区组排列，小区面积为 100m^2，栽烟 150 株。

生物炭施用方法：烟苗移栽后 15d 左右，在围兜封口时分别将不同用量的生物炭与营养土混合后在烟苗四周施用，使生物炭与烟苗根茎部自然贴合，随后用田间本土进行覆盖。

试验田按照当地常规施肥方式统一进行施肥，各处理所用肥料用量保持一致，纯氮用量为120kg·hm^{-2}，m(N)：m(P$_2$O$_5$)：m(K$_2$O)=1：1.5：3，70%的氮肥和钾肥及100%磷肥施于底肥，剩余30%的氮肥和钾肥用于移栽后30d左右结合培土进行追肥。各处理烟苗采用井窖式移栽方式统一进行移栽，其他田间管理措施均按照当地优质烟叶生产技术标准进行。

（3）样品采集。①烟株样品。分别在烤烟生长团棵期和平顶期，在每个处理小区内选择代表性烟株1株，用铁锹将其连根挖出，分开根、茎、叶（平顶期时分上、中、下3个部位）在105℃杀青15min，在60℃下烘干，烘干后进行称重。②土壤样品。在烟株生长平顶期，分别在每个小区两株烟之间的笼体土壤上采集0~20cm土壤样品，采用多点取样法，每一个样品取10钻进行混合，统一带回室内自然风干，用于测定土壤养分等基本理化性状。

（4）样品检测。烟株根、茎、叶样品测定全量N、P、K含量，全氮用凯氏定氮法测定，全钾用硫酸-过氧化氢消煮-火焰光度法测定，全磷用硫酸-过氧化氢消煮-钒钼黄比色法测定。

土壤样品测定pH值、全氮、全磷、全钾、碱解氮、速效磷、速效钾、有机质、CEC值等指标，其中pH值用水浸提法测定（水：土=2.5：1）；CEC用EDTA-铵盐快速法测定；有机质用重铬酸钾外加热法测定；全氮用半微量开氏法测定；全磷用H$_2$SO$_4$-HClO$_4$消煮钼锑抗比色法测定；全钾用H$_2$SO$_4$-HClO$_4$火焰光度法测定；速效氮用碱解扩散法测定；速效磷用碳酸氢钠浸提比色法测定；速效钾用醋酸铵浸提火焰光度法测定。

2. 结果与分析

（1）农艺性状分析（表4-21和表4-22）。

表4-21 团棵期不同处理烟株农艺性状

处理	株高（cm）	最大叶长（cm）	最大叶宽（cm）	有效叶数（片）
T1	31.08a	38.53a	19.01b	10.53a
T2	32.38a	39.74a	21.43a	12.63a
T3	30.54a	38.95a	20.33a	12.67a
CK	28.64b	38.62a	19.12b	11.62a

注：同列不同小写字母表示在0.05水平下差异显著，下同。

表4-22 平顶期不同处理烟株农艺性状

处理	株高（cm）	节距（cm）	茎围（cm）	下部叶		中部叶		上部叶		有效叶数（片）
				长（cm）	宽（cm）	长（cm）	宽（cm）	长（cm）	宽（cm）	
T1	124.87b	3.27b	10.27b	75.80b	29.60a	80.80b	24.93a	68.00a	17.93a	20.08a
T2	131.73a	3.40a	11.13a	79.20a	31.60a	84.60a	25.13a	69.07a	17.73a	21.15a
T3	130.27a	3.42a	10.77b	77.40b	30.60a	83.00a	25.87a	68.93a	17.87a	20.07a
CK	124.33b	3.22b	10.50b	77.30b	29.50a	82.20b	24.13a	65.40b	16.53b	19.25a

在烤烟生长团棵期和平顶期，根区穴施生物炭处理烟株株高、叶片面积等农艺性状数值与对照相比均有一定的优势，但是随着生物炭施用量的增加烟株生长发育也受到了一定程度的抑制，相对而言以每株烟穴施0.2kg生物炭效果表现最好，对烤烟田间长势具有较好的促进作用。

（2）烟株生物量分析。根区穴施生物炭增加了烟株的生物量，在烤烟生长团棵期T2处理和T3处理烟株根、茎和叶的干重表现较好，均优于对照。在平顶期3个施用生物炭处理烟株根、茎、中部和下部叶片的干重均表现较好。与烟株田间农艺性状表现相似，每株烟穴施0.2kg生物炭在烤烟生长前期和后期均能够取得较好的生物量，并且在平顶期随着生物炭用量的增加烟株根、茎以及中部叶干重均呈现上升趋势（图4-36和图4-37）。

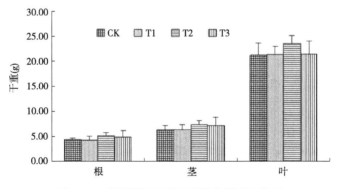

图4-36 团棵期不同处理烟株各器官生物量

（3）烟株养分分析。根区穴施生物炭能够较好地促进烟株对K元素的吸收，根、茎和叶3个部位K含量均高于对照，随着生物炭用量的增加烟株根中K的含量具有一定的下降趋势。施用生物炭后促进了烟株根、茎和叶中P的吸

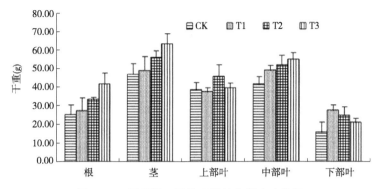

图 4-37 平顶期不同处理烟株各器官生物量

收累积，以 T2 处理表现最好。施用生物炭 T1 和 T2 处理促进了烟株叶片对 N 的吸收累积，但较高的生物炭施用量（T3）烟株叶片 N 的含量呈现出了一定的下降趋势，低生物炭用量（T1）烟株根和茎的 N 含量处于相对较高水平（表 4-23 至表 4-25）。

表 4-23 不同处理烤烟根、茎、叶中 N 含量

处理	根（%）	茎（%）	上部叶（%）	中部叶（%）	下部叶（%）
T1	1.02a	1.35a	2.79a	2.18a	2.10a
T2	0.68b	1.25a	3.02a	2.31a	2.03a
T3	0.62b	0.91b	2.31b	1.82b	1.65b
CK	0.73b	1.31a	2.85a	2.15a	1.78b

表 4-24 不同处理烤烟根、茎、叶中 P 含量

处理	根（%）	茎（%）	上部叶（%）	中部叶（%）	下部叶（%）
T1	0.241a	0.226b	0.338a	0.161b	0.198a
T2	0.254a	0.251a	0.364a	0.183a	0.234a
T3	0.238a	0.243a	0.246b	0.159b	0.215a
CK	0.236a	0.227b	0.206b	0.131c	0.208a

表 4-25 不同处理烤烟根、茎、叶中 K 含量

处理	根（%）	茎（%）	上部叶（%）	中部叶（%）	下部叶（%）
T1	2.18a	2.84b	3.15a	3.30a	3.52ab

（续表）

处理	根(%)	茎(%)	上部叶(%)	中部叶(%)	下部叶(%)
T2	1.98b	2.95a	3.14a	3.25a	3.73a
T3	1.88b	2.92a	3.20a	3.14b	3.56a
CK	1.85b	2.78b	3.01b	3.08b	3.26b

（4）烟田土壤养分分析。穴施生物炭后，烟株根区土壤 pH 值以及 CEC 值具有升高趋势并且烟田土壤有机质含量增加；施用生物炭 3 个处理烟田土壤全氮和全钾含量均高于对照，全磷含量呈现下降趋势。在烤烟生长平顶期，穴施生物炭提高了烟田土壤的速效磷和速效钾等养分的含量，但随着穴施生物炭量的增加，土壤速效氮含量呈现了下降趋势（表4-26）。

表4-26　不同处理烟田土壤养分含量

处理	pH 值	CEC 值	全氮(%)	全磷(%)	全钾(%)	速效氮($mg \cdot kg^{-1}$)	速效磷($mg \cdot kg^{-1}$)	速效钾($mg \cdot kg^{-1}$)	有机质($g \cdot kg^{-1}$)
T1	6.46a	7.25c	0.133a	0.068a	1.98a	125.42a	90.08b	221.24b	20.98a
T2	6.55a	8.33b	0.138a	0.071a	1.81a	114.33a	112.27a	239.45a	21.08a
T3	6.42a	9.00a	0.132a	0.065 a	2.06a	96.25b	106.05a	260.82a	21.00a
CK	6.06b	7.33c	0.127b	0.099a	1.59b	115.50a	88.71b	212.35b	20.25a

3. 讨论

生物炭具有良好的空隙结构，同时自身含有的灰分元素较为丰富，生物炭施入土壤可以直接带入营养元素，还能够促进土壤中养分的持留。因此施用生物炭能在一定程度上改善土壤营养环境，有利于促进作物生长发育。近年来，有关利用生物炭提高作物产量和增加作物生产力的研究越来越多。刘世杰等研究发现，生物炭能够促进玉米苗期的生长，株高和茎粗分别比对照增加了4.31~13.13cm 和 0.04~0.18cm。张伟明等研究指出，生物炭延缓了水稻后期叶片的衰老，对水稻茎、叶干物质积累具有比较明显的促进作用，尤其较低的施炭量对茎秆干物质积累作用相对明显。本研究通过利用根区穴施生物炭的方式促进了烟株的生长发育，增加了烟株根、茎和叶等器官的生物量，但在较高的生物炭用量下烟株的田间长势受到一定的抑制作用，这与刘卉等的研究结果一致。生物炭施用量并非越多越好，当施炭量达 4 500kg·hm^{-2}时，烤烟的生长发育速度低于常规不施用生物炭处理。因此，高量施用生物炭能够对烤烟的生长产生一定的抑制作用。

生物炭本身具有的理化性质，使其可以作为土壤改良剂，生物炭施入土壤后能够改善土壤的理化性质，调节植物对 N、P、K 化学肥料的反应。已有研究结果表明，生物炭可以提高酸性土壤的 pH 值，增加土壤的阳离子交换量，提高土壤有机质的含量，同时能够贮存土壤养分，提高土壤肥力。本研究得到了相似的结果，穴施生物炭后，烟株根区土壤 pH 值以及 CEC 值具有升高趋势并且烟田土壤有机质含量增加，施生物炭提高了烟田土壤的速效磷和速效钾等养分的含量，但随着穴施生物炭量的增加，土壤碱解氮含量呈现了下降趋势。有研究表明，尽管生物炭能够降低土壤氨氮和硝氮的淋出，但是同时也降低土壤中可交换氮的含量，其原因可能是生物炭含有的高挥发性物质刺激了微生物活动，出现了氮固定。施用生物炭有利于促进作物组织器官中 N、P、K 等养分的吸收，在本试验条件下，根区穴施生物炭后烟株根、茎和叶中 N、P、K 含量具有上升趋势，但较高的生物炭施用量（T3）烟株叶片 N 的含量呈现出了一定的下降趋势。已有研究表明，生物炭对土壤性质、作物生长等方面有积极的影响，但过量施用会出现负面效应。生物炭在作物对养分吸收方面的影响与生物炭的种类、施用方式以及土壤中养分含量密切相关。因此，在生物炭的实际应用中，需要结合不同的环境条件，针对生物炭的施用技术以及影响机制系统开展相关研究工作，进而为生物炭的合理利用奠定基础。

4. 结论

根区穴施生物炭促进了烟株的生长发育，能够增加烟株的生物量，但在生物炭用量较高的条件下，烟株生长发育受到了一定程度的抑制，以每株烟穴施 0.2kg 生物炭较为适宜。

根区穴施生物炭后土壤 pH 值以及 CEC 值具有升高趋势，增加了土壤中有机质、速效磷以及速效钾等养分的含量，但随着穴施生物炭量的增加，土壤碱解氮含量呈现出了下降趋势。根区穴施生物炭能够促进烟株对 N、P、K 养分的吸收，烟株根、茎和叶中 N、P、K 含量具有上升趋势，在本试验条件下较高的生物炭施用量（0.3kg·株$^{-1}$）烟株叶片 N 的含量呈现出了下降趋势。

（三）生物炭与化肥混施对烤烟 N、P、K 养分吸收累积的影响

长期以来，烟草农业生产大量投入化肥，由于不合理的施用方式以及烟区

土壤、气候等生态条件的限制，肥料利用率普遍较低，大量的肥料渗流、淋洗，造成资源浪费并污染地下水源，严重影响着生态环境安全。因此，如何减少化肥投入，提高烟草对肥料养分的利用效率，是烟草生产可持续发展亟待解决的关键问题。生物炭是生物质在无氧或低氧环境条件下经高温裂解后得到的固态物质，其具有较大的比表面积和发达的孔隙结构。近年来，由于生物炭自身的优良特性，其在农业生产上的应用日益受到重视。生物炭施用到土壤中可作为载体吸持部分肥料养分，提高养分的生物有效性，进而提高作物对养分的吸收效率。已有研究表明，生物炭与化肥配施是一种较好的减肥增效技术措施，生物炭能够明显改善作物肥效，促进作物增产。生物炭与肥料混合施用，消除了生物炭自身养分含量低的缺陷，其吸附特性又赋予肥料养分缓释性能，生物炭与肥料形成了互补与协同的关系，提高了肥料的利用效率。目前，国内有关生物炭的研究尚处于起步阶段，生物炭在烟草上的应用还相对较少，且以往研究多集中于生物炭作为土壤改良剂对土壤性质的影响方面。本研究通过设置田间试验，研究了生物炭与化肥混施对烤烟 N、P、K 养分吸收累积的影响，以期能够揭示生物炭对烤烟养分调控的作用，为今后生物炭在烤烟生产上的进一步应用提供理论指导。

1. 材料和方法

（1）基本情况。试验在湖北省恩施市恩施现代烟草农业科技园区茅坝槽村（30°21′N，109°27′E）进行。该区域海拔 1 230m，试验田土壤类型为黄棕壤，耕层土壤 pH 值为 6.88，有机质含量 23.98g · kg^{-1}，碱解氮含量 147.87 mg · kg^{-1}，速效磷含量 34.7mg · kg^{-1}，速效钾含量 188.81mg · kg^{-1}。

供试烤烟品种为云烟 87。生物炭由水稻秸秆炭化而得，其 pH 值为 9.20，总碳含量为 630g · kg^{-1}，总氮含量为 13.5g · kg^{-1}，全磷含量为 4.50g · kg^{-1}，全钾含量为 21.5g · kg^{-1}。

（2）试验方法。根据生物炭用量共设计 4 个处理，分别为 0kg · hm^{-2}（CK）、750kg · hm^{-2}（T1）、1 500kg · hm^{-2}（T2）和 3 000kg · hm^{-2}（T3）。每个处理 3 次重复，试验田共 12 个小区，随机区组排列，小区面积为 100m^2，栽烟 150 株。

按照小区面积计算出每个处理的生物炭用量，将生物炭与化学肥料混合后作为基肥一次性施入土壤。对照不添加生物炭。

试验田按照当地常规施肥方式统一进行施肥,各处理所用肥料用量保持一致,纯氮用量为 120kg·hm^{-2},m(N):m(P$_2$O$_5$):m(K$_2$O)=1:1.5:3,70% 的氮肥和钾肥及 100% 磷肥施于底肥,剩余 30% 的氮肥和钾肥用于移栽后 30d 左右结合培土进行追肥。各处理烟苗采用井窖式移栽方式统一进行移栽,其他田间管理措施均按照当地优质烟叶生产技术标准进行。

(3)样品采集。分别在烤烟生长团棵期、旺长期、现蕾期和平顶期,在每个处理小区内选择代表性烟株 1 株,用铁锹将其连根挖出,具体方法如下:先用铁锹分别在选定的烟株周围两株烟和两行烟正中垂直深挖至根系密集层深度,然后挖去样方四周的土壤,再水平铲起土样和整个烟株。带回实验室用淘洗的方法进行根土分离,将挖取的烟株根系浸在盛有清水的桶中,不断搅动,反复清洗去除泥水,直至根土分离,随后将烟株分开根、茎、叶在 105℃ 杀青 15min,在 60℃ 下烘干,烘干后进行称重,统一磨样后保存备用。

(4)样品检测。取处理好的根、茎、叶样品测定全量 N、P、K 含量,全氮用凯氏定氮法测定,全钾用硫酸—过氧化氢消煮—火焰光度法测定,全磷用硫酸—过氧化氢消煮—钒钼黄比色法测定。

2. 结果与分析

(1)生物学产量分析。在烟株生长团棵期,施用生物炭处理的烟株根、茎、叶等器官发育均较好,3 个不同生物炭用量烟株的根、茎、叶的干物质重均高于对照。在烟株生长后期,与对照处理烟株相比,生物炭用量较高处理,烟株的根、茎、叶干物质重反而出现了一定的下降趋势。综合分析,施用生物炭 750kg·hm^{-2}(T1 处理)的烟株生物学产量表现较好,对烤烟的生长发育起到了一定的促进作用,提高了烟株根、茎和叶的发育程度(表 4-27)。

表 4-27 不同处理烟株根、茎、叶干物质重量

处理	团棵期 (g·株$^{-1}$)			旺长期 (g·株$^{-1}$)			现蕾期 (g·株$^{-1}$)			平顶期 (g·株$^{-1}$)		
	根	茎	叶	根	茎	叶	根	茎	叶	根	茎	叶
CK	1.83c	4.72b	25.62b	19.12a	41.02a	88.02a	53.42c	82.62b	196.37b	103.20b	138.24a	217.64a
T1	1.92bc	5.84b	28.86b	18.30a	41.74a	78.73b	89.12a	110.62a	198.38b	135.57a	144.66a	219.84a
T2	2.76a	8.96a	35.10a	15.00b	38.24b	75.24b	51.69c	87.72b	175.18c	95.59bd	118.56b	199.76b
T3	2.10b	4.72b	25.74b	14.80b	37.29b	76.69b	71.50b	99.85ab	207.60a	89.39c	107.79b	216.65a

注:同列不同小写字母表示在 0.05 水平下差异显著,下同。

（2）烤烟不同器官 N、P、K 含量分析。

N 含量：在整个生育期内，各处理烟株根和茎中 N 含量呈现明显下降趋势，叶中的 N 含量在旺长期最高，在烟株生长后期呈下降趋势。随着生物炭用量的增加团棵期烟株根中 N 的含量下降，进入旺长期后具有一定的上升趋势。在烤烟生长的不同时期，高用量的生物炭（3 000kg·hm^{-2}）均增加了烟株茎中 N 的含量，在平顶期 T3 处理（3 000kg·hm^{-2}生物炭）的烟株根、茎和叶中的 N 含量均表现最高，显著高于未施用生物炭的对照处理（表4-28）。

表4-28　不同生育期各处理烤烟根、茎、叶中的 N 含量

处理	团棵期（%）			旺长期（%）			现蕾期（%）			平顶期（%）		
	根	茎	叶	根	茎	叶	根	茎	叶	根	茎	叶
CK	2.33a	2.80a	3.24b	1.51b	1.98b	3.74b	0.86b	0.91b	2.30a	0.85b	0.78b	1.85b
T1	2.29a	2.77ab	3.55a	1.61a	2.17a	3.66b	1.04a	0.85b	1.85b	1.01a	0.68b	1.69b
T2	2.15a	2.65b	3.31b	1.63a	2.19a	3.83b	1.07a	1.10b	2.42a	0.80b	0.65b	1.60b
T3	2.18a	2.92a	3.34b	1.66a	2.21a	4.10a	1.07a	1.12a	1.93b	1.04a	0.97a	2.25a

P 含量：如表4-29所示，烟株根系中 P 含量随着烤烟的生长呈现上升趋势，施用生物炭后增加了生长后期烟株根系中 P 的含量；在烤烟生长前期施用生物炭增加了烟株茎中的 P 含量，且随着生物炭用量的增加烟株茎中 P 的含量也呈现一定的增加趋势。但在平顶期，施用生物炭后烟株茎中的 P 含量呈现出降低的趋势，3 个生物炭处理的烟株茎中 P 含量均显著低于对照（CK）；在烤烟生长期间叶片中磷含量整体呈现下降趋势，至烤烟生长平顶期施用生物炭的烟株叶片中 P 含量显著低于对照，且随着生物炭用量的增加呈现下降的趋势（表4-29）。

表4-29　不同生育期各处理烤烟根、茎、叶中 P 含量

处理	团棵期（%）			旺长期（%）			现蕾期（%）			平顶期（%）		
	根	茎	叶	根	茎	叶	根	茎	叶	根	茎	叶
CK	0.10a	0.19b	0.40a	0.21a	0.23a	0.36a	0.15a	0.27a	0.29a	0.22a	0.23a	0.15a
T1	0.10a	0.25b	0.40a	0.18a	0.23a	0.35a	0.17a	0.17a	0.26a	0.23a	0.17b	0.13ab
T2	0.08a	0.38a	0.36a	0.17a	0.28a	0.36a	0.19a	0.21a	0.29a	0.26a	0.13bc	0.10b
T3	0.10a	0.45a	0.37a	0.16a	0.29a	0.35a	0.20a	0.26a	0.29a	0.25a	0.10c	0.09b

K含量：如表4-30所示，烟株根中K的含量随着烤烟的生长总体呈现下降趋势，在团棵期施用生物炭处理烟株根中K含量下降，进入旺长期逐渐呈现增加趋势；施用生物炭后能够增加烟株茎中的K含量，在烤烟平顶期随着生物炭用量的增加，烟株茎中K的含量呈现上升趋势；在团棵期各处理烟株叶片中K的含量差异不大，进入旺长期施用生物炭提高了烟株叶片中的K含量，在烤烟平顶期随着生物炭用量的增加，烟株叶片中K含量也呈现出上升趋势，并且在高生物炭用量(3 000kg·hm^{-2}）下烟株根、茎和叶片中的K含量均显著高于对照（表4-30）。

表4-30　不同生育期各处理烤烟根、茎、叶中K含量

处理	团棵期（%）			旺长期（%）			现蕾期（%）			平顶期（%）		
	根	茎	叶	根	茎	叶	根	茎	叶	根	茎	叶
CK	5.90a	9.63b	8.21a	4.28a	9.60a	8.34b	2.55a	5.36b	5.68b	1.22c	2.48b	3.29c
T1	5.98a	9.85b	8.04a	4.58a	9.96a	9.10a	2.76a	5.14b	6.63a	1.57ab	2.70b	3.25c
T2	5.24b	9.77b	7.98a	4.48a	9.55a	8.79b	3.00a	6.27a	5.95b	1.47b	3.24a	3.94b
T3	5.21b	10.48a	8.15a	4.27b	9.77a	9.18a	2.54a	5.43b	6.59a	1.72a	3.54a	4.49a

（3）烤烟不同器官N、P、K累积量分析。如表4-31所示，随着生物炭用量的增加，烟株根系中N累积量呈下降趋势，在T3生物炭用量下（3 000kg·hm^{-2}）茎、叶片以及全株中N的累积量最高，与其他处理的差异达显著水平，施用一定量的生物炭促进了烟株对氮素的累积；各处理烟株中P的含量均较低，与对照相比，施用生物炭后降低了烟株各器官以及全株的P累积量，在高生物炭用量下烟株P累积量达最低水平；施用生物炭能够促进烟株对K素的累积，随着生物炭用量的增加茎、叶以及全株的钾累积量均呈上升趋势，显著高于对照，但在高生物炭用量下烟株根系中的钾累积量呈现下降趋势（表4-31）。

表4-31　不同处理烤烟平顶期N、P、K的累积量

处理	N累积量（g）				P累积量（g）				K累积量（g）			
	根	茎	叶	全株	根	茎	叶	全株	根	茎	叶	全株
CK	0.87b	0.81b	4.02b	5.70b	0.25ab	0.31a	0.32a	0.88a	1.25b	3.43b	7.15b	11.83b
T1	1.37a	0.88b	3.70b	5.95b	0.31a	0.24ab	0.27ab	0.82a	2.12a	3.84a	7.14b	13.10a

（续表）

处理	N 累积量（g）				P 累积量（g）				K 累积量（g）			
	根	茎	叶	全株	根	茎	叶	全株	根	茎	叶	全株
T2	0.92b	0.86b	3.58b	5.20b	0.24b	0.15b	0.19b	0.58b	1.40b	3.90a	7.87a	13.17a
T3	0.76b	1.08a	4.87a	6.87a	0.19b	0.11bc	0.19b	0.49b	1.54b	3.81a	8.12a	13.47a

3. 讨论

生物炭具有发达的孔隙结构以及较大的比表面积，同时含有作物所需的营养元素，因此施用到土壤中的生物炭可以增加养分的吸持能力，提高养分的吸收利用效率。Asai 等研究表明，将生物炭与其他肥料配合施用到土壤中后，能够明显改善植物对 N、P、K 化学肥料的反应。彭辉辉等研究表明，与单施化肥处理相比，生物炭与化肥配施可进一步增加春玉米地上部养分的累积量。康日峰等分析了生物炭基肥料对小麦养分吸收的影响，证实施用生物炭基肥料可促进小麦植株对养分的吸收。本研究表明，生物炭与肥料混施后在烟株生长后期增加了根、茎、叶各器官的 N、K 含量，施用生物炭能够促进烟株对 N 和 K 的累积，这与前人的研究结果基本一致。

生物炭对 NO_3^- 和 NH_4^+ 具有较强的吸附能力，生物炭施入土壤后能够对 N 具有一定的持留作用。本研究中生物炭（3 000kg·hm^{-2}）与肥料混合施用后烟株茎、叶片以及全株中的 N 吸收累积量均表现最高，施用一定量的生物炭能够促进烟株对 N 的累积。N 是对烤烟产量和质量影响最大、最敏感的营养元素，在目前的烤烟生产中，氮肥过量施用的现象较为普遍，因此在施用生物炭的条件下，可以适当减少氮肥的投入，有利于提高肥料的利用效率，促进烟叶生产的可持续发展。生物炭中 K 的有效性较高，施用生物炭对土壤的速效钾含量具有较大的影响，能够促进作物对 K 的吸收。王耀锋等研究指出，施用生物炭后提高了水稻秸秆 K 养分的累积。郑瑞伦等研究指出，添加生物炭后，苜蓿体内的 K 含量显著增加 45.7%。刘世杰等研究指出，在一定生物炭用量范围内，玉米对钾的吸收量随着生物炭用量的增加而增加。在本研究中得到了相同的结论，施用生物炭对促进烟株 K 的累积效果明显，随着生物炭用量的增加，烟株茎、叶以及全株的 K 累积量均呈上升趋势。目前，施用生物炭对 P 的影响研究结论不尽相同。有研究指出，生物炭施入土壤后，能够促使有效磷低的土壤中闭蓄态磷转化为有效态磷,直接增加土壤中有效磷含量。同时,生物炭经高温热解后,其自身部分稳定态磷被激活,转变为溶解态磷,可以供作物吸收利用。但生物炭在不同类型土壤中对外源磷的有效性转化影响差异较明显。随着生物炭施用量增大,红壤中有效磷含量显著增加,而潮褐土和潮土中有效磷含量明显降低。Yan 等研究表明,施用生物炭更加剧了植物 P 的缺乏。在本研究中,随着生物炭用量的增加烟株 P 的累积量也呈现出下降趋势。这可能与生物炭能吸附固定土壤中的 P 有关,同时生物炭和化肥配施提高了土壤 pH 值,可能降低了 P 和某些微量元素的有效性,不利于作物对 P 的吸收。综合而言,目前多数研究普遍认为施用生物炭可以提高养分的吸收利用效率,但生物炭对作物吸收累积营养元素的影响受到不同土壤类型、生物炭类型以及作物种类等多种因素的制约,在不同环境条件下,生物炭在提高土壤肥力和促进作物生长等方面的研究结果也存在着一定的差异。因此,今后还需要根据不同土壤的限制因子以及作物营养吸收特性,选择合适的生物炭开展相关研究,尤其是针对施用生物炭与肥料效应的机制研究方面目前还相对缺乏,需要进一步探索生物炭与营养元素的相互作用,为今后生物炭的合理利用奠定基础。

4. 结论

在烤烟生长前期施用生物炭能够促进烟株生长发育,至生长后期在高用量(3 000kg·hm^{-2})生物炭的施用情况下,烟株各器官的干物质重呈现下降趋势。

施用生物炭能够增加烤烟生长后期根、茎、叶各器官的 N 和 K 含量,但在烤烟生长前期施用生物炭烟株根中的 N 和 K 含量呈现出一定的下降趋势。施用生物炭增加了烤烟生长后期烟株根系中 P 的含量,但烟株叶和茎中的 P 含量呈现明显的下降趋势。

施用生物炭促进了平顶期烤烟 N 素和 K 素的累积,在高生物炭用量下(3 000kg·hm^{-2})烟株体内 N 和 K 的累积量最大,但在根系中 N 的累积量最小。施用生物炭降低了烟株体内 P 的累积量,随着生物炭用量的增加烟株 P 的累积量呈下降趋势。

四、小结

土壤中添加适量生物炭(0.2%~1%)有助于烟草地上部的生长发育,较高的施用量（5%）反而有抑制作用。与地上部发育相比，生物炭的添加更易促进地下部根系的生长。添加生物质炭后，土壤 pH 值、有机碳、碱解氮、速效磷和速效钾等养分均呈增加趋势。

植烟土壤细菌中以变形菌门、放线菌门和酸杆菌门为主。施用生物炭后，随着用量的增加，放线菌门所占比例降低，而变形菌门和酸杆菌门所占比例增加。植烟土壤真菌中以子囊菌门为主，随着生物炭用量的增加，其所占比例有下降趋势，而接合菌类和担子菌门呈现一定的上升趋势。施用生物炭能够促进植烟土壤真菌群落多样性的提高。

烟田撒施方式以亩施生物炭 300kg 表现最好；根区穴施以每株烟穴施 0.2kg 生物炭表现最好；生物炭与肥料混合施用方式以 100kg·亩$^{-1}$生物炭与肥料混合的施用效果较好。

第三节　绿肥翻压还田技术

绿肥在我国有悠久的种植历史，在提供土壤养分、改良土壤结构方面起着重要的作用。20 世纪 70 年代，湖北省的肥料结构是绿肥、化肥、农家肥各占 1/3，绿肥平均每年为湖北省增产粮食 10 亿~15 亿 kg。1977 年，湖北省绿肥种植面积达到 2 119.7 万亩（其中冬绿肥 1 981 万亩），产量相当于标准氮肥 50 万 t。近 30 多年来，随着化学肥料的施用，绿肥在湖北省种植和使用面积迅速萎缩，至 2008 年绿肥作物种植面积仅为 8.17 万 hm^2，仅占耕地面积的 2.48%（湖北省统计局，2009）。

近年来，大量化学肥料施用引起的植烟土壤退化、病害加重、烟叶品质下降以及农业面源污染等一系列问题日益突出，大力恢复绿肥种植、修复障碍土壤、研究与发展绿肥生产已迫在眉睫。据湖北省农业科学院、华中农业大学 1979 年初步调查鉴定，湖北省可以直接利用的绿肥植物约 120 余种。项目组在以前的研究中，确定了紫花光叶苕子作为"清江源"烟区主要绿肥品种（图 4-38）。本项目实施过程中，进一步针对"清江源"烟区生态条件，开展绿肥（紫花光叶苕子）还田对土壤性状的影响、绿肥播种方式和播种量等研究，制定了适合"清江源"烟区的绿肥改良土壤技术规程并较大面积的推广应用，在连作土壤健康调控、恢复和稳定优质烟区方面发挥了明显的作用。

图4-38　绿肥翻压还田

一、绿肥还田对土壤性状的影响研究

（一）材料与方法

试验在恩施"清江源"现代烟草农业科技园区（恩施市望城坡村）进行4年定位试验（图4-39和图4-40），采取"上年烟草—冬闲绿肥—下年烟草"的种植模式。供试绿肥品种为紫花光叶苕子、烤烟品种为'云烟87'，土壤类型为黄棕壤。试验设9个处理，3次重复，随机区组排列（表4-32）。通过4

图4-39　绿肥翻压还田烤烟影响试验

图 4-40　绿肥翻压还田试验烤烟田间长势

年连续种植，于 2013 年测定相关土壤性状指标。

表 4-32　绿肥不同翻压量试验设计

处理名称	施肥方法
85%化肥+绿肥量 1（F1GM1）	翻压 7 500kg/hm² 绿肥,化肥施用量为 F 的 85%,施肥方式同 F
85%化肥+绿肥量 2（F1GM2）	翻压 15 000kg/hm² 绿肥,化肥施用量为 F 的 85%,施肥方式同 F
85%化肥+绿肥量 3（F1GM3）	翻压 22 500kg/hm² 绿肥,化肥施用量为 F 的 85%,施肥方式同 F
85%化肥+绿肥量 4（F1GM4）	翻压 30 000kg/hm² 绿肥,化肥施用量为 F 的 85%,施肥方式同 F
70%化肥+绿肥量 1（F2GM1）	翻压 7 500kg/hm² 绿肥,化肥施用量为 F 的 70%,施肥方式同 F
70%化肥+绿肥量 2（F2GM2）	翻压 15 000kg/hm² 绿肥,化肥施用量为 F 的 70%,施肥方式同 F
70%化肥+绿肥量 3（F2GM3）	翻压 22 500kg/hm² 绿肥,化肥施用量为 F 的 70%,施肥方式同 F
70%化肥+绿肥量 4（F2GM4）	翻压 30 000kg/hm² 绿肥,化肥施用量为 F 的 70%,施肥方式同 F
当地常规施肥（F）	100%施用化肥,N:P_2O_5:K_2O=1:1.2:3,施氮肥 7kg·亩$^{-1}$;磷肥作为基肥一次性施入,氮肥和钾肥基:追=7:3。氮肥(硝酸铵)在烟草移栽后的 7~10d 追施,钾肥在移栽后 30d 左右结合培土追施
空白（CK）	不施肥,连续种植烟草

　　注：绿肥作为基肥一次性翻压,绿肥鲜草约含 N 0.5%, P_2O_5 0.12%, K_2O 0.5%。基肥养分不足部分用化肥补充。

（二）结果与分析

1. 对土壤结构的影响

土壤团聚体作为土壤结构的重要组成部分，起着保证和协调土壤中的水肥气势的作用，是影响土壤肥力和土壤质量的重要因素之一。一般把>0.25mm的团聚体称为土壤团粒结构体，其数量与土壤的肥力状况呈正相关。从表4-33可以看出，除85%化肥+绿肥量3（F1GM3）处理外，翻压绿肥后土壤中>0.25mm的团聚体数量均显著高于常规施化肥处理，但是其他不同翻压处理之间差异并不明显。平均重量直径（MWD）和几何平均直径（GMD）是反映土壤团聚体大小分布状况的常用指标。MWD和GMD值越大表示团聚体的平均粒径团聚度越高，稳定性越强。通过表4-33可知，翻压绿肥后的平均重量直径和几何平均直径均显著高于常规施化肥处理，但是其他不同翻压量处理之间差异并不明显。

表4-33 翻压绿肥对土壤团聚体结构的影响

处理	R>0.25(%)	MWD（mm）	GMD（mm）
85%化肥+绿肥量1	98.12a	4.62a	3.54a
85%化肥+绿肥量2	97.36a	4.68a	3.56a
85%化肥+绿肥量3	96.83b	4.38a	3.29a
85%化肥+绿肥量4	98.60a	4.38a	3.31a
70%化肥+绿肥量1	97.97a	4.47a	3.40a
70%化肥+绿肥量2	98.40a	4.83a	3.77a
70%化肥+绿肥量3	97.57a	4.16ab	3.13ab
70%化肥+绿肥量3	97.78a	4.62a	3.50a
当地常规施肥	96.83b	4.09c	2.98c

2. 对土壤养分的影响

从表4-34可以看出，连续种植绿肥后土壤中的有机质提高了0.39～4.03g/kg，提高幅度为1.9%～19.6%；土壤碱解氮和速效磷含量基本维持不变；但土壤速效钾含量却有所降低，降低了10.9～50.6mg/kg。由此表明翻压绿肥对土壤有机质的贡献较大，由于同比例地降低了K的施用量，因此土壤速效钾的含量有所降低。

表 4-34 翻压绿肥对土壤养分的影响

处理编号	绿肥翻压后				
	pH 值	有机质（g/kg）	碱解氮（mg/kg）	速效磷（mg/kg）	速效钾（mg/kg）
F1GM1	7.3	21.47	124.29	24.26	91.77
F1GM2	7.2	20.99	132.40	22.48	95.31
F1GM3	7.3	21.65	135.10	30.17	112.70
F1GM4	7.2	24.63	119.79	33.69	110.77
F2GM1	7.1	22.97	142.31	40.55	113.34
F2GM2	7.1	21.70	127.89	29.32	78.25
F2GM3	7.2	23.02	132.40	27.26	104.33
F2GM4	7.1	22.05	134.20	26.25	117.85
F	7.1	20.60	125.19	29.81	128.80
CK	7.1	20.32	129.70	11.58	80.18

3. 对土壤微生物区系的影响

由图 4-41 可知，翻压绿肥处理的土壤细菌变化表现为先增加后减少趋势，表明翻压绿肥后前期对土壤细菌生长有较大的刺激作用，而且培养的细菌大部分为氨化细菌，其与土壤中的氮素转化呈正相关，因此翻压绿肥可以提高土壤前期的供氮能力。总体来看，翻压绿肥后土壤中的细菌数量均高于常规施肥，但不同绿肥翻压处理之间的土壤中细菌数量变化没有明显规律。

由图 4-42 可以看出，在团棵期后，翻压绿肥处理的土壤中真菌数量均高于常规施肥。总体来看，施用 85% 化肥一组中土壤真菌数量高于施用 70% 化肥一组处理，这表明翻压绿肥的同时增加化肥的用量，可以提高土壤中真菌的数量，但不同绿肥翻压处理之间的土壤中真菌数量变化没有明显规律。

由图 4-43 可以看出，翻压绿肥处理能明显增加土壤中放线菌的数量，土壤中放线菌的数量在烟株的整个生育期均维持较高的水平，直至烤后期降至较低的水平。由于放线菌对有机残体腐解有一定作用，还能产生抗生素物质，对抑制烟株的病害有一定作用，因此翻压绿肥将放线菌的高峰期推迟到烟株病害易发的旺长期，有助于降低烟株病害的发生。

4. 对根际土壤青枯病病原菌的影响

从图 4-44 表明，与单施化肥相比，85% 化肥+7 500kg·hm^{-2}绿肥、85% 化

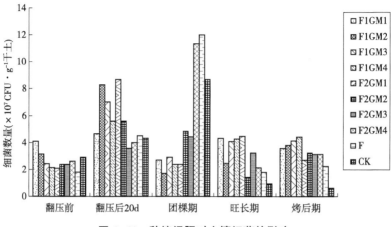

图 4-41　种植绿肥对土壤细菌的影响

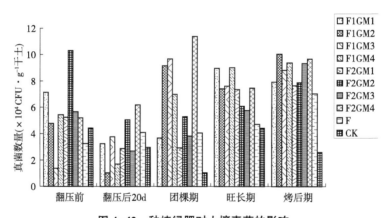

图 4-42　种植绿肥对土壤真菌的影响

肥+30 000kg・hm^{-2}绿肥、70%化肥+7 500kg・hm^{-2}绿肥和 70%化肥+30 000kg・hm^{-2}绿肥处理青枯病病原菌数量分别减少了 48.63%、83.79%、76.84%和66.69%，且差异达到显著水平（$P<0.05$）。对于绿肥与化肥配施而言，85%化肥+30 000kg・hm^{-2}绿肥处理烤烟根际青枯病病原菌数量最低，分别比 85%化肥+7 500kg・hm^{-2}绿肥、70%化肥+7 500kg・hm^{-2}绿肥和 70%化肥+30 000kg・hm^{-2}绿肥处理减少了 68.45%、30.02%和51.35%。

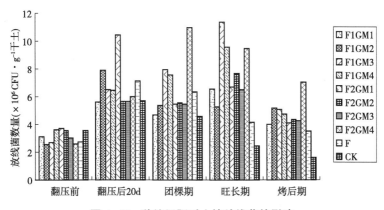

图 4-43　种植绿肥对土壤放线菌的影响

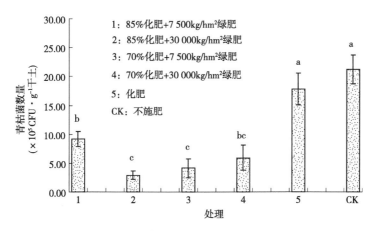

图 4-44　种植绿肥对烤烟根际土壤青枯病病原菌数量的影响

二、光叶紫花苕子适宜播种期研究

(一) 材料与方法

在恩施市望城坡村 (海拔 1 000m) 设置 3 个播种时期, 即 8 月 20 日、9 月 10 日、9 月 30 日; 在宣恩县晓关乡猫山村 (海拔 1 300m) 设置 4 个播种时期, 即 8 月 20 日、9 月 10 日、9 月 30 日、10 月 20 日。分别在不同时期调查光叶紫花苕子的株高、分蘖及生物量。

(二) 结果与分析

宣恩县晓关乡试验点的结果表明，苕子株高、分蘖和生物量以 8 月 20 日播种的处理最高，随着播期的延迟株高、分蘖和生物量逐渐降低，特别是 9 月 30 日和 10 月 20 日播种的处理明显低于 9 月 30 日前播种的处理。从表中还可以看出，在海拔较高的区域（试验点海拔为 1 350m），即使 9 月 10 日左右播种，到 2010 年 4 月实施起垄之前绿肥的生物量仍然较低，达不到翻压的要求。因此，光叶紫花苕子不宜在高海拔（大于 1 300m）地区推广（表 4-35）。

表 4-35　不同播种期对绿肥农艺性状及生物量的影响（宣恩县）

处理	株高(cm)		分蘖(个)		生物量(kg·亩⁻¹)	
	1 月 21 日	4 月 6 日	1 月 21 日	4 月 6 日	1 月 21 日	4 月 6 日
8 月 20 日播种	34.3	70.8	8.2	7.4	775.8	1 266.7
9 月 10 日播种	30.1	62.1	5.1	6.1	523.1	742.6
9 月 30 日播种	16.8	47.7	4.1	3.9	361.4	400.4
10 月 20 日播种	11.9	31.3	2.9	2.9	183.0	247.5

恩施市望城坡村试验点的结果表明，8 月 20 日播种和 9 月 10 日播种 2 个处理绿肥的株高、分蘖和生物量均没有明显的差异，但与 9 月 30 日播种处理的差异十分明显；8 月 20 日播种和 9 月 10 日播种的 2 个处理在翌年 1 月 21 日绿肥生物量均达到 1 900kg 以上，完全达到了绿肥翻压的要求，可以结合冬耕进行翻压；如果不考虑冬耕，到翌年的 4 月（起垄之前）3 个播种期处理绿肥的生物量都达到了翻压的要求，这表明在海拔 1 200m 以下的区域绿肥的播种可以推迟到 9 月底进行（表 4-36）。

表 4-36　不同播种期对光叶紫花苕子农艺性状及生物量的影响（恩施市）

处理	株高(cm)		分蘖(个)		生物量(kg·亩⁻¹)	
	1 月 21 日	4 月 6 日	1 月 21 日	4 月 6 日	1 月 21 日	4 月 6 日
8 月 20 日播种	58.7	102.4	11.5	—	1 940.4	2 984.4
9 月 10 日播种	62.6	113.9	11.2	—	1 954.0	3 019.4
9 月 30 日播种	36.4	100.8	10.6	—	969.1	2 171.3

三、光叶紫花苕子播种量和播种方式研究

（一）材料与方法

试验在宣恩县晓关乡进行。试验设 7 个处理，见表 4-37 所示。分别在不同时期调查光叶紫花苕子的株高、分蘖及生物量。

表 4-37　光叶紫花苕子播种量和播种方式试验设计

编号	播种方式	播种量（kg·亩⁻¹）		播种量（g·小区⁻¹）		播种量（g·行⁻¹，各小区 4 行）	
		苕子	油菜	苕子	油菜	苕子	油菜
1	点播	4	—	144	—	36	-
2		6	—	216	—	54	-
3	条播	4	—	144	—	36	—
4		6	—	216	—	54	—
5	撒播	4	—	144	—	36	—
6		6	—	216	—	54	—
7	混播（条播）	4	0.06	144	2.2	36	0.6

注：点播——密度为 55cm×120cm，每穴播种量根据苕子千粒重计算；条播——行距为 120cm，均匀播种；撒播——满幅撒播；混播——采用条播方式，苕子与小麦或油菜种子混匀后，均匀播种。

（二）结果与分析

从表 4-38 可以看出，不同播种方式对苕子的株高、分蘖以及生物量没有明显的影响；不同播种量对苕子的株高、分蘖没有明显影响，但随着播种量的增加，生物量有较大幅度的提升。即使较少播量处理（4kg·亩⁻¹）在翻压时生物量基本达到 1 000 kg·亩⁻¹，满足翻压要求，如果本试验中播种期适当提早，生物量将更大。从节约成本的角度出发，我们推荐恩施市烟区光叶紫花苕子播种量为 60kg·hm⁻²。

表 4-38　不同播种方式和播种量对光叶紫花苕子农艺性状及生物量的影响

处理编号	株高（cm）		分蘖（个）		生物量（kg·亩⁻¹）	
	3 月 2 日	4 月 6 日	3 月 2 日	4 月 6 日	3 月 2 日	4 月 6 日
1	33.5	68.5	4.2	4.4	686.0	1 012.6
2	33.6	67.8	4.9	4.3	870.8	1 306.6

（续表）

处理编号	株高（cm）		分蘖（个）		生物量（kg·亩⁻¹）	
	3月2日	4月6日	3月2日	4月6日	3月2日	4月6日
3	32.2	65.5	4.6	4.4	716.8	884.8
4	29.3	65.3	5.0	5.2	912.8	1 345.8
5	29.7	60.4	5.3	4.5	807.0	1 084.6
6	33.0	70.6	5.5	4.6	826.6	1 378.6
7	29.5	68.5	5.4	4.7	754.2	1 526.0

四、小结

连续翻压绿肥后，能改善植烟土壤团粒结构，提高土壤有机质含量，增加土壤中真菌、放线菌和细菌的数量；与单施化肥相比，翻压绿肥可以明显降低土壤根际青枯病病原菌数量。翻压绿肥在减轻病害发生程度、消除土壤障碍方面有明显作用

恩施州烟区海拔1 200m以上的地区，由于冬季气温较低，光叶紫花苕子的生物量不足，不适宜种植，应选择其他绿肥品种。在海拔1 200m以下区域，在8月20日至9月10日播种，光叶紫花苕子的生物量差异不大，但9月30日以后播种的光叶紫花苕子生物量明显降低。在9月10日之前播种的绿肥生物量冬季就可以达到15 000kg·hm⁻²以上，这样就可以结合冬耕翻压绿肥，解决了种植绿肥、冬翻和"三先"的矛盾。

不同播种方式对光叶紫花苕子生物量没有明显的影响，但不同播种量对光叶紫花苕子生物量影响较大，恩施州烟区适宜的播种量为60kg·hm⁻²左右。

第四节　秸秆生物有机肥施用技术

烟叶收获后，残留了大量烟秆、烟根等废弃物，这些废弃物含有大量的有机质，是进行生物有机肥加工的良好原料，其特有的纤维和半纤维结构非常有利于改善土壤结构。因此，利用烟草秸秆生产生物有机肥，又将其施用到烟叶生产中去，符合未来烟草农业科技和烟草可持续发展的方向。恩施州烟草公司成功研制出烟草秸秆生物有机肥，实现了产业化应用，并在恩施州烟区进行了

全面推广，有效改善了烟叶质量，保护了植烟土壤生态，构建了"低碳烟草、清洁生产、循环农业"烟区可持续发展全新模式（图4-45和图4-46）。

图4-45　秸秆有机肥工厂化生产

图4-46　秸秆有机肥烟田施用

一、有机肥对植烟土壤理化性状的影响

(一) 材料与方法

试验在恩施"清江源"现代烟草农业科技园区进行（图4-47），采取连续定位试验，供试品种为'云烟87'。试验设2个处理，重复3次，随机区组排列。处理1：化肥；处理2：化肥+有机肥（30%烟草秸秆生物肥+70%化肥，处理中的百分比指的是总氮替代比例）。

图4-47 秸秆有机肥施用效果试验

(二) 结果与分析

1. 对植烟土壤含水量的影响

从图4-48可以看出，在旺长期和成熟期，有机肥配施处理土壤体积含水量均高于CK，旺长期较CK提高了2.7%，成熟期较CK提高了1.9%。说明施用烟草秸秆生物有机肥能够提高植烟土壤含水率，增强土壤的保水能力。

2. 对植烟土壤养分含量的影响

从表4-39可以看出，在土壤有机质和碱解氮含量方面，30%替代处理均

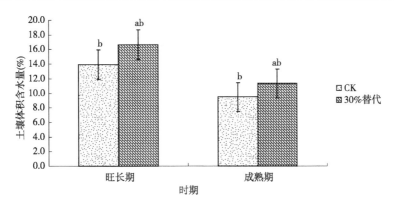

图 4-48 不同处理不同时期土壤体积含水量

高于 CK，且与 CK 差异达到显著水平。在土壤速效磷和速效钾含量方面，30%替代处理均高于 CK，但差异不显著。在土壤交换性钙和交换性镁含量方面，30%替代处理均低于 CK，但差异不显著。实验结果表明，施用烟草秸秆生物有机肥能够显著提高土壤的有机质和碱解氮含量。

表 4-39 土壤养分含量变化

处理	有机质 （g·kg^{-1}）	碱解氮 （mg·kg^{-1}）	速效磷 （mg·kg^{-1}）	速效钾 （mg·kg^{-1}）	交换性钙 （mg·kg^{-1}）	交换性镁 （mg·kg^{-1}）
CK	7.7b	77.2b	19.8a	241.0a	1628.0a	406.4a
30%替代	13.9a	98.5a	28.7a	259.0a	1506.3a	402.3a

3. 对植烟土壤阳离子交换量以及交换性钾和交换性钠含量的影响

从表 4-40 可以看出，土壤阳离子交换量是影响土壤缓冲能力高低、评价土壤保肥能力、改良土壤和合理施肥的重要依据。在土壤阳离子交换量方面，30%替代处理高于 CK，且与 CK 差异达到显著水平。在土壤交换性钾和交换性钠含量方面，30%替代处理均高于 CK，但差异不显著。结果表明，施用烟草秸秆生物有机肥可以显著提高土壤阳离子交换量。

表 4-40 土壤阳离子交换量以及交换性钾和交换性钠含量变化

处理	阳离子交换量（cmol·kg^{-1}）	交换性钾（cmol·kg^{-1}）	交换性钠（cmol·kg^{-1}）
CK	7.31b	0.777a	0.148a
30%替代	9.29a	0.821a	0.388a

二、有机肥对烤烟根系土壤微生物和酶活性的影响

(一) 材料与方法

1. 材料与试验地概况

供试烤烟品种为'云烟87'。试验设置在恩施州咸丰县烟草种植基地,土壤类型为黄棕壤。土壤基础养分为有机质含量 13.6g·kg^{-1},碱解氮含量 113.58mg·kg^{-1},速效磷含量 48.34mg·kg^{-1},有效钾含量 92.63mg·kg^{-1}。

2. 试验设计

试验采用大区实验。设 2 个处理,T1 为施用化肥 (烤烟专用复合肥),T2 为施用烟草秸秆生物有机肥。烟草秸秆生物有机肥 N 含量为 2%,P$_2$O$_5$ 含量为 0.4%,K$_2$O 含量为 1.5%,含水量 16.7%。烤烟专用复合肥的 N、P、K 比例为 1:1.5:2.5。烟草秸秆生物有机肥施用量为 650kg·亩$^{-1}$,化学肥料用量为 65kg·亩$^{-1}$。2 个处理氮肥施用量相同,均为 6.5kg·亩$^{-1}$。每个处理设置大区试验,面积为 1 亩。

3. 试验方法

分别于烤烟移栽后 15d、30d、45d、60d、75d、90d 采集根系土样,按照 5 点取样法采集烤烟根系周围 0~20cm 耕层土样,在烟田的 5 个不同地点分别采集 0.5kg 土壤,将 5 份土样混匀。一半土样自然风干过筛,测定 pH 值和土壤 N、P、K 养分。一半新鲜土样在低温情况下保存,测定土壤转化酶活性、过氧化氢酶活性、脲酶活性、磷酸酶活性,并测定土壤中细菌、真菌、放线菌、硝化细菌和氨化细菌的数量。5 种土壤微生物采用室内恒温培养、计数的方法,微生物种类、培养条件如表 4-41 所示。

表 4-41 微生物种类及培养条件

培养条件	细菌	真菌	放线菌	氨化细菌	硝化细菌
温度(℃)	37	28	28	28	28
培养时间(d)	2~3	5~7	7~10	5	7

(二) 结果与分析

1. 对烤烟根系土壤中细菌数量的影响

图 4-49 结果表明,在 2 种施肥措施下,土壤中细菌数量变化趋势相似。

总体来看，在整个生育期内（除移栽后 90d）T2 处理土壤中细菌数量多于 T1 处理。在前期，细菌数量先下降，后缓慢上升，在旺长期（移栽后 60d）均到达高峰值。表明施用烟草秸秆生物有机肥促进了烤烟根系土壤细菌的繁殖。

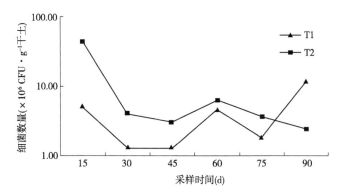

图 4-49　烟草秸秆生物有机肥对烤烟根系土壤中细菌数量的影响

2. 对烤烟根系土壤中放线菌数量的影响

图 4-50 结果表明，T2 处理放线菌数量在早期数量最多，是 T1 处理放线菌数量的 50.3 倍，然后急剧下降，再缓慢上升，在旺长期（移栽后 60d）达到较高值。T1 处理放线菌数量较少。表明 T2 处理对烤烟根系放线菌数量影响较大。施用腐熟秸秆肥后，对土壤中放线菌生长有一定的促进作用。

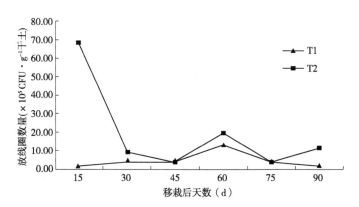

图 4-50　烟草秸秆生物有机肥对烤烟根系土壤中放线菌数量的影响

3. 对烤烟根系土壤中真菌数量的影响

2个处理的真菌数量变化趋势大致相同（图4-51），移栽30d前，2个处理真菌数量变化不大，生长中期开始上升，在旺长期均达到高峰值，此后下降。表明烟草秸秆生物有机肥对土壤真菌数量影响较小。

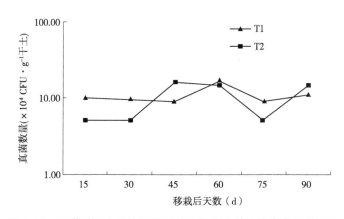

图4-51　烟草秸秆生物有机肥对烤烟根系土壤中真菌数量的影响

4. 对烤烟根系土壤中氨化细菌数量的影响

氨化细菌参与土壤含氮有机物的氨化过程，氨化细菌数量在一定程度上反映了土壤的供氮能力。图4-52结果表明，2个处理氨化细菌数量变化波动较大，在前期急剧下降，在移栽后30d降至最低值，然后上升，在旺长期达到高峰值。T2处理氨化细菌在生长早期数量最多，为$2.5×10^8CFU·g^{-1}$干土，T1处理氨化细菌数量为$4.3×10^8CFU·g^{-1}$干土。在中、后期T2处理氨化细菌数量高于T1。施用烟草秸秆生物有机肥在旺长期促进了氨化细菌的繁殖和生长，而烟草在这个时期需要大量的氮素营养，因此有利于烟草的生长发育。表明施用烟草秸秆生物有机肥可促进烟草对氮素的吸收和利用。

5. 对烤烟根系土壤中硝化细菌数量的影响

硝化细菌参与土壤中氨的硝化过程，也是评价土壤供氮能力的一个指标。图4-53结果表明，在烟草生长前期，土壤中硝化细菌数量呈下降趋势，T1处理硝化细菌数量较少，生长后期数量增加。T2处理硝化细菌在早期数量较高，前期持续下降，然后上升，在生长后期达到高峰值。T2处理硝化细菌数量在多个时期均高于T1处理，表明烟草秸秆生物有机肥对硝化细菌的生长有一定的

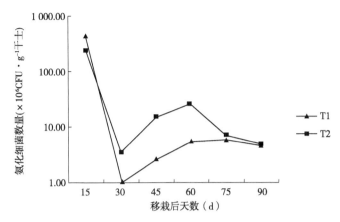

图4-52　烟草秸秆生物有机肥对烤烟根系土壤中氨化细菌数量的影响

促进作用，促进了烟草对氮肥的吸收和利用。

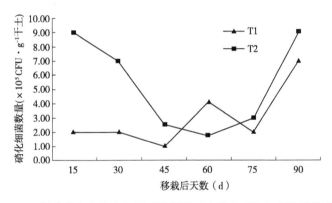

图4-53　烟草秸秆生物有机肥对烤烟根系土壤中硝化细菌数量的影响

6. 对烤烟根系土壤中过氧化氢酶活性的影响

土壤的过氧化氢酶活性，与土壤呼吸强度和土壤微生物活动相关，在一定程度上反映了土壤微生物学过程的强度。图4-54结果表明，2个处理过氧化氢酶的活性在整个生育期变化趋势一致。在烟草生长前期，2个处理过氧化氢酶活性逐渐降低，然后上升，在生长后期，2个处理过氧化氢酶酶活性较高，T2处理过氧化氢酶活性低于T1。表明在烟草生长后期，随着土壤熟化程度的提高，土壤呼吸强度逐渐增强，而烟草秸秆生物有机肥对土壤过氧化氢酶活性影响较小，不能提高过氧化氢酶的活性。

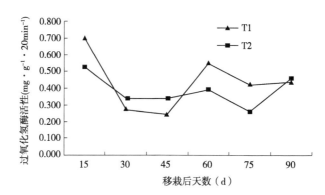

图 4-54 烟草秸秆生物有机肥对烤烟根系土壤过氧化氢酶活性的影响

7. 对烤烟根系土壤中酸性磷酸酶活性的影响

由于试验土壤的 pH 值呈偏酸性（pH 值 4.5~5.5），因此采用酸性磷酸酶表征土壤磷酸酶活性。磷酸酶能够促进有机磷化合物的水解，可表征土壤中 P 的肥力状况。在整个生育期，酸性磷酸酶活性变化趋势基本相同（图 4-55），T1 和 T2 处理磷酸酶活性分别在移栽后 75d 和 60d 达到高峰值。T2 处理磷酸酶活性在多个时期均明显高于 T1 处理的磷酸酶活性（除 75d）。表明烟草秸秆生物有机肥可提高土壤磷酸酶活性，促进土壤中 P 的吸收和利用，有利于烟草对 P 的吸收，满足其生长需要。

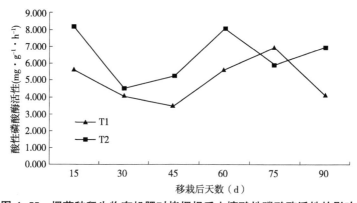

图 4-55 烟草秸秆生物有机肥对烤烟根系土壤酸性磷酸酶活性的影响

8. 对烤烟根系土壤中脲酶活性的影响

脲酶能促有机质分子中肽键的水解。土壤中脲酶活性与土壤中的微生物数量、有机质含量、全氮和速效氮含量呈正相关，脲酶活性可用于表征土壤中的氮素状况。图4-56结果表明，T1处理脲酶活性在早期、后期均较低，在生长旺期上升至最高值。T2处理脲酶活性在各个时期高于T1处理（除移栽后60d）。结果表明，烟草秸秆生物有机肥增强了烟草生长前期和后期土壤的脲酶活性，从而促进了有机氮向无机氮的转变，有利于烟草对氮素的吸收和利用。

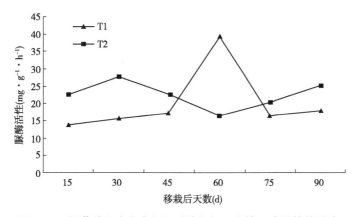

图4-56　烟草秸秆生物有机肥对烤烟根系土壤脲酶活性的影响

9. 对烤烟根系土壤中转化酶活性的影响

从图4-57可以看出，T1处理转化酶活性在生长前期呈下降趋势，然后上升，生长旺期达到高峰值，活性为 $9.605mg \cdot g^{-1} \cdot h^{-1}$。T2处理转化酶在整个生育期均较低，明显低于T1处理。生长末期，T2处理转化酶活性明显升高，可能是由于烟草秸秆生物有机肥施用于土壤后，需要较长时间的熟化才能被土壤有效地吸收和利用。T2处理转化酶在生长末期明显上升，这一现象启示烟草秸秆生物有机肥应提前早施。

三、小结

施用烟草秸秆生物有机肥能够提高植烟土壤含水率，增强土壤的保水能力；施用烟草秸秆生物有机肥能够显著提高土壤的有机质和碱解氮含量；施用烟草秸秆生物有机肥可以显著提高土壤阳离子交换量，增强土壤缓冲能力和保

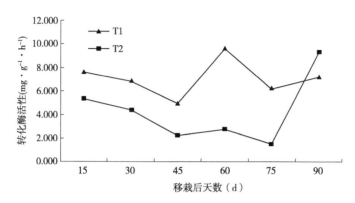

图4-57 烟草秸秆生物有机肥对烤烟根系土壤转化酶活性的影响

肥能力。

烟草秸秆生物有机肥富含有机质，施入土壤增加了其能源物质，为微生物的生长提供了丰富的碳源和氮源，刺激土壤中各种细菌的繁殖，从而改善土壤微生物种群，提升微生物数量。烟草秸秆生物有机肥增加了土壤中硝化细菌和氨化细菌的数量。硝化细菌和氨化细菌数量的增加，则有利于烟草对氮的吸收和利用。此外，烟草秸秆生物有机肥增加了土壤中放线菌数量，放线菌可产生多种抗生素，抑制土壤中病原菌的生长。

烟草秸秆生物有机肥明显提高了酸性磷酸酶和脲酶的活性，有利于改善土壤内部的营养物质循环，可促进烟草对土壤磷肥和氮肥的吸收和利用。另一方面，烟草秸秆生物有机肥降低了转化酶和过氧化氢酶活性，可能是由于烟草秸秆生物有机肥施入土壤后，肥料需要一定时间进行氧化发酵，造成了土壤中的低氧环境，影响了土壤中部分好氧微生物对肥料中养分的分解释放，并降低了土壤的呼吸强度。

第五章　烤烟采收期烟田生态系统碳通量研究

碳排放已经成为全球气候变化的研究热点之一，为了减少碳排放提高碳固定，农田作为一种人为干预程度较高的生态系统，备受人们的关注。目前碳源/汇评价已经成为国际上研究的焦点问题，而对于农田碳排放通量及其源汇关系的研究已有报道。农田碳通量的研究，国内多集中于旱地玉米、小麦田以及南方水稻田，对烟田的研究还鲜有报道。烟草是我国重要的经济作物之一，面积和总产量居世界第一位，烟草的主要类型有烤烟、晾烟和晒烟，其中烤烟产量占烟叶总产量的80%以上（苏德成，2005；刘国顺，2003）。另外，烟草分层落黄成熟，需要多次适时采收，不同于其他作物，具有特殊性。因此，研究烟田采收过程中碳排放量既填补了我国烟田碳排放研究的空白，又对我国农田温室气体排放清单的编排和制定减排措施具有重要意义。农业管理措施特别是施肥对碳排放的影响很大，各种肥料中有机肥对农田土壤碳转化的影响最大，但研究有机肥施入对农田生态系统碳排放影响的极少。鉴于此，本章对湖北省恩施州烟田生态系统碳通量进行了观测研究，初步探讨了在烟叶采收期烟田与大气碳的净交换量及交换特征，分析其通量与环境因子之间的关系，同时对湖北省恩施州不同有机肥处理烟田生态系统碳通量日变化差异进行了观测研究（图5-1），以期为我国烟田温室气体排放清单的编排和制定减排措施提供理论依据。

第一节　采收期烟田碳通量变化特征分析

一、材料与方法

试验地点位于湖北省恩施州恩施市"清江源"现代烟草农业科技园区秦家

图5-1　烟田生态系统碳通量研究试验

槽（30°20′ N，109°26′ E，海拔 1 149m），该地属于中纬度亚热带季风性山地气候，多雾，最高温 42.1℃，最低温−12.3℃，年均气温 13.3℃，≥10℃的年活动积温为 5 275℃，无霜期 282d。多年平均降水量 1 435mm，年平均相对湿度 81%，年平均日照时数 1 264h。7月平均气温 26.8℃，最高气温 40.3℃，最低气温 17.7℃，月平均降水量 241mm；8月平均气温 26.6℃，最高气温 41.2℃，最低气温 16.2℃，月平均降水量 164mm；9月平均气温 22.5℃，最高气温 38.4℃，最低气温 11.2℃，月平均降水量 152mm。试验地土壤类型为黄棕壤，耕层土壤基本理化性状分别是：pH 值为 7.44，有机质含量 18.3g·kg^{-1}，碱解氮含量 110.3mg·kg^{-1}，速效磷含量 19.5mg·kg^{-1}，速效钾含量 159.6mg·kg^{-1}。

本试验共设置了纯化肥（NPK）和常规（即化肥和有机肥混施，NPKOM）2个等氮量处理，每个处理各 3 次重复。2个处理的肥料用量如表5-1所示。

表5-1　不同处理肥料设置　　　　　　　　　　　　　（单位：kg·hm^{-2}）

处理	烟草专用肥 （10：10：20）	氮磷复合肥 （30：6）	过磷酸钙 （12%）	硫酸钾 （50%）	有机肥 （菜枯+烟秆）
NPK	735.0	105.0	647.5	336.0	0
NPKOM	420.0	105.0	811.5	417.8	1574.9

注：有机肥中 m（菜枯）：m（烟秆）= 1：1。

种植品种为'云烟87',烟地施肥 m(N):m(P$_2$O$_5$):m(K$_2$O)= 1:1.5: 3,N用量为7kg·亩$^{-1}$,总施氮量=有机肥含氮量+化肥的含氮量,各处理中K 不足部分由硫酸钾补充,P不足部分由普通过磷酸钙补充。有机肥全部作为基 肥施用,其他肥料按照常规方法操作,方式为:70%的 N 和 K、100%的 P,以 及硼肥、锌肥作基肥,30%的 N 和 K 作追肥。在移栽后的 7~10d 进行氮肥追 肥,在移栽后的 30d 左右结合培土进行钾肥追肥。

碳通量日变化的研究是在烟叶采收前、采收过程中和全部采收完毕后各测 量 1 次,测量时间为 7:30—19:30,每隔2h测定 1 次。而采收过程的变化是在 烟叶每次采收前、后各测量 1 次碳通量日变化,测量时间为 7:30—19:30,每 隔 2h 测定 1 次,用日变化的平均值代表碳的日通量。在测量碳通量的同时记 录烟株有效叶片数。

(一) 箱体设计

采用静态箱—红外二氧化碳分析仪法测定烤烟采收期烟田生态系统及土壤 碳排放。烟田系统碳通量测定用静态箱由透光塑料板制成,边框用不锈钢板加 固。总体呈长方体形,箱体尺寸为 55cm×60cm×165cm,由两节构成,下节 90cm,上节 75cm。中间连接处用胶带密封。其中下节前后面呈马鞍形,左右 两面呈长方形。下节箱体中上部留 2 个小孔,并用胶塞塞紧,用作 CO$_2$ 速测仪 探测口和温度探头接口,顶盖安装 12V 蓄电池供电的小风扇 (图 5-2)。土壤 碳通量测定静态箱由铝塑板制成,边框用不锈钢板加固,外覆 2cm 厚的隔热泡 沫。箱体呈长方体形,箱体尺寸为 55cm×60cm×30cm,顶部安装温度探头和 12V 蓄电池供电的小风扇,另外有 CO$_2$ 速测仪探测口 (图 5-3)。

(二) CO$_2$ 浓度测定

在烟叶采收过程中测定,具体的采收时间如表 5-2 所示。

表 5-2　烟叶采收时间

采收次数	第一次	第二次	第三次	第四次	第五次
采收时间	7 月 26 日	8 月 6 日	8 月 15 日	8 月 27 日	9 月 6 日

在测定前一天,在不同小区分别选择 1 株有代表性的烟株,在烟株周围挖 55cm×60cm、深度为 10cm 的方框型凹槽,植株在凹槽内,用于烟田生态系统

图 5-2　烟田系统碳通量测定静态箱

图 5-3　烟田土壤碳通量测定静态箱

碳通量的测定。同时，在烟草行株间挖同样大小和深度的凹槽，小心剪除凹槽内的杂草，用于土壤碳通量的测定。全天的观测都在同一位置，下次观测需要重新选择代表性烟株。

选择天气晴朗的一天进行碳通量日变化的测量，每隔 10d 测定 1 次日变化。测量时间为 7:30—19:30，每隔 2h 测定 1 次（图 5-4）。生态系统碳通量测定时，把静态箱放入含烟株的凹槽内，压实箱外壁土壤以防漏气，把上节箱体罩上，用胶带密封，测量前让风扇转动 30s，以混匀气体。使用 CO_2 速测仪（型号 ST-303，广州市盈翔嘉仪器仪表有限公司）测定盖箱后 0min、20min 的 CO_2 浓度。土壤碳排放测定则是把静态箱埋入烟株行株间的凹槽内，测量前让风扇转动 30s，测定盖箱后 0min、30min 的 CO_2 浓度。

图 5-4　烟田系统碳通量测定

（三）箱内温度的测定

在测定 CO_2 浓度的同时使用数字温度计（型号 JM 624，天津今明有限公司）测定箱内温度。

（四）数据处理与分析

碳通量的计算公式（刘合明等，2008；薛晓辉，2010）为：

$$F=\rho\times V/A\times\Delta C/\Delta t\times 273/(273+T)\times P/P_0 \qquad \text{（式 5.1）}$$

式中，F 为 CO_2 通量，单位为 $mg\cdot m^{-2}\cdot h^{-1}$（以 C 计）；$\rho$ 为标准状态下 CO_2-C 密度，即 $0.536kg\cdot m^{-3}$；V 是静态箱内有效空间体积（m^3）；A 为静态箱覆盖的土壤面积（m^3）；ΔC 为气体浓度差（$\mu L/L$）；Δt 为时间间隔（h）；$\Delta C/\Delta t$ 通过采样点数据作图的斜率可知。T 为采样时箱内温度（℃），P 为采样点的气压（Pa），P_0 为标准状态下的大气压力（$1.01\times 10^5 Pa$）。CO_2 通量正、负值分别表示生态系统向大气释放 CO_2、生态系统从大气吸收固定 CO_2。

试验结果统计与分析采用 Excel 和 SAS V8.0 软件进行，所有数据测定结果均以平均值表示。不同处理间采用 duncan 法进行差异显著性检验（$P<0.05$）。

二、结果与分析

（一）烟田生态系统和土壤碳通量日变化动态

由图 5-5 和图 5-6 可以看出，烟田生态系统碳通量和土壤碳通量均有明显的日变化规律。

7月20日，烟田生态系统碳通量均呈现上升—下降—上升的趋势。碳吸收高峰出现在 11：30—13：30，16：30 左右开始碳通量以排放为主。7：30—9：30 随着温度升高，呼吸作用增强，而此时光强较弱，光合速率较小，所以碳通量曲线呈上升趋势。9：30—11：30 光照变强，光合作用明显增强，因此碳排放通量减小。11：30—15：30 光强最强、温度变化较小，通量变化较稳定。15：30 以后光照变弱，光合速率下降，同化作用开始下降，曲线开始上升直至全部转变为系统净排放。

而烟田土壤碳通量整体波动较小，呈现先上升后下降然后平缓的单峰形曲线。最大值出现在 9：30，最小值出现在 7：30。7：30 地温最低，土壤微生物活

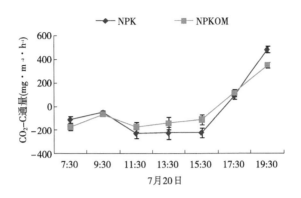

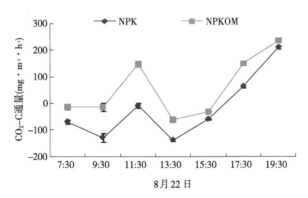

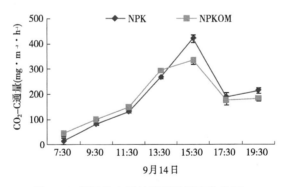

图 5-5 烟田生态系统碳通量日变化特征

性最差,所以碳通量最小。随着光照的增强,温度的升高,9:30 地表温度达到最高,此时碳排放通量最大,随着天气时阴时晴,还有烟草植株遮阴等的影

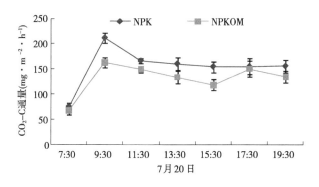

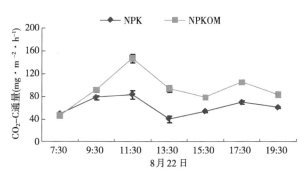

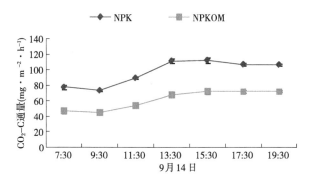

图 5-6　烟田土壤碳通量日动态变化

响，导致地表温度缓慢下降，土壤呼吸速率也随之下降。17: 30 常规处理出现小的峰值，可能是偶然误差造成的。

　　8 月 22 日，烟田生态系统碳通量均呈现波浪形，碳通量排放高峰有 2 个，最高值在 19: 30，另一峰值出现在 11: 30；碳通量吸收高峰也有 2 个，最大峰出现在 13：30，另一个峰值出现在 9：30。7：30—9：30 随着温度升高，光强增强，光合速率变大，所以碳通量曲线呈下降趋势。11：30 由于天气转阴，导致光合作用明显减弱，因此碳排放增加。11：30 以后天气转晴，光照和温度回升，导致碳吸收增强。13：30 以后随着光强变弱，光合速率下降，同化作用开始下降，曲线开始上升直至全部转变为系统净排放。

而土壤碳通量日变化呈现明显的双峰形，11：30、17：30 为 2 次排放高峰，低谷值出现在 15：30 左右。11：30 气温、地表温度、5cm 地温均达到最高值，因此此时土壤呼吸速率最大。11：30 以后由于天气转阴，导致气温逐渐下降，呼吸速率随之逐渐减小，15：30—17：30 气温基本保持稳定，由于土壤温度变化较慢，导致此时地表温度略微升高，所以碳通量有所增加。

9 月 14 日，烟田生态系统碳通量总体呈现先升后降的趋势，整个白天均以碳排放为主。碳排放高峰出现在 15：30 左右。此阶段烟株叶片已经采收完毕，烟株光合作用很小，基本可以忽略，此时烟田生态系统碳通量只包括植株和土壤的呼吸作用，因此碳通量会随着温度的变化而变化。15：30 以前随着温度的逐渐升高而增加，15：30 以后温度逐渐降低，碳通量也逐渐下降。

而土壤碳通量日变化比较平缓，峰值出现在 13：30 左右。9：30 以后，随着光照的增强和气温的升高，土壤微生物活性不断增强，CO_2 释放速率不断增大，13：30 左右，土壤温度最高，此时微生物活性最强，所以出现碳通量排放高峰，随后随着温度的降低，碳通量逐渐下降。

可以看出在整个采收期，烟田生态系统日碳排放通量最高峰由 19：30 转变为 15：30，排放数值经历了由大到小再变大的过程。在烟叶全部收获前，最高碳吸收高峰出现在 11：30—13：30，收获后出现在 7：30，日平均碳排放通量由以吸收为主逐渐转变为以排放为主。而烟田土壤碳通量呈明显的单峰形或双峰形，最高碳排放通量出现在 11：30 左右，最低排放通量出现在 7：30—9：30。

（二）2h（9：00—11：00）与 12h 烟田平均碳通量差异分析

1. 烟田生态系统碳通量

从图 5-7 可以看出，在整个采收过程中，2 个处理 9：00—11：00 生态系统碳通量与白天平均碳通量之间基本均有显著差异，说明 9：00—11：00 生态系统碳通量不能代表日均碳通量。因此，农田生态系统碳排放研究不能用 2h 的测定值估测 12h 的排放值。

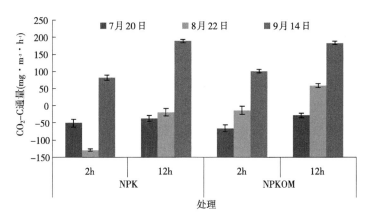

图 5-7 不同处理烟田生态系统 2h 与 12h 碳通量比较

2. 烟田土壤碳通量

从图 5-8 可以看出，在整个采收过程中，所有处理同一日期 9:00—11:00 碳通量与日平均碳通量比较接近，并且之间均无显著差异。因此，可以用 2h (9:00—11:00) 测得的通量平均值用于估测白天 12h 内的平均排放通量，这与前人研究的结果一致。此外，前人研究认为（娄运生等，2004），12h 的平均值也可用于估测 24h 内平均土壤排放通量，在相关研究中也得到了类似的结果。因此，土壤碳昼夜平均通量可以用 9:00—11:00 碳通量值进行估算，这对于预测全生育期甚至全年土壤碳通量具有重要意义。

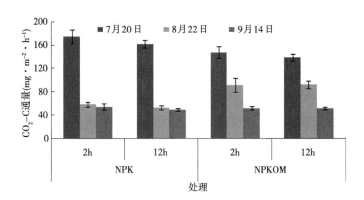

图 5-8 不同处理烟田土壤 2h 与 12h 碳通量比较

3. 烟田生态系统与土壤碳通量日变化差异分析

烟田生态系统可以分为植株和土壤两部分。从图 5-9 可以看出 3 个时间段

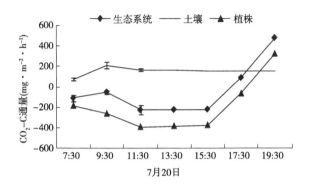

7月20日

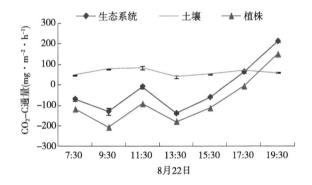

8月22日

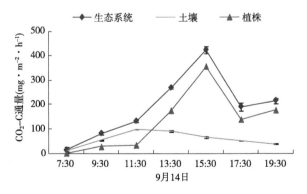

9月14日

图 5-9 烟田生态系统与土壤碳通量日变化比较

植株碳通量变化与烟田生态系统均有很好的一致性，日变化幅度较大，而土壤碳通量日变化幅度很小。随着烟株的成熟度不断提高，烟株光合作用不断减弱，逐渐转变为以呼吸作用为主。烟田生态系统碳通量变化主要受植株碳通量变化的影响，即烟田生态系统碳通量的主要贡献者是烟草的净光合作用（总光合作用减呼吸作用消耗），而不是土壤呼吸。

（三）采收期烟田生态系统碳通量变化

从图 5-10 可以看出，烟叶采收期 2 个处理间烟田生态系统碳通量变化不一致。化肥处理碳通量呈现"上升—下降—上升"趋势，在第一次采收后出现小的峰值（58.4mg·m^{-2}·h^{-1}），在第二次烟叶采收后碳通量达到最小值（-39.7mg·m^{-2}·h^{-1}），最高碳通量为 189.3mg·m^{-2}·h^{-1}，出现在烟叶采收完成后。而常规处理碳通量呈现逐渐上升的趋势，最高碳通量达到 184mg·m^{-2}·h^{-1}。

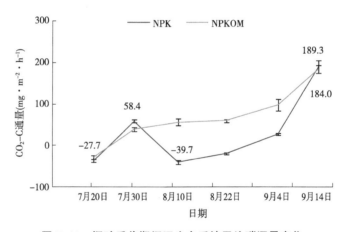

图 5-10　烟叶采收期烟田生态系统平均碳通量变化

纯化肥处理，7 月 20 日，植株的下部叶部分落黄，但上部叶仍处于旺盛生长阶段，植株整体的光合作用依然较强，同时由于下部脚叶被打掉，减少了植株的呼吸作用，所以白天烟田生态系统碳排放通量为负值。以后随着烟叶的由下往上逐渐成熟，植株光合作用吸收 CO_2 的速率小于植株和土壤呼吸放出 CO_2 的速率，所以以后日排放通量为正值。8 月 22 日出现波谷，是因为 20 日降雨，导致土壤湿度增加，加之气温有所下降，共同导致土壤温度与 8 月 10 日相比出现较大降低，土壤微生物活性降低，因此导致烟田生态系统碳通量降低；而

8月22日之后土壤温度有所回升，同时成熟叶被采收，因此碳通量增加。所有烟叶采收后，植株的光合作用基本可以忽略，导致烟田生态系统碳通量明显增加。

而常规处理与对照碳通量变化不同，可能原因是有机肥的施入增加了根际土壤微生物的数量和活性，从而促进了烟田生态系统的碳排放。

（四）采收期烟田土壤碳通量变化

从图5-11可以看出，在烟叶采收期，2个处理烟田土壤平均碳通量变化均呈波浪形曲线。7月20日碳通量最大，纯化肥和常规处理分别达到 $161.9mg \cdot m^{-2} \cdot h^{-1}$ 和 $138.6mg \cdot m^{-2} \cdot h^{-1}$；7月20日后迅速下降，7月30日以后变化较平稳。土壤碳通量的最小值依次为 $48.7mg \cdot m^{-2} \cdot h^{-1}$、$51.2mg \cdot m^{-2} \cdot h^{-1}$，出现在烟叶全部采收完成后。7月20日达到碳排放高峰值，原因是烟草处于生长旺季，根系呼吸强烈，同时土壤温湿度有利于微生物活动。7月20日后碳通量明显下降，可能是因为土壤温度和湿度下降较大，限制了微生物的呼吸，对土壤有机质的分解和微生物活性产生直接影响造成的；也可能是因为烟叶不断采收，造成叶片光合作用减弱，向根部传到的光合底物减少，根系及根际微生物可利用的碳源减少，造成了根系及微生物呼吸有所降低，特别是在采收后更明显。然而9月4日通量增加，可能原因是土壤温度相比前一次有所增加，这在一定程度上提高了土壤酶活性和微生物活性，弥补了土壤板结造成的影响。最后一次碳通量最低，一方面原因是烟叶全部收获后，土壤中根系的呼吸作用很微弱，此时的土壤呼吸就是土壤微生物呼吸的结果，另一方面

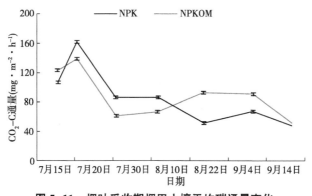

图5-11 烟叶采收期烟田土壤平均碳通量变化

原因是后期降水多，土壤湿度大，影响了土壤呼吸，同时可能是采收烟叶过程中和试验过程中对土壤的踩压，造成土壤板结，透气性降低，导致土壤碳排放通量逐渐下降。

三、讨论

（一）采收期烟田碳通量日变化

许多研究均表明，在农作物的生长旺盛期，农田生态系统白天是大气碳汇（Wang et al.，2011）。本试验结果也表明，烟田生态系统碳通量日变化整体表现为吸收。其原因是生长旺盛期植物光合作用强，导致生态系统 CO_2 吸收量大于排放量，因此生态系统整体表现为碳汇。另外一些研究表明（梁涛等，2012；谢五三等，2009；冯敏玉等，2008；郭家选等，2006；宋涛等，2006），农田生态系统碳通量排放的最小值出现在 12:00，这与本试验结果基本一致。这是因为一方面中午光合有效辐射最强，导致作物的光合作用最强；另一方面，中午的高温抑制了烟草的呼吸作用。郭家选等（2006）认为，农田于18:30 左右碳通量值趋向于零，而本试验测定在 16:30 左右碳通量值基本为零，导致结果不同的原因：一是试验地点存在很大差异，本文在湖北恩施州山地，后者在河北省栾城平原，气候、土壤等条件不同；二是研究的作物不同，前者为烟草，后者为小麦；三是研究的时间不同，本试验是在夏季，而后者是在春季；四是研究的方法不同，本试验采用静态箱法，后者采用涡度相关法。

农田土壤碳排放通量昼夜变化规律为：白天高、夜间低，1:00—3:00 排放量最低，以后随着温度的升高，CO_2 的排放通量逐渐增大，在 13:00—15:00 达到峰值（李虎，2006；汤洁等，2012；刘波等，2010）。而本试验是在 9:30—11:30 出现最高值，可能原因是在观测当天，午后时阴时晴，导致气温和土壤温度降低，从而导致午后碳排放通量低于午前。同时，朱新萍等（2011）研究表明，绿洲小麦地土壤 CO_2 排放速率最高值出现在 15:00，最低值出现在18:00；绿洲棉花地土壤 CO_2 排放速率的最高值出现在 11:00，最低值出现在20:00；绿洲玉米地土壤 CO_2 排放速率的最高值出现在 11:00，最低值出现在9:00。这说明不同作物之间土壤碳排放通量日变化规律不同，土壤呼吸极值出现时间的差异可能与当地日气温动态变化特征有关。

（二）烟叶采收过程碳通量变化

刘春岩（2004）采用静态明箱、暗箱法对稻田生态系统碳通量进行研究，结果表明拔节期出现 CO_2 净固定通量的最大值。梁涛等（2012）研究表明，7月和8月是碳净吸收的最高峰，而本试验中最大净吸收值出现在7月20日，说明温度高、植株生长旺盛期是碳净吸收量最大的时期。旱地土壤 CO_2 排放通量呈现明显的季节性变化，夏季碳排放达到最高，春、秋季次之，冬季最低（娄运生等，2004）。本试验只研究7—9月土壤碳排放通量，但峰值出现在7月20日，与季节变化的规律一致。土壤 CO_2 排放通量之所以呈现季节性变化，是因为土壤温度和水分是影响微生物活性的主要因素，而夏季土壤高温，而湿度又不是微生物活性的限制因素。

四、结论

在整个采收期内烟田生态系统碳通量日变化，不同日期之间差异较大。在烟叶终采期前，最大碳净同化出现在 11:30—13:30，最大碳排放出现在傍晚时分。随着烟叶的采收进程，最大碳排放通量由 19:30 向前推移。烟叶全部采收后，碳通量变化与土壤碳通量变化趋于一致。

烟田土壤碳通量有明显的日变化规律，呈单峰形或双峰形，最高碳排放通量出现在 11:30 左右。烟田生态系统碳通量的主要贡献者是烟草的净光合作用（总光合作用减呼吸作用消耗），而不是土壤呼吸。同一日期 9:00—11:00 土壤碳通量与日平均土壤碳通量之间无显著差异，而烟田生态系统却无此规律。

在烟草采收期，烟田生态系统碳通量由碳吸收向碳排放转变，整体表现为碳排放，最大碳排放量出现在全部采收后，数值为 $184 \sim 189.3 \, \mathrm{mg \cdot m^{-2} \cdot h^{-1}}$。烟田土壤碳通量呈波浪形曲线，最高碳通量为 $138.6 \sim 161.9 \, \mathrm{mg \cdot m^{-2} \cdot h^{-1}}$，出现在烟叶始采期前，最低碳排放通量为 $48.7 \sim 51.2 \, \mathrm{mg \cdot m^{-2} \cdot h^{-1}}$，出现在烟叶全部采收完成后。研究发现常规处理烟田生态系统和土壤碳通量均大于纯化肥处理。

第二节　采收期烟田碳通量差异及影响因子分析

一、材料与方法

试验地点位于湖北省恩施州恩施市"清江源"现代烟草农业科技园区秦家槽（30°20′ N，109°26′ E，海拔 1 149m），该地属于中纬度亚热带季风性山地气候，多雾，最高气温 42.1℃，最低气温-12.3℃，年均气温 13.3℃，≥10℃的年活动积温为 5 275℃，无霜期282d。多年平均降水量 1 435mm，年平均相对湿度为 81%，年平均日照时数 1 264h。7 月平均气温 26.8℃，最高气温 40.3℃，最低气温 17.7℃，月平均降水量 241mm；8 月平均气温 26.6℃，最高气温 41.2℃，最低气温 16.2℃，月平均降水量 164mm；9 月平均气温 22.5℃，最高温 38.4℃，最低气温 11.2℃，月平均降水量 152mm。试验地土壤类型为黄棕壤，耕层土壤基本理化性状分别是：pH 值 7.44，有机质含量 18.3g·kg^{-1}，碱解氮含量 110.3mg·kg^{-1}，速效磷含量 19.5mg·kg^{-1}，速效钾含量 159.6mg·kg^{-1}。

本试验采用随机区组设计，共设不同有机肥种类处理 4 个，每个处理分别 3 次重复。具体处理如下。

CB：施用菜枯有机肥替代 30%化肥中纯氮。

YG：施用烟秆有机肥替代 30%化肥中纯氮。

MW：施用美旺有机肥替代 30%化肥中纯氮。

JF：施用金丰叶有机肥替代 30%化肥中纯氮。

几种有机肥的主要理化性状见表 5-3 所示。

表 5-3　供试有机肥养分含量

有机肥种类	有机质含量（%）	N（%）	P$_2$O$_5$（%）	K$_2$O（%）
菜枯	53.1	2.0	1.1	1.3
烟秆	26.7	2.0	0.4	1.5
美旺	42.3	1.5	1.5	3.0
金丰叶	22.3	4.0	3.0	2.0

种植品种为'云烟 87',按照常规施肥技术要求,试验烟田 m(N):m(P$_2$O$_5$):m(K$_2$O)= 1:1.5:3,N 用量为 7kg·亩$^{-1}$,总施氮量=有机肥含氮量+化肥的含氮量,各处理中 K 不足部分由硫酸钾补充,P 不足部分由普通过磷酸钙补充。有机肥全部作为基肥施用,其他肥料按照常规方法操作。方式为:70%的 N 和 K、100%的 P,以及硼肥、锌肥作基肥,30%的 N 和 K 作追肥。氮追肥在移栽后 7~10d 施用,钾追肥在移栽后 30d 左右结合培土施用。具体设置如表 5-4 所示。每个小区面积 40m^2,植烟行距 1.2m,株距 0.55m,试验地四周设有保护行。

在烟叶每次采收前后各测量 1 次碳通量日变化,测量时间为 7:30— 19:30,每隔 2h 测定 1 次,用日变化的平均值代表碳的日通量。

表 5-4　不同处理肥料设置　　　　　　　（单位：kg·hm^{-2}）

处理	有机肥种类	有机肥	烟草专用肥（10:10:20）	氮磷复合肥（30:6）	过磷酸钙（12%）	硫酸钾（50%）
CB	菜枯	1 574.9	420	105	765.6	421.0
YG	烟秆	1 574.9	420	105	857.5	414.7
MW	美旺	2 099.9	420	105	647.5	336.0
JF	金丰叶	787.5	420	105	713.1	430.5

大气温度的测定：在每次 CO$_2$ 浓度测定后,在烟草冠层高度,烟草行间,使用数字温度计测定大气温度,共 3 次重复。

土壤温度的测定：在每次 CO$_2$ 浓度测定后,在各处理测定烟株周围的垄上及行间使用数字温度计测定地表温度以及 5cm 和 10cm 地温,温度探头固定在同一位置。

土壤湿度的测定：在每次 CO$_2$ 浓度测定后,在各处理测定烟株周围的垄上及行间使用土壤水分速测仪（型号 TSZ-1,武汉天联科教仪器发展有限公司）测定 0~10cm 土壤湿度,探头固定在同一位置（图 5-12）。

图 5-12　烟田土壤温湿度测定

二、结果与分析

(一) 施用有机肥烟田生态系统碳通量差异

1. 不同有机肥处理烟田生态系统碳通量变化特征

从图 5-13 可以看出，烟叶采收前不同处理之间的碳通量基本相同。在整个烟叶采收过程中，不同处理碳通量变化很不一致。菜枯有机肥处理，碳通量先上升，在 8 月 10 日达到峰值，然后下降，在 8 月 22 日出现拐点，以后又上升；烟秆有机肥处理，碳通量呈现上升—下降—上升趋势，在 8 月 10 日出现极小值；美旺有机肥处理，碳通量呈现下降—上升趋势，也是在 8 月 10 日出现极小值；金丰叶有机肥处理，碳通量呈现先上升后下降再上升的趋势，9 月 4 日出现极小值。可以看出在整个采收期不同处理变化很复杂，原因是烟叶采收是凭经验和烟叶成熟度进行的，不同处理按照自然成熟状态进行采收，非人为规定采收几片叶，导致每次采收的烟叶数量不同，同时不同处理之间在农艺性状方面也或多或少存在差异，因此导致每次采收后不同处理碳排放通量变化没有明显的规律。故研究采收过程中不同处理之间的差异意义不大，但忽略中间过程，研究不同处理总的碳通量，就可以发现不同处理对烟田生态系统碳排放的影响。

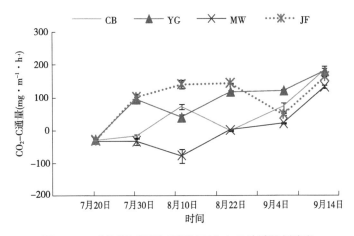

图5-13 采收期不同处理间烟田生态系统碳通量变化

从图5-14可以看出，不同处理烟田生态系统平均碳通量大小顺序为JF>YG>CB>MW。其中金丰叶和烟秆有机肥处理碳通量显著高于其他2个处理，菜枯处理显著高于美旺有机肥处理。从减少温室气体排放角度考虑，施用美旺有机肥效果最好，其次是菜枯有机肥。

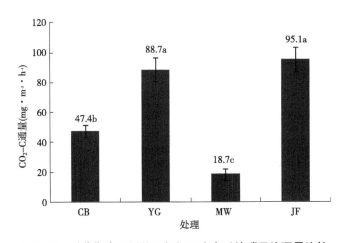

图5-14 采收期内不同处理间烟田生态系统碳平均通量比较

2. 不同有机肥处理烟田土壤碳通量变化特征

从图 5-15 可以看出，在整个采收过程中，4 个处理土壤碳通量变化不一致。菜枯和烟秆有机肥处理变化趋势一致，均表现为先上升，在 7 月 20 日达到峰值，然后下降，7 月 30 日后再上升，然后再下降的趋势。美旺有机肥处理的碳通量曲线为先迅速下降然后基本保持不变的形式。而金丰叶有机肥处理的碳通量呈现先上升，在 7 月 30 日达到峰值，然后下降。

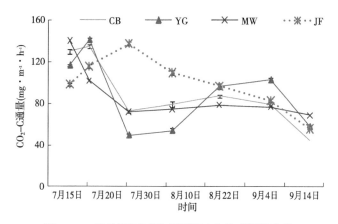

图 5-15　采收期不同处理间烟田土壤碳通量变化

从整个采收过程来看，金丰叶有机肥处理的碳排放通量显著高于其他处理，但该有机肥施入土壤的有机质数量低于其他 3 个有机肥处理（图 5-16），可能该处理试验田土壤 C/N 更适合土壤中相关微生物的活动，也可能该肥本身含有大量的微生物。

3. 不同有机肥处理烟株碳通量变化特征

从图 5-17 可以看出，4 个处理植株碳通量变化不一致。YG 和 MW 处理植株碳通量在 7 月 30 日出现小的峰值，而后曲线先下降后上升，在 9 月 14 日达到最高峰。CB 和 JF 处理植株碳通量均呈现上升—下降—上升的趋势，CB 处理在 8 月 10 日出现峰值，而 JF 处理在 8 月 22 日出现峰值。

从图 5-18 可以看出，采收期不同有机肥处理植株碳通量均表现为碳吸收（YG 处理除外），不同处理间碳通量大小顺序为 YG>JF>CB>MW。

4. 烟叶产量和烟田生态系统碳通量的相关性

为了说明不同处理碳通量之间差异的原因，本试验将不同处理的烟叶产量

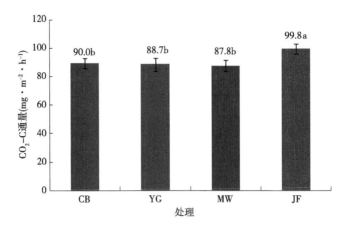

图 5-16　不同处理烟田土壤碳平均通量比较

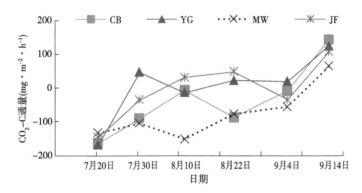

图 5-17　采收期不同处理间植株碳通量变化

进行了研究（图 5-19），结果表明菜枯和烟秆处理的烟叶产量显著高于其他处理，美旺有机肥处理的产量最低。为了研究烟叶产量和烟田生态系统碳通量之间的相关性，如图 5-20 所示，可以看出烟叶产量与烟田生态系统碳排放之间不存在显著的正相关关系。

（二）采收期烟田碳通量影响因子分析

1. 烟田生态系统碳通量影响因子

（1）环境因子分析。从图 5-21 可以看出，气温和地表温度变化趋势一致。日变化均呈单峰形或双峰形，地表温度随着气温变化而变化，地温改变相对于气温而言，略有推迟。随着时间的推迟，成熟期两温度均呈现先升后降的趋

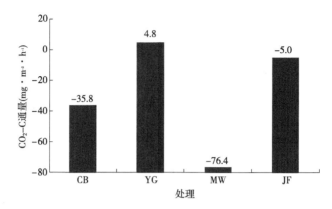

图 5-18　不同处理烟株碳平均通量比较

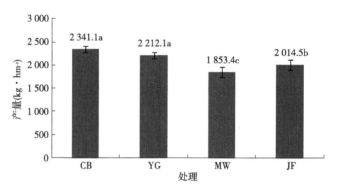

图 5-19　不同处理的烟叶产量

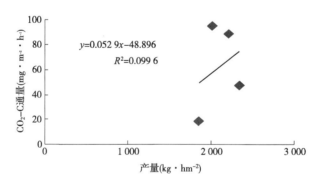

图 5-20　烟叶产量和碳通量的相关性

势。日最高温度均出现在中午左右，日最高温出现在 8 月 10 日。气温变化范

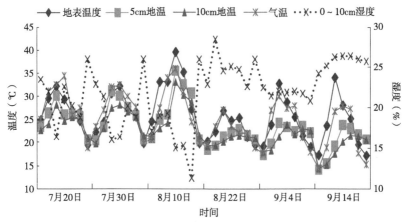

图 5-21 观测期内烟田生态系统碳通量影响因子动态变化

围为 14.3~34.5℃，地表温度变化范围为 17.1~39.6℃。5cm 地温和 10cm 地温变化也表现出很好的一致性。全天 5cm 地温略高于 10cm 地温，这与热量传递的方向一致。8 月 22 日以后两温度明显低于前几次数据。10cm 地温随着 5cm 地温变化而变化。5cm 地温变化范围是 14.5~34.5℃，10cm 地温变化范围为 14.5~33.1℃。土壤湿度日变化没有呈现很好的一致性，7 月 20 日湿度呈下降—上升—下降趋势，9 月 14 日呈现上升—下降趋势。整个成熟期呈现"中间低两头高"的趋势。土壤相对湿度在 11%~28%。

进一步研究表明（表 5-5），温湿度之间均有极显著相关性，随着气温的升高，地表温度、5cm 地温和 10cm 地温均随之升高，土壤湿度随之降低。

表 5-5 烟田生态系统环境因子之间相关性

相关系数	地表温度	5cm 地温	10cm 地温	土壤湿度
地表温度	1.000**			
5cm 地温	0.730**	1.000**		
10cm 地温	0.623**	0.974**	1.000**	
土壤湿度	-0.496**	-0.739**	-0.763**	1.000**
气温	0.880**	0.754**	0.666**	-0.449**

注："**"表示 $P<0.01$ 水平显著，"*"表示 $P<0.05$ 水平显著，n=36。

（2）烟田生态系统碳通量与环境因子的相关性。表 5-6 可以看出，烟叶采收期烟田生态系统碳通量与温湿度均无显著相关性。这说明在较长时间内烟田生态系统碳通量与温湿度相关关系不显著。可能原因是碳通量受采收过程的影响很大，不同日期烟叶有效叶片数有明显的差异。因此，有必要研究烟株有效叶片数与生态系统碳通量的关系。

表 5-6　采收期内烟田生态系统碳通量与环境因子的相关性

处理	碳通量	地表温度	5cm 地温	10cm 地温	土壤湿度	气温
NPK	相关系数	−0.249	−0.043	−0.04	0.125	−0.162
	P	0.144	0.802	0.819	0.466	0.346
NPKOM	相关系数	−0.162	−0.038	−0.034	0.123	−0.123
	P	0.346	0.828	0.845	0.475	0.475

（3）烟田生态系统碳通量与烟株有效叶片数的相关性。由图 5-22 可以看出烟株有效叶片数与烟田生态系统碳通量之间存在极显著的抛物线关系，因此在烟叶采收期，可以利用烟株有效叶片数来预测烟田生态系统碳通量。该方法虽然只能解释 67.52% 的碳通量变化，但操作简单，具有一定的应用价值。

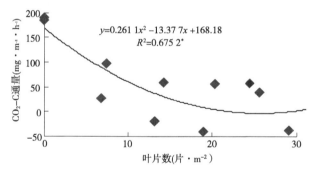

图 5-22　烟株叶片数与生态系统碳通量的关系

2. 烟田土壤碳通量影响因子

（1）环境因子分析。从图 5-23 可以看出，气温、地表温度、5cm 地温和 10cm 地温变化趋势一致。日变化呈单峰形或双峰形，地表温度随着气温变化而变化，地温改变相对气温而言，有点滞后。随着时间的推迟，成熟期两温度均呈现"中间高两头低"的趋势。日最高温度均出现在中午左右，日最高温出现在 8 月 10 日。气温变化范围为 14.3~34.5℃，地表温度变化范围为 17.3~41℃。全天 5cm 地温略高于 10cm 地温，这与热量传递的方向一致。8 月 22 日

以后 5cm 地温和 10cm 地温明显低于前几次数据。10cm 地温随着 5cm 地温变化
而变化。5cm 地温变化幅度为 15.4 ~ 30.5℃，10cm 地温变化幅度为 15.7 ~
27.7℃。

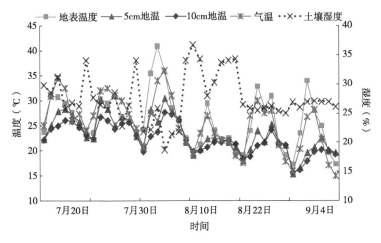

图 5-23 采收期内烟田土壤影响因子动态变化

　　土壤湿度日变化基本呈现下降—上升—下降的趋势。整个成熟期呈现"中
间低两头高"的趋势。8 月 22 日土壤湿度最大，土壤相对湿度为 18.7% ~
36.7%。与垄面湿度相比，垄底湿度偏高。

　　进一步研究表明（表 5-7），温湿度之间均呈显著或极显著相关性，随着
气温的升高，地表温度、5cm 地温和 10cm 地温均随之升高，土壤湿度随之
降低。

表 5-7 烟田土壤环境因子之间的相关性

相关系数	地表温度	5cm 地温	10cm 地温	土壤湿度	气温
地表温度	1.000 **				
5cm 地温	0.737 **	1.000 **			
10cm 地温	0.554 **	0.927 **	1.000 **		
土壤湿度	−0.469 *	−0.501 **	0.412 *	1.000 **	
气温	0.856 **	0.816 **	0.709 **	−0.381 *	1.000 *

　　注："＊＊"表示 $P<0.01$ 水平显著，"＊"表示 $P<0.05$ 水平显著，n=36。

（2）烟田土壤碳通量与环境因子的关系。

其一，采收期烟田土壤碳通量与环境因子的相关性。简单相关分析表明，NPK 处理碳通量与地表温度、5cm 地温、10cm 地温和气温均呈极显著正相关，最大相关系数达到 0.708 0;NPKOM 处理碳通量只与气温呈极显著正相关（表5-8）。而净相关分析表明，2 个处理碳通量均只与气温呈显著正相关（表5-9）。净相关弥补了简单相关不能真实地反映 2 个变量间的相关关系，它用数学方法固定其余的变量，消除其余变量的影响，从而真实地反映两变量间的相关关系。分析表明，受气温的影响，地表温度、5cm 地温和 10cm 地温才与碳通量呈极显著相关关系。因此，可以建立碳通量与气温的回归方程，用于预测采收期土壤碳排放通量。

表5-8　烟田土壤碳通量与环境因子的简单相关

处理	碳通量	地表温度	5cm 地温	10cm 地温	土壤湿度	气温
NPK	相关系数	0.513 0*	0.580 0**	0.582 0**	−0.010	0.708 0**
	P	0.001 4	0.000 2	0.000 2	0.562	<0.000 1
NPKOM	相关系数	0.321 0	0.350 0*	0.359 0*	0.208	0.502 0**
	P	0.057 0	0.036 0	0.031 0	0.224	0.002 0

注："＊＊"表示 $P<0.01$ 水平显著，"＊"表示 $P<0.05$ 水平显著，n＝36。

表5-9　烟田土壤碳通量与环境因子的最高级净相关

处理	碳通量	地表温度	5cm 地温	10cm 地温	土壤湿度	气温
NPK	相关系数	−0.161	−0.131	0.171	0.111	0.427*
	P	0.379	0.473	0.349	0.543	0.015
NPKOM	相关系数	−0.087	−0.107	0.106	0.301	0.380*
	P	0.635	0.559	0.563	0.051	0.031

注："＊"表示 $P<0.05$ 水平显著，n＝36。

其二，烟田土壤碳通量与环境因子的回归分析。为了进一步了解不同环境因子对土壤 CO_2 排放通量的影响，本试验以 CO_2 通量为因变量，以地表温度、5cm 地温、10cm 地温和湿度、大气温度等因子为自变量建立多元回归方程，进行逐步回归分析。结果表明，在 5 个变量中，只有气温的偏回归系数达到显著水平，说明气温是影响土壤 CO_2 排放的主导因子，而其他因子的影响较小，建立估算模型时可忽略。因此，可以建立碳通量和气温的回归模型，进行土壤

CO_2 排放的估算。对烟田土壤碳通量与最佳环境因子进行回归分析，结果如图 5-24 所示。

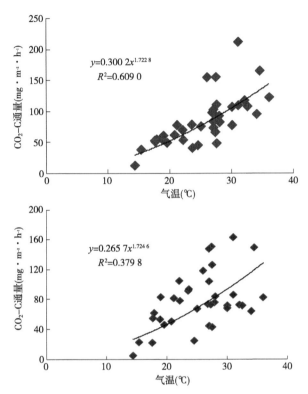

$$y=0.300\ 2x^{1.722\ 8}$$
$$R^2=0.609\ 0$$

$$y=0.265\ 7x^{1.724\ 6}$$
$$R^2=0.379\ 8$$

图 5-24　土壤碳通量与气温的回归关系

注：上图为 NPK 处理，下图为 NPKOM 处理。

3. 采收期烟田土壤碳排放量的估算

参照前人的研究方法（黄承才等，1999；娄运生等，2004），以气温为因变量，时间为自变量，拟合了天数与相应气温的关系（图 5-25），方程为：$y=0.006\ 3x^2-0.439\ 1x+30.627$。

式中，y 为气温（℃），x 为累积时间（d）。

将 y 代入 CO_2 通量与气温的模拟方程，经积分运算可得：整个采收期纯化肥处理烟田土壤 CO_2 的排放通量为 79.6g（CO_2-C）· m^{-2}，常规处理烟田土壤 CO_2 的排放通量为 70.9g（CO_2-C）· m^{-2}。

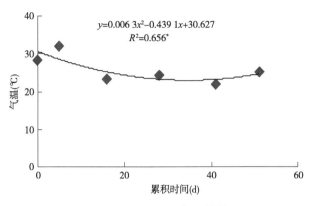

图 5-25　累积时间与气温的关系

4. 采收期烟田生态系统碳排放通量的估算

利用烟株有效叶片数与生态系统碳通量的方程（$y = 0.2611x^2 - 13.377x + 168.18$），预测化肥处理、常规处理采收期碳排放通量依次为 35.2g（CO_2-C）· m^{-2}、60.5g（CO_2-C）· m^{-2}。

三、讨论

很多研究表明（黄晶等，2009；张中杰等，2005；张金霞等，2001），有机肥的施入能明显增加土壤 CO_2 的排放通量，这主要是因为有机肥的施用增加了土壤中相关微生物的数量，同时在相同情况下有机肥处理的地表温度比其他处理升温更快。不同施肥条件下，各生育期土壤呼吸速率：化肥+有机肥>化肥（高会议等，2009），这与本研究结果一致。孟磊等（2005）在玉米—小麦轮作期内对土壤呼吸进行了研究，结果表明在玉米生长期间，一半化学氮肥和一半有机氮处理显著高于氮磷化肥（NPK）处理，而在小麦生长期有机肥处理与NPK之间差异不显著。而本文中只有金丰叶有机肥替代处理显著高于化肥处理，说明有机肥对碳排放的效应与种植的作物有关。同时，孟磊的试验是长期定位，在试验测定前已经累积了多年处理的差异，而本文在试验开展前，所有处理土壤性状一致，通过比较我们发现，有机肥替代在短时间内并没有显著地增加土壤呼吸的作用。另外，孟磊等（2005）的研究还表明，一半化学氮肥和一半有机氮处理与氮磷化肥（NPK）处理，在施入土壤 1 年后耕层土壤有机碳含量均有增加且 NPK 处理的略高于一半化学氮肥和一半有机氮处理。而陕西关中地区农田的长期定位试验研究表明，在不同肥料处理 1 年后，化肥处理和低秸秆处理土壤有机质均下降，而高秸秆处理土壤有机质基本保持不变（吕家珑等，2001），这表明在短时间内不同施肥处理土壤有机碳之间的差异尚无明确定论。

影响生态系统碳通量变化的主要环境因素有光合有效辐射、温度和湿度等。本试验结果也表明碳通量日变化受气温、土壤温度和湿度的影响。同时，也有研究认为，温度与生态系统 CO_2 排放通量的相关性比较弱，但受光照的影响比较大（Raich et al.，2000）。这可以从调查期碳通量与温度的关系中得出，说明在研究生态系统碳排放时只研究与温湿度的关系是不够的，应该在测定 CO_2 浓度的同时测定光合有效辐射。

土壤呼吸是一个主要包括土壤微生物和植物根系呼吸的复杂生物学过程，受到多种因素的影响。以往研究（Kucera et al.，1971；Singh et al.，1997）表明，土壤温度和水分是影响土壤呼吸速率的关键环境因素，这与本试验结果不一致，原因是土壤水分含量比较适合土壤微生物活动，不是土壤微生物呼吸的限制因素，土壤呼吸与水分之间就难以达到显著相关水平。这与 Hall 等（1990）的研究结果相同。刘博等（2010）认为土壤 CO_2 排放通量均与地表温度、5cm 地温和气温呈极显著正相关性，且在常规耕作 CO_2 排放通量与气温的相关系数最高，这与本试验结果基本一致。当 10cm 处地温高于 20℃时，土壤碳通量与土壤温度之间就无显著相关性（戴万宏等，2004），而本试验 10cm 处地温高于 20℃时，土壤碳通量随土壤温度变化是比较分散的，但两者之间大部分处理是有显著相关性的。不同的原因可能是戴万宏的研究中涉及的数据是 11 组，而本文是 36 组，数据样本的增大，在一定程度上弥补了偶然误差，增加了显著相关性的概率。有研究表明，温度是影响土壤碳排放的主要因素（李琳等，2007），很多学者通过长期观测得出了温度和碳释放量的定量关系，同时指出用地表下 5cm 或 10cm 处的温度比用地表温度效果要好，本试验结果表明这 3 个温度与碳释放量的关系比较复杂，从不同的角度看，没有统一的定论。

目前描述 CO_2 通量与温度之间关系的模型主要有幂函数、指数函数、线性函数等（刘绍辉等，1997；张金霞等，2001）。本试验不同处理与温度之间的回归模型主要有幂函数和二次曲线。有研究认为土壤呼吸强度和温度之间关系的一般形式是指数函数，和本试验不同的原因可能是过高的温度在一定程度上抑制了土壤的酶活性，导致土壤呼吸速率不随温度的升高而迅速升高，甚至出现下降。

四、结论

不同有机肥处理烟田生态系统碳通量大小顺序为 JF>YG>CB>MW，烟秆生物肥和金丰叶有机肥在观测期内碳排放通量显著高于其他处理，美旺有机肥处理显著低于其他 3 个处理，从温室气体排放角度考虑，选用美旺有机肥最环保。不同处理土壤平均碳通量大小顺序为 JF>CB>YG>MW，其中金丰叶有机肥处理显著促进了土壤碳排放。不同处理间植株碳通量大小顺序为 YG>JF>CB>MW。不同有机肥处理采收期烟田生态系统表现为碳源，植株表现为碳汇。

不同处理产量大小顺序为 CB>YG>JF>MW，其中菜枯和烟秆处理产量显著高于其他处理。单纯从产量来看，菜枯有机肥处理最好，烟秆次之。结合不同处理烟田生态系统碳通量的数值，可以看出并不是烟叶产量越高，生态系统碳排放量就越大。

从整个采收期来看，烟田生态系统碳通量与气温、地表温度、5cm 地温和10cm 地温均无显著相关性，说明碳通量还受光照等外界环境的强烈影响。但与烟株有效叶片数呈显著的抛物线关系，说明采收期生态系统碳通量明显受采收过程的影响。从整个采收期来看，土壤碳通量与气温的相关性最好。

化肥、常规处理土壤碳通量与气温的回归模型依次为 $y=0.3002x^{1.7228}$、$y=0.2657x^{1.7246}$（y 代表碳通量，x 代表气温），采收期累计时间和气温的模拟方程为 $y=0.0063x^2-0.4391x+30.627$（$y$ 为气温，x 为累积时间）。运用这 2 个模型，预测整个采收期化肥、常规处理恩施州烟田土壤 CO_2 的排放通量依次为 79.6g（CO_2-C）·m^{-2}、70.9g（CO_2-C）·m^{-2}。利用烟株有效叶片数与生态系统碳通量的模型，预测化肥处理、常规处理碳排放通量依次为 35.2g（CO_2-C）·m^{-2}、60.5g（CO_2-C）·m^{-2}。

第六章　烤烟生长期烟田生态系统碳通量研究

　　烟草作为我国重要的经济作物之一，其种植面积和总产量位居世界第一位（刘国顺，2003）。烟草常用的种植方式为垄作，相比垄间土壤，垄体土层厚，且垄体土壤施肥，必然会使垄体与垄间的土壤呼吸产生差异。虽然国内外关于农田生态系统 CO_2 通量变化的报道已有很多，但主要集中在玉米、水稻、小麦等农田生态系统上（Saito et al.，2005；Moureaux et al.，2008；Jans et al.，2010），农田土壤呼吸和生态系统碳收支亦是如此。而关于烟田生态系统 CO_2 通量变化报道较少，王树键等（2013a）研究了烟田生态系统日间 CO_2 通量变化，并未做24h的日通量及生长季动态变化研究，而关于烟田土壤呼吸和碳收支方面的研究还鲜有报道。因此，深入开展烟田生态系统 CO_2 通量的时空变化规律和碳收支特征研究，对于评价烟田生态系统的碳源/汇功能，制订烟田生态系统固碳减排措施具有重要意义。

　　鉴于此，本研究以恩施州烟区的典型黄棕壤烟田为研究对象，利用静态箱—红外 CO_2 分析法观测了在烟草主要生育时期的烟田生态系统 CO_2 通量日变化特征，研究了不同施肥条件下烟田土壤呼吸及其组分的季节性变化，探讨了土壤—作物系统 CO_2 通量及土壤呼吸通量对环境/生物因子的响应，有助于阐明烟田生态系统碳循环规律及其影响机制。

第一节　生长期烟田生态系统碳通量变化特征
及影响因子分析

一、材料与方法

试验地位于湖北省恩施市"清江源"现代烟草农业科技园区望城坡村

（30°19′N，109°25′E），海拔 1 203m，属于亚热带季风和季风性湿润气候，多年平均气温 13.3℃，年降水量 1 435mm。区域土壤为黄棕壤，pH 值为 6.9，容重 1.1g·cm^{-3}，有机质含量 11.1g·kg^{-1}，碱解氮含量 85.6mg·kg^{-1}，速效磷含量 22.7mg·kg^{-1}，速效钾含量 118.7mg·kg^{-1}。

试验供试品种为'云烟 87'，采用"井窖式"小苗移栽。株距×行距为 0.55m×1.2m，垄高为 0.25m，垄宽为 0.6m。施肥情况为当地常规施肥，即有机无机肥混施，70%化肥氮+30%有机氮。纯氮用量为 120kg·hm^{-2}，m（N）：m（P$_2$O$_5$）：m（K$_2$O）＝1∶1.5∶3，70%的氮肥和钾肥及 100%磷肥用作垄底基肥，然后起垄，30%氮肥和钾肥用于移栽后 30d 左右结合培土进行追肥。在烟草团棵期、旺长期、平顶期、采收期和采收结束后共计 5 个时期中天气晴朗的一天，分别测定烟田生态系统 CO_2 通量的日变化。

（一）采样箱的设计

本研究中 CO_2 通量的测定采用静态箱—红外 CO_2 分析法。静态箱有测定垄体—烟株系统 CO_2 通量的透明箱、测定垄体土壤呼吸的暗箱和测定垄间土壤呼吸的暗箱。箱体的设计参考了前人（朱咏莉等，2005；蔡艳等，2006；梁尧等，2012）设计的静态箱，并根据垄作作物特征进行了改进。透明箱的尺寸为 55cm×60cm×165cm，60cm 面基座底面设计为马鞍形，可跨埋在垄体上；用于测定垄体土壤呼吸的暗箱尺寸为 55cm×60cm×55cm，同样 60cm 箱体面底部为马鞍形，可跨埋在垄体上；用于测定垄间土壤呼吸的暗箱尺寸为 55cm×60cm×30cm，箱体底部无马鞍形设计。透明箱和暗箱均为自制，透明箱体四周及顶部为透明有机玻璃，暗箱采用不透明塑料板制成，箱体框架均为不锈钢，箱体均用硅胶垫密封并通过水压测试。箱顶都装有 1 个直径 15cm 的风扇（12V 电池供电）用来混匀气体，透明箱体一侧上部和暗箱箱体顶部都有分析仪和温度计插口（硅胶密封），并通过水压测试。

（二）生态系统 CO_2 通量的测定

在测定的前一天，选出试验田中生长势均匀具有田间代表性的 3 棵烟株，在以烟株为中心的土壤上挖 55cm×60cm、深度为 10cm 的方形凹槽，用于测定垄体—烟株 CO_2 通量。同时，在烟株相邻垄间土壤上挖取同样的大小与深度的凹槽，用于测定垄间土壤 CO_2 通量。在尽量不扰动土壤的前提下，去除凹槽域表面杂草。翌日测定时将透明箱与暗箱分别罩在选定的垄体（含1棵烟株）及垄间土壤上，并将箱体基座插入凹槽内，然后用土填满箱体与土壤的接触缝隙并压实，以隔绝箱内气体与箱外大气间的交换。测定前开动箱顶风扇，使箱内气体混匀。再连接便携式红外 CO_2 分析仪（型号为 ST-303，广州市盈翔嘉仪器仪表有限公司），间隔 2h 测定 1 次箱内 0min、5min、10min CO_2 浓度，重复测定 3 次。测定 CO_2 浓度的同时，使用 JM624 数字温度计（天津今明有限公司）测量箱体内及 10cm 土壤温度，0~10cm 的土壤含水量使用 TSZ-1 水分速测仪（武汉天联科教仪器发展有限公司）测量。5 个不同烟草生育时期测定日期分别为团棵期、旺长期、平顶期、采收期和采收结束。

（三）数据的处理与分析

所有数据的整理使用 Excel 2007，单因素方差分析及相关性分析均在 SAS 9.2 下进行，多重比较采用 LSD 法。

1. CO_2 通量的计算

垄体—烟株系统 CO_2 通量与土壤呼吸通量的计算公式为（乔云发等，2007；赵峥等，2014）：

$$F = \rho \times H \times 273 / (273 + T) \times P / P_0 \times dC_t / d_t \qquad （式6.1）$$

式中，F 为 CO_2 通量，单位为 $mg \cdot m^{-2} \cdot h^{-1}$；$\rho$ 为标准状态下 CO_2 密度，即 $1.963 g \cdot L^{-1}$；H 为箱体有效高度（m）；P_0 为标准状态下的大气压（$1.01 \times 10^5 Pa$）；P 和 T 为测定时箱内的实际气压和气温；dC_t / d_t 为单位时间（h）箱内气体浓度（$\mu L \cdot L^{-1}$）的变化量。通量值为正，表现为向大气中排放 CO_2，反之，表现为从大气中吸收 CO_2，通量值为负。

2. CO_2 通量与温度的相关性分析

采用指数模型进行回归分析，公式为（Li et al., 2006；Zhang et al., 2013；张俊丽等，2013）：

$$y = ae^{bT} \qquad （式6.2）$$

$$Q_{10} = e^{10b} \qquad （式6.3）$$

式中，y 为 CO_2 通量，单位为 $mg \cdot m^{-2} \cdot h^{-1}$，$T$ 为温度（℃），b 为温度反应系数，Q_{10} 为土壤呼吸对温度的敏感性指标。

二、结果与分析

（一）垄体—烟株系统碳通量日变化特征

由图 6-1 可以看出，各生育时期（采收结束后除外）垄体—烟株系统 CO_2 通量变化规律基本一致，日间通量值主要为负，夜间为正，通量变化呈"U"形分布。7:00 左右通量值出现负值，表明系统开始从大气中净吸收 CO_2，随着太阳角度的升高，光辐射的增强，烟株光合能力迅速增加，12:00 左右通量值达到最小，说明此时系统净吸收 CO_2 速率最大。下午则随着光照强度的不断降低，光合作用也逐步减弱，通量值逐渐增大。19:00 左右通量值为 0，说明此时光合作用与呼吸作用达到动态平衡状态。19:00—7:00（次日）通量值为正，通量变化幅度较稳定。采收结束后 CO_2 通量值昼夜均为正，说明此时 CO_2 通量主要来源于土壤的呼吸作用。

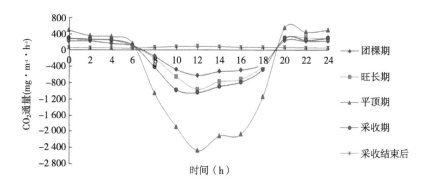

图 6-1 垄体—烟株系统 CO_2 通量日变化

（二）垄间土壤碳通量日变化特征

由图 6-2 可以看出，各生育时期垄间土壤呼吸通量日变化规律较为一致，总体变化呈单峰形，夜间土壤呼吸通量基本维持在较低水平，6:00 左右，开始随着气温与土壤温度的变化，土壤 CO_2 通量呈先增后缓慢降低的趋势，各个生育时期的土壤 CO_2 通量高峰一般出现在 14:00 左右，这与当地最高气温出现的时间一致。

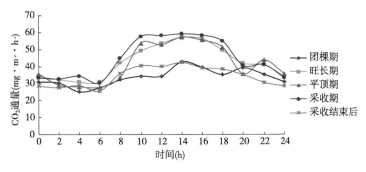

图 6-2　垄间土壤 CO_2 通量日变化

（三）不同生育时期烟田生态系统碳通量日变化特征

综合以上分析，整个烟田生态系统 CO_2 通量可以用垄体烟株系统 CO_2 通量与垄间土壤 CO_2 通量观测值之和来表示。由图 6-3 可以看出，不同生育时期烟田生态系统 CO_2 通量的日变化特征与垄体—烟株系统趋于一致。烟田生态系统 CO_2 通量日变化幅度在不同生育时期中存在一定差异，其中烟草团棵期时叶面积指数较小，光合与呼吸作用都较弱，CO_2 通量日变化幅度较小，仅为 $-583.15 \sim 281.31 mg \cdot m^{-2} \cdot h^{-1}$。随着烟草进入旺长期，此时 CO_2 通量日变化幅度较团棵期时有所增大，为 $-904.55 \sim 354.71 mg \cdot m^{-2} \cdot h^{-1}$，其中 CO_2 吸收峰值是团棵期的 1.55 倍。平顶期时 CO_2 通量日变化幅度最大，达到 $-2\ 419.48 \sim 594.82 mg \cdot m^{-2} \cdot h^{-1}$。采收期时（平均剩余 9.3 片叶）$CO_2$ 通量日变化幅度为 $-983.34 \sim 350.28 mg \cdot m^{-2} \cdot h^{-1}$，吸收峰值明显小于平顶期而略大于旺长期。烟叶采收结束后，生态系统全天表现为 CO_2 的净排放，排放速率变化幅度较为平稳。

（四）夜间垄体—烟株系统呼吸对温度的响应

对不同生育时期夜间垄体—烟株系统呼吸通量与气温和 10cm 土壤温度之间分别进行指数方程回归分析，结果表明夜间系统呼吸通量与各温度因子间均呈显著的正相关（$P<0.01$）（表 6-1）。气温和 10cm 土壤温度可以分别解释夜间垄体—烟株系统呼吸变化的 $37.1\% \sim 58\%$ 和 $41.3\% \sim 66.4\%$，不同时期呼吸通量与温度的回归决定系数 R^2 和温度间敏感性 Q_{10} 值表现不同，团棵期呼吸通量与气温的回归决定系数 R^2 和 Q_{10} 值较大，而其他 4 个时期，呼吸通量则与

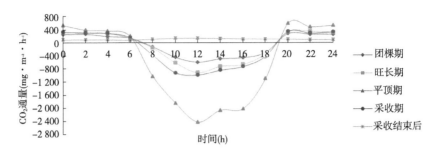

图 6-3　不同生育时期烟田生态系统 CO_2 通量日变化

10cm 土壤温度表现出较高的 R^2 和 Q_{10} 值，说明团棵期时的气温和另外 4 个时期的 10cm 土壤温度能分别较好地反映夜间垄体—烟株系统呼吸通量变化。

表 6-1　不同生育时期夜间垄体—烟株系统 CO_2 通量与温度的关系

生育时期	参数	拟合方程	决定系数 R^2	P	Q_{10}
团棵期	气温	$y=53.644e^{0.067T}$	0.580	＊＊	1.89
	10cm 地温	$y=69.713e^{0.050T}$	0.413	＊＊	1.65
旺长期	气温	$y=194.59e^{0.017T}$	0.443	＊＊	1.15
	10cm 地温	$y=100.19e^{0.044T}$	0.472	＊＊	1.55
平顶期	气温	$y=43.148e^{0.112T}$	0.453	＊＊	3.09
	10cm 地温	$y=22.309e^{0.149T}$	0.561	＊＊	4.44
采收期	气温	$y=165.21e^{0.018T}$	0.371	＊＊	1.19
	10cm 地温	$y=62.348e^{0.065T}$	0.459	＊＊	1.93
采收结束后	气温	$y=35.879e^{0.040T}$	0.422	＊＊	1.48
	10cm 地温	$y=17.789e^{0.076T}$	0.664	＊＊	2.14

注：＊＊为相关性显著水平（$P<0.01$），下同。

（五）垄间土壤呼吸对土壤温湿度的响应

对垄间土壤呼吸通量与土壤温度和湿度分别进行指数方程和一元线性方程回归分析，结果如表 6-2 所示。不同生育时期土壤呼吸通量日变化与土壤温度均呈显著的正相关（$P<0.01$），随着 10cm 土壤温度的增加，土壤呼吸通量呈指数增加趋势，10cm 地温可以解释土壤呼吸通量变化的 56.2%~68.6%，Q_{10} 变化范围为 1.68~2.53。而 0~10cm 土壤湿度与土壤呼吸通量日变化间无显著的相关性，说明土壤温度是影响垄间土壤呼吸通量日变化的主要因素，而不是

土壤湿度。

表 6-2　不同生育时期垄间土壤 CO_2 通量与土壤温度和湿度的关系

生育时期	参数	拟合方程	决定系数 R^2	P	Q_{10}
团棵期	10cm 地温	$y=11.565e^{0.052T}$	0.594	＊＊	1.68
	0~10cm 含水量	$y=aW+b$	0.171	0.19	
旺长期	10cm 地温	$y=6.567e^{0.081T}$	0.661	＊＊	2.25
	0~10cm 含水量	$y=aW+b$	0.193	0.15	
平顶期	10cm 地温	$y=4.319e^{0.079T}$	0.579	＊＊	2.20
	0~10cm 含水量	$y=aW+b$	0.371	0.07	
采收期	10cm 地温	$y=6.055e^{0.093T}$	0.686	＊＊	2.53
	0~10cm 含水量	$y=aW+b$	0.009	0.86	
采收结束后	10cm 地温	$y=7.300^{0.071T}$	0.562	＊＊	2.04
	0~10cm 含水量	$y=aW+b$	0.210	0.12	

三、讨论

由于烟草典型的垄作栽培模式，使得烟田中垄间土壤和垄体—烟株系统 CO_2 通量有着明显的差异。本试验研究表明，垄体—烟株系统 CO_2 通量是整个烟田生态系统 CO_2 通量的主要贡献者，这与王树键（2013）的研究结果一致。前人（王尚明等，2011；梁涛等，2012）的研究发现，农作物在生长较旺盛时期，农田生态系统 CO_2 通量有着明显的日变化特征，总体呈"U"形分布，峰值一般出现在 12：00 左右，这与本试验的研究结果一致。王树键等（2013b）研究的烟田生态系统系统 CO_2 日吸收峰值一般出现在 11：30—13：30，这与本试验结果接近。而其研究认为烟田生态系统 CO_2 通量在 16：30 趋向于零，与本试验结果略有不同。可能的原因是：前者研究时期仅为烟草采收时期，随着叶面积指数的降低，光合能力逐渐减弱，加上夏季土壤呼吸速率较高，导致在 16：30 出现通量为零；而本试验研究时期为烟草生长期中的团棵期、旺长期、平顶期和采收期（叶面积指数大于旺长期），在 16：30 时光合能力尚高于系统呼吸能力，因此 CO_2 通量为零时间比前者的结果推迟，与郭家选等（2006）、朱咏莉等（2007b）、王尚明等（2011）研究发现在土壤和植被的呼吸作用与植被的光合作用达到平衡的时间（6：00—8：00 和 18：00—

18∶30)结果基本一致。研究（韩广轩等，2008a；刘博等，2010）表明，农田土壤 CO_2 排放通量日变化表现为白天高、夜间低的单峰形，峰值出现在一般出现在 13∶00—15∶00，这与本试验垄间土壤呼吸通量规律基本一致。刘博等（2010）研究麦田 CO_2 排放峰值为 148.19mg · m^{-2} · h^{-1}，要高于本试验 59.27mg · m^{-2} · h^{-1}，主要原因为前者土壤含有小麦根系和施肥，而本试验垄间土壤无烟草根系和施肥，且烟田垄间土壤土层较薄等综合因素导致了差异（孙文娟等，2004；Ding et al.，2007）。

随着作物的生育期进程，不同生育时期生态系统 CO_2 通量的变化范围不同，一般表现为旺盛生长期大于生长初期和生长后期（Saito et al.，2005；李琪等，2009）。如张掖灌区玉米农田生态系统表现为灌浆期>拔节期>成熟期>苗期（张蕾等，2014），李琪等（2009）研究的稻田生态系统表现为拔节期>分蘖期>乳熟期>抽穗期>孕穗期。本试验中，烟草不同生育时期生态系统 CO_2 通量日变化幅度大小为平顶期>采收期>旺长期>团棵期>采收结束后。平顶期(7月16日)为烟株生长的最旺盛时期，烟田生态系统 CO_2 通量达到峰，为-2 419.48mg · m^{-2} · h^{-1}，且气温较高夜间呼吸通量也达到峰值，为 594.82mg · m^{-2} · h^{-1}。梁涛等（2012）的研究发现，玉米农田中7月和8月 CO_2 吸收为全生育期中较大月份，最大时期日吸收峰值出现在7月；李双江等（2007）的研究结果表明，麦田生态系统 CO_2 通量变化幅度最大时期出现在小麦拔节孕穗期；王尚明等（2011）的研究结果表明，稻田生态系统 CO_2 日变化幅度最大时期出现在水稻拔节期。这些研究结果均与本试验结果一致。采收期（8月21日）CO_2 吸收峰值明显小于平顶期，原因为平顶期后叶片从下而上开始逐渐成熟，并被渐次采收，观测时平均剩余9.3片叶，叶面积指数的大幅度降低，从而造成光合能力明显降低，吸收峰值降低。而其吸收峰值略大于旺长期，其原因一方面是采收期的叶面积指数和光合能力尚大于旺长期，另一方面可能是旺长期正值当地的雨季，多云的天气太阳辐射有所减弱，也会造成 CO_2 的吸收峰值有所减弱（朱咏莉等，2005），从而导致旺长期的日间 CO_2 通量测量值偏小。团棵期 CO_2 通量变化幅度较小，主要原因为团棵期生长较弱，烟草光合能力和夜间呼吸能力均较低。

四、结论

垄体—烟株系统 CO_2 通量变化具有明显的日变化特征，呈"U"形曲线型分布，日间吸收 CO_2 峰值出现在 12:00 左右，夜间系统呼吸通量变化与温度呈显著的正相关。垄间土壤呼吸通量日变化呈单峰形分布，夜间通量变化较稳定，日间呼吸通量主要随着温度的波动而变化，峰值出现在 14:00 左右，土壤呼吸通量与土壤温度有着显著的正相关。烟田生态系统 CO_2 通量日变化特征与垄体—烟株系统一致，变化范围在不同生育时期之间存在一定差异，其中平顶期生态系统 CO_2 通量变化幅度最大，为 $-2\,419.48 \sim 594.82 \mathrm{mg} \cdot \mathrm{m}^{-2} \cdot \mathrm{h}^{-1}$。

第二节　生长期不同施肥烟田土壤呼吸差异分析

一、材料与方法

（一）试验点概况

试验地位于湖北省恩施市"清江源"现代烟草农业科技园区望城坡村（30°19′N，109°25′E），海拔 1 203m，属于亚热带季风和季风性湿润气候，多年平均气温 13.3℃，年降水量 1 435mm（图6-4）。区域土壤为黄棕壤，pH 值为 6.9，容重 1.1g·cm^{-3}，有机质含量 11.1g·kg^{-1}，碱解氮含量 85.6mg·kg^{-1}，速效磷含量 22.7mg·kg^{-1}，速效钾含量 118.7mg·kg^{-1}。

（二）试验方法

试验设 3 种施肥处理，分别为不施肥（CK）、单施化肥（NPK）和化肥配施有机肥（NPKOM，70%化肥氮+30%有机氮），每个处理 3 次重复，采取随机区组排列，小区面积为 11m×4.8m。施肥量为纯氮 120kg·hm^{-2}，m（N）：m（P$_2$O$_5$）：m（K$_2$O）=1:1.5:3，70%的氮肥和钾肥及 100%的磷肥用作垄底基肥，然后起垄，剩余 30%的氮肥和钾肥用于移栽后 30d 左右结合培土进行追肥。供试品种为'云烟87'，采用"井窖式"小苗移栽，株距×行距为 0.55m× 1.2m，垄高为 0.25m，垄宽为 0.6m。

图6-4 烟田土壤呼吸差异研究试验田

（三）数据测定与分析

1. 土壤呼吸组分的分离测定

为了精确估算垄体土壤呼吸中根系呼吸的贡献，采用根排除法区分垄体土壤呼吸中的根系自养呼吸与土壤微生物异养呼吸。根排除法计算原理（Fu and Cheng, 2002；蔡艳等, 2006；张赛等, 2014a）为：根系呼吸＝带根土壤呼吸－无根土壤呼吸。

操作方法为：在每个小区中选取1行垄体土壤，进行相同的施肥处理而不移栽烟苗，各小区中垄体无根土壤呼吸即为垄体土壤微生物异养呼吸。

2. 土壤呼吸及其组分的测定

测定的前一天，每个小区选出具有田间代表性的3棵烟株（垄体土壤）和3处垄体无根土壤、垄间土壤，在尽量不扰动土壤的前提下，去除垄体土壤表面杂草，以烟株为中心挖60cm×55cm、深度为10cm的方形凹槽，经过24h平衡后开始土壤呼吸的测定。具体操作步骤如下：测定垄体土壤呼吸时，先沿垄体土壤表面剪断烟株茎基部，再将静态箱插入方形凹槽内，然后用土填满箱体与土壤的接触缝隙并压实，以起到密封的效果。测定前开动箱顶风扇，使箱内气体混匀，再连接红外 CO_2 分析仪，在 0～5min 内间隔 1min 测定一次箱内 CO_2 浓度，重复测定 3 次。土壤呼吸测定的同时同步测定箱体内气温及 5cm、10cm 土壤温度以及 0～10cm 土壤含水量。土壤微生物呼吸和垄间土壤呼吸的测定与垄体土壤呼吸操作一致（图 6-5 和图 6-6）。整个烟草生长期土壤呼吸的测定，从移栽后每隔 7d 测定 1 次，直到烟叶成熟并采收结束，若出现连续下雨天测定时间可适当推迟或提前，测定时间统一为 9：00—11：00，且每次测定时各小区顺序保持一致。

图 6-5　烟田土壤呼吸测定

3. 生长期土壤累计呼吸量的估算

计算公式为（乔云发等，2007；梁尧等，2012；Zhang et al.，2013）：

$$M = \sum (F_{i+1} + F_i)/2 \times (t_{i+1} - t_i) \times 24 \times 10^{-3}　　　　（式 6.4）$$

式中，M 为土壤累计呼吸量，单位为 $kgC \cdot hm^{-2}$；F 为土壤呼吸通量，单位 $mgC \cdot m^{-2} \cdot h^{-1}$；$i$ 为测定次数；t 为采样时间即移栽后天数，单位 d。

二、结果与分析

（一）垄体土壤呼吸动态

在烟草生长期，垄体土壤呼吸速率动态特征如图 6-7 所示。不同施肥处理

图 6-6 烤烟光合作用测定

土壤呼吸速率变化规律基本一致，变化规律呈"M"形。烟苗移栽后，随着烟草生长时间的延长，土壤呼吸速率呈逐渐增大的趋势，在移栽后 81d 与 107d 出现峰值，之后土壤呼吸速率呈下降趋势，直至烟叶收获结束。NPK 和 NPKOM 处理的土壤呼吸速率变化范围比较接近，分别为 38.92 ~ 260.85 mgC·m^{-2}·h^{-1}和 46.51 ~ 256.75mgC·m^{-2}·h^{-1}，CK 处理变化范围较小，为 31.46 ~ 155.63mgC·m^{-2}·h^{-1}。统计分析结果表明，烟草还苗期（移栽后 14d 内）各处理间垄体土壤呼吸速率无显著差异（$P>0.05$），其后生长期 NPK 与 NPKOM 处理之间无显著差异，但显著高于 CK 处理（$P<0.01$）。

在整个烟草大田生长期 132d 内（4 月 30 日移栽，9 月 8 日收获结束），不同施肥处理下垄体土壤呼吸累计碳排放量如图 6-8 所示，NPK 和 NPKOM 处理分别为 466.4gC·m^{-2}、449.11gC·m^{-2}，两者之间无显著差异，但显著大于 CK 处理，分别是 CK 处理（294.17gC·m^{-2}）的 1.59 倍和 1.53 倍。

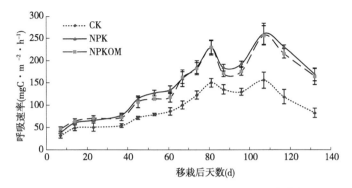

图6-7　不同施肥处理下垄体土壤呼吸速率的动态

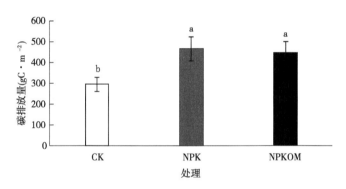

图6-8　垄体土壤呼吸累计碳排放量

(二) 垄体土壤微生物呼吸动态

在烟草生长期，垄体土壤呼吸速率动态特征如图6-9所示。各处理土壤微生物呼吸速率有着一致的变化规律，但变化趋势没有垄体土壤呼吸速率那么明显，其原因是土壤微生物呼吸主要受土壤温湿度的影响（乔云发等，2007）。NPK和NPKOM处理土壤微生物呼吸速率变化范围接近，分别为30.12～116.46mgC·m^{-2}·h^{-1}和36.12～128.91mgC·m^{-2}·h^{-1}，CK处理土壤微生物呼吸速率变化范围为22.03～73.19mgC·m^{-2}·h^{-1}。

在整个烟草大田生长期，垄体土壤微生物呼吸累计碳排放量所图6-10所示。可知施肥较不施肥显著提高了土壤微生物呼吸碳排放量，而NPK和NPKOM处理间差异不显著。

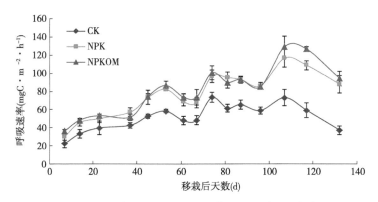

图 6-9　不同施肥处理下垄体土壤微生物呼吸速率动态

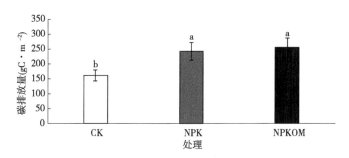

图 6-10　垄体土壤微生物呼吸累计碳排放量

（三）根系呼吸对土壤呼吸贡献率的变化

不同施肥处理下根系呼吸对垄体土壤呼吸的贡献率在各生育时期的变化如表 6-3 所示。随着生育时期的进程根系呼吸速率呈增大趋势，占土壤呼吸的比例也呈增大的趋势（除了 CK 处理伸根期）。在烟草生长期，CK 处理根系呼吸速率变化范围为 $10.95 \sim 66.23 mgC \cdot m^{-2} \cdot h^{-1}$，占土壤呼吸的 $23.6\% \sim 52.2\%$；NPK 处理根系呼吸速率变化范围为 $10.26 \sim 111.39 mgC \cdot m^{-2} \cdot h^{-1}$，占土壤呼吸的 $23.2\% \sim 53.4\%$；NPKOM 处理根系呼吸速率变化范围为 $11.76 \sim 96.66 mgC \cdot m^{-2} \cdot h^{-1}$，占土壤呼吸的 $23.1\% \sim 48.3\%$。整个烟草大田生长期根系呼吸占土壤总呼吸的比例均值，CK、NPK 和 NPKOM 处理分别为 45.1%、47.8% 和 42.8%。

表6-3　烟草生长期中根系呼吸占土壤呼吸的比例

处理	生育时期	土壤呼吸速率 （gC·m⁻²·h⁻¹）	微生物呼吸速率（gC·m⁻²·h⁻¹）	根系呼吸速率（mgC·m⁻²·h⁻¹）	根系呼吸作用比例（%）
CK	还苗期	35.80	24.85	10.95	30.6
	伸根期	54.34	41.50	12.84	23.6
	旺长期	82.93	52.60	30.33	36.6
	成熟期	126.87	60.64	66.23	52.2
	全生育期	92.86	51.01	41.85	45.1
NPK	还苗期	44.25	33.99	10.26	23.2
	伸根期	75.55	54.90	20.65	27.3
	旺长期	131.94	74.38	57.56	43.6
	成熟期	208.75	97.37	111.39	53.4
	全生育期	147.22	76.84	70.38	47.8
NPKOM	还苗期	50.93	39.17	11.76	23.1
	伸根期	75.06	54.69	20.38	27.1
	旺长期	120.95	78.47	42.47	35.1
	成熟期	200.18	103.52	96.66	48.3
	全生育期	141.76	81.05	60.71	42.8

（四）垄间土壤呼吸动态

不同小区垄间土壤呼吸速率理论上无显著差异，因此本试验中以各小区平均值作为研究对象。由图6-11可知，烟草生长期垄间土壤呼吸速率变化较小，且呼吸速率维持在较低水平，变化范围仅为 $6.78 \sim 13.30 mgC·m^{-2}·h^{-1}$。其可能的原因为垄间土壤无烟草根系，土壤呼吸主要为土壤微生物呼吸，且垄间土壤未被施肥，较为贫瘠，加上土壤土层较薄，土壤透气性也较差等综合因素导致土壤微生物活性较低，从而导致垄间土壤呼吸速率较低。

（五）垄体土壤呼吸与土壤温湿度的关系

在烟草生长期，垄体土壤呼吸与土壤温度和湿度的关系，分别采用指数模型和一元线性方程回归分析，结果如表6-4所示。垄体土壤呼吸速率与5cm和10cm地温均呈显著正相关，随着土壤温度的增加，土壤呼吸速率呈指数增加趋势，5cm和10cm地温可以分别解释土壤呼吸变化的 60.4%～67.6% 和 67.9%～76.1%，不同深度土壤温度 Q_{10} 值大小均表现为10cm地温>5cm地温，

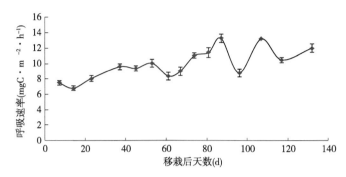

图 6-11　烟草生长期垄间土壤呼吸速率动态

同一地温不同施肥处理 Q_{10} 值大小表现为：NPK>NPKOM>CK。表明 10cm 地温较 5cm 地温对土壤呼吸速率的影响更深刻，可以更好地解释土壤呼吸速率变化；施化肥和化肥配施有机肥可以增加土壤呼吸的温度敏感性。而土壤呼吸速率与土壤湿度间无显著的一元线性关系（$P>0.05$）。说明土壤温度是影响垄体土壤呼吸变化的主要影响因素。

表 6-4　土壤呼吸速率与土壤温度和湿度的相关性及温度敏感性系数 Q_{10}

处理	参数	拟合方程	决定系数 R^2	P	Q_{10}
CK	5cm 地温	$y=11.826e^{0.096T}$	0.604	＊＊	2.62
	10cm 地温	$y=8.628e^{0.113T}$	0.679	＊＊	3.10
	0~10cm 含水量	$y=aW+b$	0.098	0.27	
NPK	5cm 地温	$y=13.006e^{0.114T}$	0.676	＊＊	3.12
	10cm 地温	$y=9.521e^{0.133T}$	0.730	＊＊	3.77
	0~10cm 含水量	$y=aW+b$	0.086	0.31	
NPKOM	5cm 地温	$y=14.822e^{0.105T}$	0.630	＊＊	2.86
	10cm 地温	$y=10.490e^{0.126T}$	0.761	＊＊	3.37
	0~10cm 含水量	$y=aW+b$	0.208	0.10	

（六）垄体土壤呼吸与根系生物量的关系

在整个烟草生长期，对不同施肥处理下垄体土壤呼吸速率和根系生物量进行多元非线性方程回归分析，结果如图 6-12 所示。CK、NPK 和 NPKOM 处理土壤呼吸速率（y）与根系生物量（x）均呈显著的抛物线型关系，决定系数 R^2 分别为 0.868、0.858 和 0.842，烟苗移栽后至平顶期（移栽后 87d 内），土壤呼吸速率随根系生物量的增加而增大，而在烟叶采收期（移栽后 87 ~ 132d）土壤呼吸速率随根系生物量的增加呈减小的趋势。

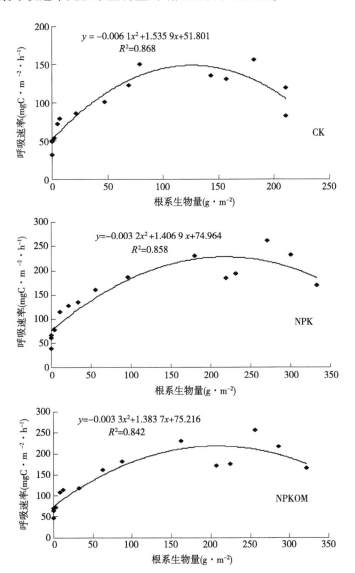

图 6-12　不同施肥处理根系生物量与土壤呼吸速率的关系

（七）垄体土壤微生物呼吸与土壤温湿度的关系

通过对垄体土壤微生物呼吸速率与土壤温度和湿度分别进行指数和一元线性回归方程拟合，结果如表6-5所示。不同施肥处理下土壤微生物呼吸速率与5cm和10cm地温均呈显著的正相关，随土壤温度的增高而增大。5cm和10cm地温可以分别解释土壤微生物呼吸变化的41.2%～63.6%和46.8%～71%，10cm地温 Q_{10} 值大于5cm处，同一地温NPK和NPKOM处理 Q_{10} 值接近，且大于CK处理。不同施肥处理下土壤微生物呼吸速率与土壤湿度间无显著的一元线性关系（$P>0.05$），说明土壤温度是影响垄间土壤微生物呼吸变化的主要影响因素。

表6-5　土壤微生物呼吸速率与土壤温度和湿度的相关性及温度敏感性系数 Q_{10}

处理	参数	拟合方程	决定系数 R^2	P	Q_{10}
CK	5cm 地温	$y=16.261e^{0.0540T}$	0.412	＊＊	1.71
	10cm 地温	$y=14.240e^{0.062T}$	0.468	＊＊	1.85
	0～10cm 含水量	$y=aW+b$	0.199	0.11	
NPK	5cm 地温	$y=15.255e^{0.076T}$	0.614	＊＊	2.14
	10cm 地温	$y=11.880e^{0.091T}$	0.689	＊＊	2.48
	0～10cm 含水量	$y=aW+b$	0.070	0.36	
NPKOM	5cm 地温	$y=14.838e^{0.077T}$	0.636	＊＊	2.16
	10cm 地温	$y=12.861e^{0.086T}$	0.710	＊＊	2.36
	0～10cm 含水量	$y=aW+b$	0.235	0.08	

（八）垄间土壤呼吸与土壤温湿度的关系

在烟草生长期，垄间土壤呼吸与土壤温度和湿度间关系如表6-6所示。结果表明垄间土壤呼吸速率与5cm和10cm地温均呈显著的正相关，5cm和10cm地温可以分别解释垄间土壤呼吸变化的65.1%～77.1%，而0～10cm土壤湿度与土壤呼吸速率间无显著的相关性，说明土壤温度是垄间土壤呼吸变化的主要因素，而不是土壤湿度。

表6-6　垄间土壤呼吸速率与土壤温度和湿度的相关性及温度敏感性系数 Q_{10}

参数	拟合方程	决定系数 R^2	P	Q_{10}
5cm 地温	$y=5.860e^{0.051T}$	0.651	＊＊	1.66
10cm 地温	$y=3.019e^{0.057T}$	0.771	＊＊	1.77

（续表）

参数	拟合方程	决定系数 R^2	P	Q_{10}
0~10cm 含水量	$y=aW+b$	0.271	0.09	

三、讨论

（一）施肥对土壤呼吸的影响

前人研究结果表明，施肥可以增加土壤呼吸底物，还可以促进根系生长及其分泌物增多，进而可以促进根系呼吸和土壤微生物分解活动（张东秋等，2005；Ding et al.，2007）。在烟草整个生长期，土壤呼吸速率均值和土壤呼吸累计碳排放量表现为 NPK 和 NPKOM 处理显著高于 CK 处理，这与前人（Ding et al.，2007；乔云发等，2007；高会议等，2009）的研究结果一致。而在还苗期 3 种施肥处理的土壤呼吸速率无显著差异，其原因可能是该时期根系较小，生长较弱，土壤呼吸主要来源于土壤微生物呼吸而非根系呼吸，同时土壤温度作为主要影响因子，减弱了施肥的效应（Ding et al.，2010；张蛟蛟等，2013）。乔云发等（2007）的研究表明，不同施肥处理下，玉米生长期 NPK+OM、NPK 和 CK 处理土壤累计呼吸量分别为 503.5gC·m^{-2}、408.6gC·m^{-2} 和 291.6gC·m^{-2}，这与本试验 NPK、NPKOM 和 CK 处理下烟草生长期土壤累计呼吸量分别为 466.4gC·m^{-2}、449.1gC·m^{-2} 和 294.2gC·m^{-2} 的结果基本一致，说明玉米农田土壤与烟田土壤在作物生长期土壤累计呼吸量接近。不同之处在于前者研究结果表明 NPK+OM 处理要显著高于 NPK 和 CK 处理，其原因是 NPK+OM 处理对玉米生长的效果要好于 NPK，且有机肥的添加增加了土壤中有机质的数量和土壤微生物的活性。而本试验中，NPK、NPKOM 处理显著大于 CK 处理，但 NPK 和 NPKOM 处理间差异不显著，可能原因是本试验中 NPK 和 NPKOM 是等氮量处理，其处理对烟株根系生物量差异不明显，而土壤呼吸受土壤温度和根系生物量、微生物活性、施肥量等综合因素的显著影响（张蛟蛟等，2013）。刘晓雨等（2009）、赵峥等（2014）的研究结果表明，在等氮条件下，施化肥（NPK）与化肥配施有机肥（NPKOM）处理农田土壤呼吸累计碳排量的差异不显著，这与本试验研究的结果一致。

（二）土壤温度和湿度对土壤呼吸的影响

农田土壤呼吸通量的日变化主要受土壤温度的影响，而生长期呼吸通量的影响因素通常由水热因子、作物生长和农业管理活动等共同影响（韩广轩等，2008b）。温度不仅影响土壤微生物活性和有机质的分解，而且也影响根系的生长与活性，从而影响根系呼吸，进而影响土壤呼吸（陈述悦等，2004；韩广轩等，2008b）。在一定温度范围内，土壤呼吸速率与土壤温度之间呈正相关关系，通常采用指数模型拟合，用 Q_{10} 值表示土壤呼吸对温度的敏感性（Zhang et al.，2013；花可可等，2014；张赛等，2014a）。本试验中，垄间土壤呼吸的日变化的主要影响因素为土壤温度，这与陈述悦等（2004）的研究结果一致，原因为其他影响因子如土壤湿度、土壤理化性质和生物因子在一天内的变化相对较小（Han et al.，2007）。在不同的施肥处理下，烟草生长期垄体土壤呼吸和垄体土壤微生物呼吸变化与 5cm 和 10cm 地温均呈显著正相关，Q_{10} 值大小表现为 10cm 深度大于 5cm 深度，结果与 Tang 等（2003）、Pavelka 等（2007）研究发现的 Q_{10} 值随土壤深度的增加而增加一致。同一深度下施肥处理的 Q_{10} 值大于不施肥处理，这与底物质量和底物供应显著影响土壤呼吸及其温度敏感性有关（杨庆朋等，2011），当土壤底物的有效性增强时，土壤呼吸对温度的敏感性会升高（花可可等，2014）。

在土壤水分变化范围较小的情况下，土壤呼吸与土壤水分间无显著的线性关系，只有在土壤水分超过了田间持水力或降低到永久性萎蔫点以下时，两者才有相关性（陈全胜等，2003）。在本试验中，烟田土壤中没有发现土壤呼吸速率与土壤湿度存在显著的线性相关性，这与陈述悦等（2004）及陈书涛等（2009）在麦田中的研究结果相一致。也有研究结果表明，土壤湿度与土壤呼吸间关系不显著，而土壤温度和湿度与土壤呼吸间的复合模型比土壤温度与土壤呼吸间相关性大（张俊丽等，2013；韩广轩等，2008b）。

（三）根系生物量对土壤呼吸的影响

关于烟草根系生物量与垄间土壤呼吸速率的关系，在烟苗移栽后至平顶期（移栽后81d），土壤呼吸速率随根系生物量的增加而增大，这是因为地上光合产物向地下输送，促进根系生长，从而直接促进了根系的生长呼吸，并通过根系分泌物间接促进了土壤微生物的呼吸（杨兰芳和蔡祖聪，2005）采收期根系生物量较大，而此时土壤呼吸速率整体呈下降趋势，这与邓爱娟等（2009）研究麦田土壤呼吸速率变化的结果相一致。其原因是随着烟叶采收，地上部植株的光合能力逐渐减弱，根系生长较平顶期缓慢，土壤温度在根系生物量相对稳定的基础上，成为土壤呼吸速率变化的主要影响因素（韩广轩等，2006）。因此，垄间土壤呼吸速率可能受到土壤温度及根系发育之间的协同影响，这与韩广轩等（2006）研究的水稻生长期土壤呼吸的结果一致。

（四）根系呼吸对土壤呼吸的贡献率

根排除法是一种间接测定根系呼吸对土壤呼吸贡献的方法，因其简单、便于操作和破坏性小，在不同生态系统中被广泛采用（任志杰等，2014）。张赛等（2014a）采用根排除法测定麦田中根系呼吸占土壤呼吸的47.05%，蔡艳等（2006）亦采用根排除法测得玉米根系呼吸对土壤呼吸的贡献率在生长期均值为46%，张雪松等（2009）利用根排除法对华北平原冬麦生长期根系呼吸对土壤总呼吸的贡献率的研究结果为32.6%~58.1%。本研究采用相同方法测得不同施肥处理下烟草生长期根系呼吸占垄体土壤呼吸的42.8%~47.8%，这与前人研究的结果相近，也与^{13}C同位素技术研究的结果20%~48%（寇太记等，2011）相符。陈敏鹏等（2013）综述了不同生态系统土壤呼吸组分分离技术，指出农田生态系统根呼吸对土壤呼吸的平均贡献率一般不到50%。也有研究报道，在盆栽试验中，根系呼吸占土壤呼吸的比例较高，达58%~98%（杨兰芳和蔡祖聪，2005）。

四、结论

在烟草生长期，不同施肥处理下垄体土壤呼吸速率均有着明显的动态变化，分别在移栽后81d和107d出现2个峰值。NPK和NPKOM处理较CK处理显著增加还苗期后生长期土壤呼吸速率和整个大田生长期垄体土壤与垄体土壤微生物呼吸累计碳释放量，但NPK和NPKOM处理间无显著差异。

在烟草生长期，垄体土壤呼吸速率的变化主要受土壤温度和根系生物量的协同影响，与土壤湿度无明显相关性。5cm和10cm地温可以解释土壤呼吸速率变化的60.4%~76.1%，施肥和土壤深度增加均可增加土壤呼吸的温度敏感性（Q_{10}）。在烟草生长前期，土壤呼吸速率随根系生物量的增加而增大，而采收期土壤呼吸速率变化主要受土壤温度的波动而变化。垄体土壤微生物呼吸和垄间土壤呼吸速率的变化主要受土壤温度的影响，5cm 和 10cm 地温可以分别解释垄体土壤微生物呼吸速率变化的 41.2%~71% 和垄间土壤呼吸速率变化的 65.1%~77.1%。

随着烟草生长期的进程，根系呼吸速率逐渐增大，所占土壤呼吸比例呈增大趋势（除了 CK 处理伸根期）。在整个烟草大田生长期，根系呼吸对垄体土壤总呼吸的平均贡献率 CK、NPK 和 NPKOM 处理分别为 45.1%、47.8% 和 42.8%。

第三节　生长期烟草光合固碳价值估算

植物光合作用是地球上最大规模利用太阳能，把 CO_2 和 H_2O 合成有机物并释放 O_2 的过程，它为人类、动植物及无数微生物的生命活动提供有机物、氧气和能量。因此，利用植物的固碳释氧功能可以成为减缓全球气候变化和改善人类生活环境的重要手段之一。烟草是我国重要的经济作物之一，以往人们更多关注的是其促进地方经济发展和农民脱贫致富的贡献以及吸烟与健康等方面的问题。作为一种栽培植物，其在生长发育过程中的固碳释氧功能及其经济、环境和社会价值，以往少有探究。烟草植株整个生育期中固碳释氧量有多少？烟叶生产中碳释放量又有多少？烟叶生产过程究竟是生态正效应还是负效应？弄清这些问题对正确认识烟草农业领域的生态影响具有参考价值。本研究以湖北省恩施州为例，通过测定烟株叶面积、净光合速率以及统计调查等，量化估算了烟草植株个体、群体固碳量以及烟叶生产中碳释放量，进而估算了烟草农业生产过程中的生态价值。

一、材料与方法

（一）净光合速率（P_n）测定

烤烟测定在湖北省恩施州宣恩县椒园镇水井坳村进行，白肋烟测定在湖北省恩施州"清江源"现代烟草农业科技园区进行。2 个区域平均海拔在 1 100m 左右，均代表恩施州烟叶主要种植区域。烤烟品种为'云烟87'，白肋烟品种为'鄂烟6号'，均代表恩施州烟叶主要种植品种。在以上2个区域各选择一块代表恩施州平均生产水平的烟田。在确定的烟田选择生长一致的3株烟株，每株标记中部叶（烤烟自下而上第十位叶，白肋烟自下而上第十三位叶），观察叶片全展时期。

1. 日变化

在中部叶片全展后7d左右，寻找全天晴朗无云的天气，采用美国Licor公司生产的LI-6400便携式光合测定系统测定净光合速率（P_n）日变化进程。鉴于2个测定点在大田生长期一般于7:00日出，19:00日落，21:00黑尽，因此7:00—21:00，每2h测定1次，完全采用自然条件。

2. 整个生育期变化

从叶片全展时开始每10d测定1次（如遇阴天或雨天适当调整时间），测定5次，每次取其平均值。每次于9:00—10:00进行测定，采用美国Licor公司生产的LI-6400便携式光合测定系统测定净光合速率（P_n），人工控制CO_2浓度为400μmol·mol^{-1}，温度为28℃，光照强度为1 000μmol·m^{-2}·s^{-1}。

（二）单叶固碳量

1. 光合叶面积

采用肖强的方法，用数码相机和Photoshop软件计算测定中部叶片全展时的叶面积。

2. 日固碳量

通过对7:00—19:00这一时间段P_n日变化曲线积分获得叶片的日光合总量（ΣP_n），按以下公式计算。

$$\Sigma P_n = \text{LA} \cdot \frac{1}{2}\sum_{i=1}^{n-1}(P_i + P_{i+1})t \qquad (式6.5)$$

式中，LA为单叶全展时的面积，Pi为第i次实测的净光合速率，P_{i+1}为第$i+1$次实测的净光合速率，n为测定次数，t为间隔时间。

当外界光强很弱时（低于光补偿点）P_n为负值，表现为净呼吸速率（Rd），以21时测定值为平均值，乘以黑暗时间获得日呼吸总量（ΣRd）。

$$日固碳量 = (\Sigma P_n - \Sigma Rd) \times 44 \qquad (式6.6)$$

$$日释氧量 = (\Sigma P_n - \Sigma Rd) \times 32 \qquad (式6.7)$$

3. 整个生育期固碳量

张荣铣等根据叶片整个生育期中光合作用动态变化的观测结果，提出将瞬时光合速率、光合功能期及叶面积整合在一起，形成叶源量（Leaf Source Capacity，LCP）的概念。叶源量是叶片整个生育期中同化 CO_2 的积分值，也是反映叶片整个生育期中同化 CO_2 能力高低的综合指标，按以下公式计算。

$$LSC = \sum_{i=1}^{m} P_n D \cdot LA \qquad （式6.8）$$

式中，P_n 为净光合速率，D 为测定间隔时间，LA 为单叶全展时的面积，m 为测定次数，$i=1$，2，…，m。

（三）固碳总量

根据调查统计，恩施州近 5 年烟叶种植基本情况见表 6-7 所示。恩施州烟草植株固碳总量可按以下公式进行估算。

固碳总量 = 面积×种植密度×单株留叶数×LSC×44   （式6.9）

释氧总量 = 面积×种植密度×单株留叶数×LSC×32   （式6.10）

表 6-7   恩施州常年烟叶种植基本情况

类型	面积(hm^2)	产量(t)	种植密度(株·hm^{-2})	单株留叶数(片)
烤烟	26 666.7	50 000	15 000	20
白肋烟	10 666.7	25 000	16 500	25

（四）生产能耗

烟叶产品的形成过程是从育苗、移栽、大田管理一直到调制结束。烟叶生产过程主要的能耗、物耗、占地等数据见表 6-8 所示。其中煤耗和电耗数据来源于恩施州利川市南坪基地单元烘烤工厂，肥料按照全州平均投入量和平均单产计算（钾肥、微肥生产碳释放量相对较小，未做计算），调制设施占地是按标准化卧式密集烤房（烘烤 1.33hm^2，21.6m^2）、89 式晾房（晾制 0.13hm^2，25.9m^2）进行估算得出全州调制设施占地面积。

表 6-8   烟叶生产能耗、物耗和土地占用

成本项目	烤烟	白肋烟
煤耗（kg·kg^{-1}）	2.07	

（续表）

成本项目	烤烟	白肋烟
电耗（kwh·kg^{-1}）	0.57	
氮肥消耗（kg·kg^{-1}）	0.36	0.71
磷肥消耗（kg·kg^{-1}）	0.27	0.29
调制设施占地（hm^2）	43.20	207.20

（五）碳释放

烟叶生产过程中的碳释放主要有：肥料消耗、燃料消耗、电力消耗、调制期呼吸消耗以及调制设施占地而损失的碳库。各物料和能源的碳释放系数如表6-9所示，本地区用电以水电为主，碳释放可视为0。呼吸消耗参考张晓远、柴家荣分别在烤烟烘烤和白肋烟晾制期间测定的平均呼吸速率和时间的乘积进行估算，数据如表6-10所示。土壤碳库主要有两部分，包括地上植物所存的碳和土壤中存的碳，本地区采用温带地区森林和草地灌丛两种类型土地的碳库容量平均值来代表土地的碳汇能力，数据如表6-11所示。

表6-9　各种物料和能源的碳释放系数

物料和能源种类	碳释放系数	单位
煤	3.16	kgCO$_2$·kg^{-1}
水电	0.00	
氮肥	3.74	kgCO$_2$·kg^{-1}
磷肥	0.31	kgCO$_2$·kg^{-1}

表6-10　调制期呼吸消耗的碳释放

项目	烤烟	白肋烟
呼吸速率（mg·g^{-1}·h^{-1}）	5.940	0.26
呼吸时间（h）	88	504
单位碳释放量（gCO$_2$·g^{-1}）	0.522	0.131
总碳释放量（t）	26 100	3 300

表6-11　不同植被类型土地的碳库容量　　　　（单位：t·hm^{-2}）

植被类型	植物	土壤	合计
温带森林	134	147	281

（续表）

植被类型	植物	土壤	合计
温带草地	13	99	112
平均值			197

二、结果与分析

（一）净光合速率的变化

植物叶片光合作用日变化过程反映出一天中植物进行物质积累与生理代谢的持续能力。图6-13反映了烟草叶片 P_n 在晴天一天中的变化，2种类型烟草叶片 P_n 的日变化均呈"单峰"曲线。从日出开始，P_n 逐渐升高，在11:00达到峰值，随后开始逐渐下降，在19:00达到最低值，在21:00变为负值，表现为净呼吸速率。由此表明，11:00是烟草叶片光合固碳能力一天中最强的时刻。在中午时段（11:00—15:00），由于高温强光、气孔关闭或Rubisco活性降低等多方面因子导致光合下调现象的产生。在黑暗中，烟草叶片以呼吸代谢为主，由固碳释氧过程转为耗氧排碳过程。

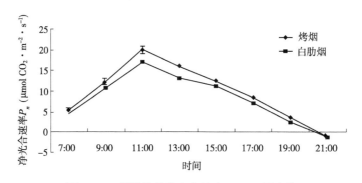

图6-13 烟株叶片净光合速率（P_n）日变化

大量的研究表明，光合作用在叶片表现出明显的衰老（如黄化）症状之前就已经开始下降，单张叶片在全展后几天瞬时光合速率就已开始下降。图6-14反映了烟草叶片全展后 P_n 的变化，2种类型烟草叶片均在全展时 P_n 随着测定时间的推迟而下降，不同测定时期间的差异明显。表明在叶片全展时，烟草叶片的光合固碳能力最强，随着叶片进一步发育，光合功能开始衰退，叶片固碳能力逐渐下降。

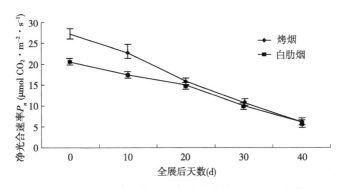

图 6-14　烟株叶片全展后净光合速率（P_n）日变化

（二）固碳释氧量

净光合速率是一个瞬间测定的指标，可以用来表示叶片或作物的光合能力，但由于光合作用是一个动态的过程，光合能力并不能代表某一器官在光合生产中的贡献。作物干物质的累积过程，实际是作物累积光合量的转化形式。用累积光合量就能反映出作物光合作用量的变化规律。从表 6-12 可知，在烟草大田生育阶段，烤烟和白肋烟单张叶片在功能盛期时的日固碳量分别可达到 2.31g 和 2.27g，日释氧量分别达到 1.68g 和 1.65g；其整个生育期固碳量分别可达到 168.95g 和 168.65g，整个生育期释氧量分别可达到 122.87g 和 122.65g。恩施州烟草植株群体每年固碳量可达到 2 093 100t，释氧量可达到 1 522 100t。

表 6-12　恩施州烟叶大田生长期固碳释氧量

项目	单叶指标（g）						总量（t）	
	日光合量	日呼吸量	日固碳量	日释放量	整个生育期固碳量	整个生育期释氧量	固碳量	释氧量
烤烟	2.54	0.23	2.31	1.68	168.95	122.87	1351 200	982 600
白肋烟	2.51	0.24	2.27	1.65	168.65	122.65	741 900	539 500
合计							2 093 100	1 522 100

（三）碳释放

作为一种经济作物，烟叶大田生产阶段主要是消耗一定肥料，间接形成碳释放。但由于烟叶在最终形成农产品之前，还需调制加工，其碳释放主要来源于煤燃烧、叶片呼吸 2 个因素。从表 6-13 可以看出，恩施州烟叶每年碳释放量达到 545 800t，其中肥料释放 140 000t，占 25.65%；耗煤释放 327 100t，占 59.8%；呼吸释放 29 400t，占 5.38%；调制设施占地间接释放 49 300t，占 9.17%。由此可知，烟草农业生产过程中碳释放的主要来源是烘烤耗煤和化学肥料使用。按照 O_2 和 CO_2 之间换算，该过程耗氧量为 396 945t。

表 6-13　恩施州烟草农业过程中碳释放量

项目	煤（t）	氮肥（t）	磷肥（t）	呼吸（t）	占地（t）	合计（t）
烤烟	327 100	67 300	4 200	26 100	8 500	433 200
白肋烟	0	66 300	2 200	3 300	40 800	112 600
合计	327 100	133 600	6 400	29 400	49 300	545 800

（四）生态价值估算

恩施州常年种植约 3.7 万 hm^2 烟叶，每年净固碳量为 1 547 300t，折合纯碳量为 421 900t（按照 3.667t CO_2 转换为 1t 碳），使用碳税法可估算出其经济价值为 40 375.83 万元（按照瑞典税率每吨碳为 150 美元，以 1 美元换算 6.38 元人民币为标准计算）。每年净释氧量为 1 125 200t，按工业制氧成本 400 元/t 进行估算其经济价值为 45 008 万元，两者合计总价值为 85 383.83 万元。

三、讨论

自光合作用发现以来，一直用 P_n 来表示植物的光合能力，但由于光合作用是一个动态的过程，而 P_n 是瞬间测定指标，它更强调植物光合生产潜力，并不能完全反映在光合生产中的实际贡献。采用累积光合量的形式更能全面反映植物实际光合生产能力，在本研究中反映的就是实际固碳释氧量。本试验引入了日光合量和叶源量 2 个指标，更加全面真实地评价了烟草叶片光合生产能力和固碳释氧量。查阅了主要绿化植物和栽培作物固碳释氧或光合生产能力的资料，并与烟草作物进行比较分析，从表 6-14 可见，烤烟叶片在功能盛期时的 P_n 日平均值达到 11.2μmol $CO_2 \cdot m^{-2} \cdot s^{-1}$，单位面积的日光合量达到 23.49g·$m^{-2}$，远远高于一些森林树种和城市绿化植物（紫薇除外）。与小麦旗叶相比，烤烟叶片的 P_n 和日光合量基本一致，但从叶源量来看，烤烟叶片要高于小麦旗叶 1 个数量级，其原因主要有以下 2 点：一是烤烟单叶光合叶面积较大，在本研究中烤烟单叶叶面积为 1 081cm^2，而参考文献中小麦旗叶叶面积仅为 40.4cm^2。二是烤烟叶片光合功能期（指叶片全展至光合速率下降到全展时的 50% 的时间）长，本研究表明烤烟光合功能期可达到 26d 左右，而小麦旗叶仅为 16d。虽然研究区域、仪器设备以及环境条件等有差异，但大致可以反映出烟草植株是一个光合生产能力较强的作物，其一时、一天、整个生育期的固碳释氧量较多。

表 6-14　烤烟与部分森林树种、城市绿化植物光合能力的比较

种类	净光合速率日平均值($\mu molCO_2 \cdot m^{-2} \cdot s^{-1}$)	日光合量($g \cdot m^{-2}$)	叶源量($mmol\ CO_2$)
银杏	2.44	3.86	
水彬	2.31	3.67	
广玉兰	5.03	7.96	
女贞	8.41	13.32	
紫薇	12.60	19.97	
凌霄	7.61	5.40	
爬墙虎	1.29	6.91	
小麦	12.50	21.93	188.61
烤烟	11.20	23.49	3 839.82

　　许多学者采用生物量法估算了森林固碳释氧量，得出阔叶树、杉木、松木、竹林、经济林、灌木林单位面积每年固碳量分别达到 8.86t·hm^{-2}、8.55t·hm^{-2}、6.96t·hm^{-2}、3.22t·hm^{-2}、6.73t·hm^{-2}。本研究通过光合仪直接测定烟草叶片光合作用，估算出烟草植株单位面积每年固碳量可达到 56.06t·hm^{-2}，且烟草每年大田生育期不过 120d 左右。虽然计算方法有差异，但仍可表明烟草植株的固碳释氧效率相当高。作为一种栽培作物，烟草需要肥料投入特别是其调制过程均需要释放一定的 CO_2，即使这样，烟草在整个农业生产过程中的固碳释氧功能还是正效应的，其单位面积每年固碳量可达到 41.4t·hm^{-2}，释氧量为 30.1t·hm^{-2}。烟草作物是以叶片为主要收获器官，叶片被采摘后，田间还残留茎和根，这部分干物质积累量占到总干物质的 60% 左右。这部分废弃物会残留在田间，在下一季作物种植前进行焚烧处理，造成

CO_2 重新释放。从 2008 年开始，恩施州烟草公司就如何利用这些烟草废弃物开展了研究工作，经过收集、粉碎、消毒以及生物发酵等工艺流程制成烟草秸秆生物有机肥，为实现"低碳烟草、循环经济、清洁农业"探索了一种有效模式。

四、结论

恩施州烟草农业生产过程中每年固碳量约为 2 093 100t，碳排放量约为 545 800t，净固碳量约为 1 547 300t；每年释氧量约为 1 522 100t，耗氧量约为 396 945t，净释氧量约为 1 125 200t。由此认为，烟叶生产过程具有明显的生态正效应。

第四节　生长期烟田生态系统碳收支估算

一、材料与方法

试验地位于湖北省恩施市"清江源"现代烟草农业科技园区望城坡村（30°19′N，109°25′E），海拔 1 203m，属于亚热带季风和季风性湿润气候，多年平均气温为 13.3℃，年降水量 1 435mm。区域土壤为黄棕壤，pH 值为 6.9，容重 1.1g · cm^{-3}，有机质含量 11.1g · kg^{-1}，碱解氮含量 85.6mg · kg^{-1}，速效磷含量 22.7mg · kg^{-1}，速效钾含量 118.7mg · kg^{-1}。

（一）烟草样品的采集和分析

烟草地上部与地下部生物量的测定和土壤呼吸的测定同时期进行。地上部生物量即为垄上剪断后的烟株干重，并分离烟叶与茎。地下部生物量采用挖掘法，挖取静态箱内土体中完整的烟草根系。每次采样时地上部和地下部鲜样带回实验室洗净后，先用 105℃ 杀青 30min，再用 70℃ 烘干至恒重。烟草的根、茎和叶的含碳率测定，采用重铬酸钾—硫酸氧化滴定法（鲁如坤，2000）。

（二）烟田生态系统碳收支的估算

采用净生态系统生产力（Net Ecosystem Productivity，NEP）来表示生态系统的碳收支或碳平衡，算式（梁尧等，2012；张赛等，2014a）如下。

$$NEP = NPP - Rm \qquad （式6.11）$$

式中，净初级生产力（Net Primary Productivity，NPP）为收获期作物地上与地下生物量含碳量之和，Rm 为作物生长季土壤微生物异养呼吸碳释放量（参见第二节研究结果）。当 NEP 为正值时，表示生态系统净吸收大气中 CO_2，属于碳汇；反之，生态系统属于碳源。

二、结果与分析

（一）不同施肥处理下烟草生长动态与固定碳量

1. 烟草地上部生长动态

不同施肥处理下烟草地上部生物量动态如图 6-15 所示。烟草生长期，各处理地下部和地上部生物量动态变化基本一致，地上部生物量呈现先缓慢后迅速增加再缓慢减少的趋势。烟草还苗期和伸根期，生物量缓慢增加，旺长期和平顶期生物量增加迅速，采收期又逐渐减少。其原因是生物量的增长源于烟草光合作用产物的积累，还苗期和伸根期烟株较小，气温也较低，因此光合产物积累较慢；旺长期和平顶期烟株光合作用旺盛，光合产物积累迅速增加，采收期随着烟叶自下而上分层成熟而渐次采收，地上生物量逐渐减少。采收结束后，CK、NPK 和 NPKOM 处理地上部生物量分别为 204.09g·m^{-2}、324.56g·m^{-2}、308.83g·m^{-2}。

2. 烟草地下部生长动态

由图 6-16 可知，地下部生物量呈现为先缓慢生长然后又缓慢增加的增长趋势，不同生长阶段增长量不同。烟草现蕾期之前（移栽后 67d 内），由于顶端优势的存在，烟株体内养分主要供应为顶端，根系生长较慢，现蕾期 CK、NPK 和 NPKOM 处理地下部生物量分别为 47.11g·m^{-2}、56.09g·m^{-2} 和 62.96g·m^{-2}。其后由于人为打顶的作用，抑制了烟株生殖生长，促进了根系发育。烟叶采收结束后，CK、NPK 和 NPKOM 处理根系生物量分别为 211.21g·m^{-2}、332.72g·m^{-2} 和 321.65g·m^{-1}，NPK 和 NPKOM 处理分别是 CK 处理的 1.58 倍和 1.52 倍。

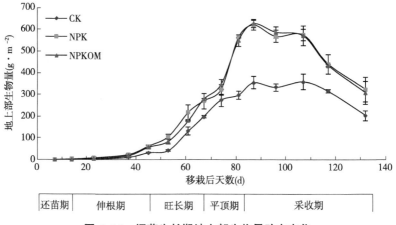

图6-15 烟草生长期地上部生物量动态变化

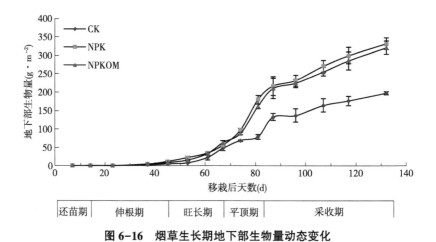

图6-16 烟草生长期地下部生物量动态变化

3. 烟草固定碳量

烟叶采收结束时，根、茎和叶的含碳率测得值分别为 476.4g·kg⁻¹、494.7g·kg⁻¹和479.6g·kg⁻¹，结合烤烟的种植密度和各器官的含碳率，计算烟草各器官生物量和总固定碳量（NPP）如表6-15所示。NPK 和 NPKOM 处理较 CK 处理显著提高了各器官生物量与 NPP，而 NPK 和 NPKOM 处理间差异不显著。

表 6-15　烟草各器官生物量和总固定碳量（NPP）

处理	根（kg·hm^{-2}）	茎（kg·hm^{-2}）	叶（kg·hm^{-2}）	NPP（kgC·hm^{-2}）
CK	979.01b	1 010.25b	2 355.84b	2 096.04b
NPK	1 646.95a	1 606.59a	3 192.12a	3 110.33a
NPKOM	1 592.15a	1 528.72a	3 046.50a	2 975.86a

注：不同小写字母表示各处理间差异显著（$P<0.05$），下同。

（二）不同施肥处理下烟草生长期碳收支估算

烟草为垄作栽培模式，烟田土壤异养呼吸包括垄间土壤呼吸和垄体土壤微生物呼吸两部分，因此在整个烟草生长期，土壤异养呼吸累计碳排量（Rm）= 垄体土壤微生物呼吸累计碳排放量（M_h）+垄间土壤呼吸累计碳排放量（M_s）。由计算公式可得烟田生态系统在烟草整个生长期碳收支状况，如表 6-16 所示。不同施肥处理下生态系统碳收支均为正值，即烟田生态系统在整个烟草生长期中属于碳汇，从大气中净吸收 CO_2，CK、NPK、NPKOM 处理分别为 1 131.83kgC·hm^{-2}、1 736.97kgC·hm^{-2} 和 1 535.74kgC·hm^{-2}。NPK 和 NPKOM 处理 NEP 没有显著差异，但分别比 CK 处理增加了 53.5% 和 35.7%。

表 6-16　烟草生长期生态系统碳收支

处理	M_h（kgC·hm^{-2}	M_s（kgC·hm^{-2}）	$Rm = M_h + M_s$（kgC·hm^{-2}）	NEP=NPP-Rm（kgC·hm^{-2}）
CK	807.98b	156.23	964.21b	1 131.83b
NPK	1 217.13a	156.23	1 373.36a	1 736.97a
NPKOM	1 283.89a	156.23	1 440.12a	1 535.74a

注：垄体土壤与垄间土壤在烟田中各按 50% 面积计算。

（三）不同生育时期日碳收支估算

通过估算烟田生态系统在不同生育时期的净生态系统 CO_2 日交换量（NEE），可以分析该系统的 CO_2 日收支能力，负值表明系统净吸收 CO_2，正值表明系统对大气 CO_2 的净排放。图 6-17 表明了烟田生态系统 CO_2 日收支能力在不同生育时期的差异，团棵期、旺长期、平顶期、采收期 CO_2 日净交换量分别为 -1.87g·m^{-2}·d^{-1}、-3.19g·m^{-2}·d^{-1}、-15.71g·m^{-2}·d^{-1}、-4.98 g·m^{-2}·d^{-1}，大小为平顶期>采收期>旺长期>团棵期，这 4 个生育时期表现为碳汇。采收结束后，CO_2 日净交换量为 $2.75g \cdot m^{-2} \cdot d^{-1}$，则表现为碳源。

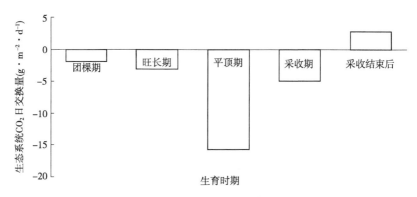

图 6-17　不同生育时期净生态系统 CO_2 日交换量

三、讨论

（一）烟田生态系统的碳收支估算

李琪等（2009）采用涡度相关法研究了淮河流域麦田生态系统最大 CO_2 日净交换量（NEE）为 $-43.12g \cdot m^{-2} \cdot d^{-1}$，Li 等（2006）研究了华北平原麦田生态系统最大 NEE 为 $-34.83 \sim -30.03g \cdot m^{-2} \cdot d^{-1}$，而李双江等（2007）研究的黄土塬区麦田生态系统最大 NEE 为 $-13.7g \cdot m^{-2} \cdot d^{-1}$，说明不同地点的测量结果略有差异。Saito 等（2005）研究的日本地区稻田生态系统最大 NEE 为 $-39g \cdot m^{-2} \cdot d^{-1}$，与李琪等（2009）研究的我国淮河流域稻田生态系统最大 NEE（$-38.13g \cdot m^{-2} \cdot d^{-1}$）的结果相近。本研究中，平顶期为烟田生态系统净吸收 CO_2 峰值时期，CO_2 日净交换量为 $-15.71g \cdot m^{-2} \cdot d^{-1}$，该值小于日本地区稻田生态系统测量值 $-39.0g \cdot m^{-2} \cdot d^{-1}$（Saito et al.，2005），也小于华北平原玉米农田测量值 $-45.83 \sim -37.4g \cdot m^{-2} \cdot d^{-1}$（Li et al.，2006），其可能的原因是：一方面是测量方法的不同，本研究使用静态箱法，后者使用涡度相关法，两种方法的研究结果存在一定差异（宋涛等，2007）；另一方面与测量地点的气候、光合辐射及不同作物的种植密度、生物量及其光合特性相关。本研究仅是恩施州坡地烟田的试验结果，关于烟田生态系统 CO_2 通量变化的规律性结论还需要多地点的研究结果来验证。

在作物生长期农田生态系统碳收支的研究中，由于作物种类、种植密度、耕作方式、灌溉方式等管理模式的不同，农田生态系统表现的碳收支强度有所差异（张凤霞等，2014）。Li 等（2010）研究黄土高原谷子农田生态系统碳收支为 1 408kgC·hm^{-2}，梁尧等（2012）研究小麦农田生态系统碳收支为 1 643kgC·hm^{-2}，本试验中，施化肥处理下烟田生态系统碳收支为 1 736.97kgC·hm^{-2}，说明烟草与谷子、小麦农田生态系统碳收支能力接近。化肥和化肥配施有机肥处理较不施肥处理虽然显著增加了土壤异养呼吸碳释放量，但也同时增加了生态系统碳收支能力。其主要原因是施肥促进了作物的生长，固定了更多的 CO_2，这与李海波和韩晓增（2014）的研究结果一致。而在 C_4 植物玉米农田中往往表现较高的生物量和碳收支。Verma 等（2005）连续 3 年测定了玉米—大豆轮作下玉米农田生态系统碳收支，结果表明灌溉条件下 NEP 为 3 810～5 170kgC·hm^{-2}，旱作条件下 NEP 为 3 970～5 100kgC·hm^{-2}。Hollinger 等（2005）亦连续测定玉米农田在 3 年生长季中均为碳汇，NEP 为 7 024～8 804kgC·hm^{-2}。李银坤等（2013）研究不同氮水平下夏玉米生长季 NEP 为 4 898.2～6 766.8kgC·hm^{-2}。

（二）烟田生态系统的固碳减排策略

有研究表明，我国农田土壤具有很大的固碳减排潜力（潘根兴，2008），韩冰等（2008）研究表明，提高化肥施用量、秸秆还田量、有机肥施用量和推广免耕，可以将我国农田土壤的总固碳量分别提高到 94.91Tg·a^{-1}、42.23Tg·a^{-1}、41.38Tg·a^{-1} 和 3.58Tg·a^{-1}。金琳等（2008）研究表明，秸秆还田可以在很大程度上提高土壤 SOC 含量。本研究中有机肥来自烟秆有机肥，烟秆有机肥一方面为烟草生长提供了养分，增加了烟田碳收支；另一方面也减少了燃烧所排放的 CO_2 量。因此，烟田中烟秆有机肥的施用是一种合理的固碳减排措施。本研究只是一种施肥研究结果，在烟田中还需进一步研究农田管理措施，如推广免耕技术、秸秆还田、秸秆深施等，以达到降低烟田土壤 CO_2 的排放，增加固碳的效果。

四、结论

不同生育时期，烟田净生态系统 CO_2 日交换量大小依次为平顶期>采收期>

旺长>团棵期>采收结束后。其中前 4 个时期，生态系统表现为碳汇，采收结束后，生态系统表现为碳源。整个烟草大田生长期，不同施肥处理下烟田生态系统碳收支均为正值，表现为碳汇，CK、NPK 和 NPKOM 处理分别为 1 131.83kgC·hm^{-2}、1 736.97kgC·hm^{-2}和 1 535.74kgC·hm^{-2}。

附录　烟田土壤碳库调控与改良技术规范

1　烟田深耕冻土

烟叶采收完成后，及时清理烟蔸、烟秆和田间其他杂物。集中统一销毁，不随意扔进沟渠、水池，严防污染烟田和水源，同时全面开展烟田废弃地膜回收。在12月上旬开始对规划的冬闲田进行深耕，在土壤质量含水量达到15%~25%，田块中出现2~3mm裂缝时进行耕翻，只翻不耙，翻耕深度达到20cm以上。

2　烟田酸性调节

对烟田土壤pH值在5.5以下的田块，在冬耕后撒施1 500~2 250 kg/hm²（100~150kg·亩⁻¹）的白云石粉，或撒施750~1 500kg/hm²（50~100kg·亩⁻¹）的生石灰。施用石灰质物料改良酸性土壤的时间间隔为2~3年。

3　生物有机肥施用

3.1　适墒施肥。在天气长期干旱的环境下，不宜强行施用生物有机肥，待到雨后墒情适中时再施。适合墒情的标准是：田间土壤手捏成团，落地即散。

3.2　适量施肥。对于生物有机肥的有机质和其他养分含量，各个企业的生产标准是不同的。施用时，既要看肥料配方的养分含量，又要看土壤的质地与肥力来确定施用量，一般中等肥力烟田，每公顷施用600~750kg的商品有机肥或450~600kg腐熟饼肥；肥力低下烟田，每公顷施用750~1 500kg商品有机肥或600~1 200kg腐熟饼肥。

3.3　配合施用。生物有机肥应与速效化肥混合施用，特别是与高含量的复合肥混配施用效果最好。还可另配施钾、硼、锌等大量微量元素肥料。

3.4　集中施用。生物有机肥采取集中施用的方式，如穴施和沟施，切记撒施与整个田块土壤拌匀，针对施用生石灰的土壤，不得与生物有机肥拌施。

4 秸秆翻压还田技术

利用玉米、水稻秸秆粉碎翻压还田，将秸秆人工或者机器粉碎，长度应小于 10cm，秸秆还田量控制在 200~250kg·亩$^{-1}$，堆积发酵后还田。深翻深度在 20cm 以上，并及时耙实，以利保墒。

秸秆堆积发酵方法：堆制地点应选择地势较高、运输方便、靠近水源的地方，先整平夯实地面，然后堆腐。堆制时先将秸秆铡成 5~8cm 长的碎料，摊在地面上，按比例掺入人畜粪尿、生石灰和水，搅拌均匀，随掺随堆，如材料多，可堆成梯形，即上窄下宽，底宽约 2m，高约 1.5m，长度视材料多少而定。表面再用一层泥巴或细土封严，1 个月后翻一次堆，酌情补充水分或人粪尿，重新堆好，再用土或泥盖严。直至腐熟，整个腐熟期要 2~3 个月。可充分利用秸秆腐熟菌剂堆腐，于秸秆腐熟时添加，促使微生物繁殖加速，秸秆堆温上升，加快秸秆腐烂，提高堆肥质量。在秸秆堆腐时，将腐熟菌剂兑水配成溶液，喷或淋在堆腐材料上。腐熟菌剂堆腐具体操作方法各产品要求不相同，要按出厂产品说明书操作。

秸秆还田必须采取高温堆腐全熟后进行，秸秆腐熟标准是，秸秆组织经堆腐细菌分解作用，完全丧失了原来的形态特征，看不出堆积物原状，表现为黑色松软一团，用手拉捏极易碎断，有臭气，即为全腐熟。碳氮比缩小到 20 以下，堆肥呈中性至微碱性。

腐熟秸秆还田采取基肥条施，由于秸秆肥效释放缓慢，必须作为基肥施用。为避免与烟苗根系接触，减少施肥工序，宜作为基肥条施。方法是：烟田平整地后起垄时，先安预定的行距拉线划行，然后用牛犁（或用锄头）顺线开沟，沟深 8~10cm，沟宽 10~15cm，把秸秆堆腐肥与预先安排作基肥条施的其他肥料拌好，均匀地撒在沟内，然后用锄头或起垄机覆盖成垄体。

5 秸秆炭化还田技术

充分发挥烟草秸秆自身的优良特性，利用炭化设备制备生物质炭。根据产区实际情况，生物炭的施用可以采取 3 种不同的形式，具体如下。

撒施：将烧制好的生物炭用粉碎机粉碎，过 1mm 土筛，在整地前，按照 300kg·亩$^{-1}$ 的生物炭用量将过筛的生物炭均匀撒施在土壤表面，随后旋耕深翻 20cm，使其与土壤充分混合。

穴施：烟苗移栽后 15d 左右，在围兜封口时将生物炭按照 0.2kg·株$^{-1}$ 的施用量与营养土混合后在烟苗四周施用，使生物炭与烟苗根茎部自然贴合，随后用田间本土进行覆盖。

肥料混合后基施：在起垄施肥时，将生物炭与化学肥料混合后作为基肥一次性施入土壤。

6　绿肥翻压还田技术

6.1　绿肥品种。适合恩施州烟区的绿肥主要有苕子和油菜两类良种。

6.2　生产环境条件。苕子和油菜较耐干旱、耐寒、耐阴、耐贫瘠，适应性强。最适生长气温在 13~21℃，低于 2~3℃生长基本停止，高于 25℃生长受到抑制，高温多湿易导致死亡。苕子和油菜耐旱不耐渍，土壤水分保持在最大持水量的 60%~70% 时对其生长最为有利，如达到 80%~90% 则根系发黑而植株枯萎。苕子对磷肥反应敏感，在比较瘠薄的土壤上施用氮肥、缺钾地区施用钾肥也有明显效果。对土壤要求不严格，沙土、壤土、黏土都可以种植，适宜的土壤 pH 值为 5~8.5，在土壤全盐含量不超过 0.15% 时生长良好。苕子和绿肥耐瘠性很强，在较瘠薄的土壤上一般也有很好的鲜草和种子产量。

在海拔 1 200m 以下的恩施州烟区，可种植光叶紫花苕子、油菜；在海拔 1 200m 以上区域，适宜种植油菜

6.3　播前准备。

6.3.1　种子选择与处理。

6.3.1.1　种子质量。选用绿肥种子标准（GB 8080）规定的三级以上良种。

6.3.1.2　种子处理。

6.3.1.2.1　晒种。播种前晒种半天至一天，以提高种子的生活力。

6.3.1.2.2　擦种。苕子和油菜一般不擦种，但其种子有难吸水的硬粒和易吸水的非硬粒 2 种，对硬粒种可以进行擦种。宜先浸种 12~15h（中间换水 1 次），待易吸水种子膨胀后，用水搅动容器中的种子，使胀水的种子浮起，乘势倾出，反复几次，剩下的种子就是硬粒种，捞出硬粒种后，进行擦种。可用 5 份种子掺 1 份细沙放在碓中轻舂 10min。也可以将种子用碾米机轻轻地碾一遍，使种子起毛后播种。

6.3.1.2.3　拌种。每亩种子拌入 20kg 细土或火土灰混合均匀后进行播种。

6.3.2　整地与施基肥。

6.3.2.1　整地。低海拔烟区烟草收获较早时，播种前可翻耕松土、碎土，然后播种。中、高海拔烟区烟草收获期偏晚，烟秆不能及时清除或者尚未收获完时，可不翻地，直接在烟行两侧垄上播种或套种。

苕子和油菜喜湿润，怕旱涝，整地后注意开排水沟，保证田内无积水。

6.3.2.2　施基肥。绿肥对磷肥反应敏感，在较贫瘠土壤上可基施过磷酸钙 15~20kg・亩$^{-1}$。常年栽烟土壤肥力较高时，可不施基肥。

6.4　播种。

6.4.1　播种时期。适当早播，气温稍高，墒情好，出苗快，苗全苗壮，越冬后返青早，发苗快，不仅鲜草产量高，而且便于及早利用，便于烟田整地起垄移栽。

低海拔烟区（500~800m）播期在 8 月下旬至 9 月上旬为宜；中海拔烟区（800~1 200m）播期在 9 月中旬为宜；高海拔烟区（大于 1 200m）播期在 9 月9 月下旬至 10 月上旬为宜。

6.4.2　播种方式。可撒播或者条播，以撒播较为省工。

6.4.3　播种量和播种深度。

苕子：撒播播种量 4kg・亩$^{-1}$，条播播种量 3kg・亩$^{-1}$，点播播种量 1kg・亩$^{-1}$。

油菜：撒播播种量 2kg・亩$^{-1}$，条播播种量 1.5kg・亩$^{-1}$，点播播种量 1kg・亩$^{-1}$。

一般旱地、肥地、壤土、墒情好、整地细、播种早时可适当减少播量，而水田、瘦地、墒情差、整地粗放、播期迟时可适当增加播量。

播种深度以 1~2cm 为宜，干旱时播种宜深，土壤湿润时播种宜浅。

6.5　田间管理。

6.5.1　查苗补苗。绿肥播种出苗后，应及时检查出苗情况，如发现严重缺苗的必须趁土壤湿润时补苗，在缺苗严重的地方挖穴，从密苗处挖带泥的幼苗移植，或者及时根据缺苗情况进行补种；半个月以后追施磷肥或粪水 1 次，促进生长。

6.5.2　追肥。施肥遵循"磷肥为主，氮肥为辅；基肥为主，追肥为辅"的原则。

土壤肥力较高时不追肥。土壤肥力较低时、越冬前和早春解冻时分别追施草木灰或火土灰，可保证幼苗安全越冬和春后旺盛生长。苗期和春后生长太差时，可追施少量稀粪尿肥或氮肥（尿素 $2\sim3kg\cdot$ 亩$^{-1}$）。

6.5.3　灌溉与排水。苕子耐旱，耐渍性差。田间管理注意排水，无论围沟、腰沟或中沟，都应适当深开和多开，并经常清沟，保证田面干爽。如遇秋、冬季或早春干旱，应及时灌水；苕子返青旺长期需水量大，土壤干旱时及时灌水，有利于鲜草产量提高。灌水后避免土壤渍水。

6.5.4　病虫害防治。应坚持"预防为主，治早治小"的原则，防止病虫害蔓延扩大。使用化学农药时，应执行 GB 4285 和 GB/T 8321。禁止使用国家明令禁止的高毒、剧毒、高残留的农药。

主要害虫有蚜虫、地老虎、蓟马、棉铃虫、红蜘蛛、豆荚螟、烟草夜蛾、苕蛆、蟋蟀等。主要病害有病毒病、叶斑病、黄叶枯病、轮纹斑病、茎枯病、白粉病等。其中蚜虫、蓟马为害最为普遍。用乐果粉剂或 $1\,000\sim1\,500$ 倍液乐果乳剂喷施，防治蚜虫和蓟马效果良好。蓟马、棉铃虫和几种夜蛾，可用马拉松喷雾防治。白粉病初期，用 $0.3°\sim0.5°$ 石硫合剂喷雾防治，每亩用药 $75\sim100kg$，每 $7\sim10d$ 喷 1 次，连用 3 次。

6.6　翻压。

6.6.1　翻压期。一般在烟草移栽前 $20\sim35d$ 翻压，不同海拔地区根据烟草移栽期、绿肥在土壤中的腐解速度和生物量适当调整翻压期。尽可能在绿肥花期翻压，以提高绿肥养分累积量，但要保证翻压的绿肥在田间充分腐解，否则可能对移栽的烟苗产生危害。

提前播种的绿肥如果冬前的生物量达到 $1\,000\;kg\cdot$ 亩$^{-1}$ 以上，也可在冬前结合冬耕伐土翻压绿肥。

6.6.2　翻压量。烟田绿肥的适宜翻压量为 $1\,000\sim1\,500kg\cdot$ 亩$^{-1}$，鲜草产量高时可将多余部分施用到未种绿肥田块，或者收获作为饲草。实际操作中应根据土壤肥力水平适当调整绿肥翻压量，土壤肥力高时适当减少翻压量，瘠薄土壤适当增加翻压量。

6.6.3　翻压方法。结合烟田整地、施肥起垄时翻压绿肥。绿肥入土一般 $10\sim20cm$ 深，沙质土可深些，黏质土可浅些。

6.6.3.1　直接翻压。最好将绿肥收割后切碎至 $10\sim20cm$，或者用旋耕机将其打碎；如果在人力和机械不足的情况下，也可不经粉碎直接翻压。将收后的苕子或油菜稍加晾晒，让其萎蔫后均匀撒在地面或开好的沟中；如果上年度播种绿肥时烟田未翻耕，可将绿肥直接撒于烟垄之间的沟中。然后将基施的化肥撒在绿肥表面，覆土起垄，使绿肥压入土中 $10 \sim 20 cm$，全部被土覆盖。翻压时若墒情较差，有灌溉条件的可适当灌水，然后覆盖地膜。

6.6.3.2　堆沤后施用。可把绿肥作堆沤原料，在田头制作堆沤肥。拌入适量人畜粪尿、生石灰，外层覆土或塑料薄膜，进行堆沤。堆沤好后作为基肥施用。

6.7　翻压后烟草田间管理。

6.7.1　翻压情况下烟草施肥技术。在烟草前茬种植苕子或油菜，翻压 $1\,000 \sim 1\,500 kg \cdot 亩^{-1}$ 情况下，可适当减少化肥用量，一般可减少化肥用量 $15\% \sim 30\%$。化肥减少的用量全部从基肥中扣除，追肥保持原来用量。基肥在绿肥翻压时结合起垄施入，所选用的化肥种类、追肥时期、追肥技术与不翻压绿肥情况下相同。

6.7.2　病虫害防治。种植绿肥田块土壤湿度大，而且由于没有经过冬季翻土晒垄，地老虎等地下害虫比冬闲田块密度大，翻耕起垄时要注意加用杀虫农药，以减少地老虎等害虫对烟苗的为害。

7　烟田地表保护性栽培

合理采用烟田保护性栽培措施改良土壤，对烟地地面进行秸秆覆盖。保护性栽培措施一方面具有增温保湿作用，另一方面避免了雨水对地表的直接冲击，造成土壤板结。对维持田间温湿度，促进烟株早生快发，提高产量品质具有明显作用。地表覆盖的秸秆经历一个烤烟生长季节的日晒、风吹、雨淋和微生物的分解作用后，处于半腐解状态，烟叶采收完毕翻耕到土壤里后，很快就完全腐解。烟沟中间植矮秆绿肥也在烟叶收完后翻耕到土壤中。

8　烟田土壤清洁维护

8.1　农膜使用与残膜清理。烟田使用聚乙烯农膜的，在烤烟采收后清理干净田间残膜并统一回收处理；在烟田推广应用可降解农膜。

8.2　农药使用与农残控制。杜绝在烤烟当季及前茬作物中使用高毒、高残留的农药及除草剂（特别是二氯喹啉酸类），烤烟种植过程中合理规范用药，农药的使用种类、用量与方法按照中国烟叶公司发布的《烟草农药推荐使用意见》规定执行。

8.3 肥料规范施用。烟田推行测土配方施肥及减量增效施肥技术，增加有机肥所占比例；改进施肥方式及方法，减少肥料养分的挥发和流失。

8.4 烤烟病残体及烟秆清理。在烤烟生产过程中，将摘除的无效底脚叶、花蕾、花杈、病残叶和病株及时清理出烟田并集中处理。在烤烟采收结束后，拔除田间烟秆，清理干净散落在烟田的烟株残体。

8.5 农业投入品包装物回收。对烤烟生产中所用的育苗盘、肥料及农药等农业投入品包装物在使用过后要及时清理回收。

主要参考文献

毕建杰，劳秀荣，周波，等，2007. 施肥与品种演替对麦田 CO_2 排放量的
    影响 [J]. 水土保持学报 (6)：165-169.

卞林根，高志球，陆龙骅，等，2005. 长江下游农业生态区 CO_2 通量的观
    测试验 [J]. 应用气象学报，16 (6)：828-834.

蔡艳，丁维新，蔡祖聪，2006. 土壤—玉米系统中土壤呼吸强度及各组分
    贡献 [J]. 生态学报，26 (12)：4273-4280.

曾凯，王尚明，张崇华，等，2009. 南方稻田生态系统产量形成期 CO_2 通
    量的研究 [J]. 中国农学通报，25 (15)：219-222.

柴家荣，李天飞，杨宏光，等，2004. 晾制期间白肋烟 TN90 叶绿体色素降
    解动态及呼吸强度的变化 [J]. 烟草科技 (5)：55-57.

陈安磊，谢小立，陈惟财，等，2009. 长期施肥对红壤稻田耕层土壤碳储
    量的影响 [J]. 环境科学，30 (5)：1267-1272.

陈朝，吕昌河，范兰，等，2011. 土地利用变化对土壤有机碳的影响研究
    进展 [J]. 生态学报，31 (18)：5358-5371.

陈芳，周志翔，肖荣波，等，2006. 城市工业区绿地生态服务功能的计量
    评价—以武汉钢铁公司厂区绿地为例 [J]. 生态学报，26 (7)：
    2229-2235.

陈杰华，2013. 重庆市农田土壤有机碳库现状、变化趋势及固碳潜力研究
    [D]. 重庆：西南大学.

陈敏鹏，夏旭，李银坤，等，2013. 土壤呼吸组分分离技术研究进展
    [J]. 生态学报，33 (22)：7067-7077.

陈全胜，李凌浩，韩兴国，等，2003. 水分对土壤呼吸的影响及机理
    [J]. 生态学报，23 (5)：972-978.

陈全胜，李凌浩，韩兴国，等，2003. 水热条件对锡林河流域典型草原退化群落土壤呼吸的影响 [J]. 植物生态学报，27（2）：202-209.

陈全胜，李凌浩，韩兴国，等，2004. 土壤呼吸对温度升高的适应 [J]. 生态学报（11）：2649-2655.

陈书涛，朱大威，牛传坡，等，2009. 管理措施对农田生态系统土壤呼吸的影响 [J]. 环境科学，30（10）：2858-2865.

陈述悦，李俊，陆佩玲，等，2004. 华北平原麦田土壤呼吸特征 [J]. 应用生态学报，15（9）：1552-1560.

陈素英，胡春胜，1997. 太行山前平原农田生态系统土壤呼吸速率的研究 [J]. 生态农业研究，5（2）：42-46.

陈心想，耿增超，王森，等，2014. 施用生物炭后塿土土壤微生物及酶活性变化特征 [J]. 农业环境科学学报，33（4）：751-758.

陈心想，何绪生，耿增超，等，2013. 生物炭对不同土壤化学性质、小麦和糜子产量的影响 [J]. 生态学报，33（20）：6534-6542.

陈义，吴春艳，水建国，2005. 长期施用有机肥对水稻土 CO_2 释放与固定的影响 [J]. 中国农业科学，38（12）：2468-2473.

程琨，潘根兴，张斌，等，2011. 测土配方施肥项目固碳减排计量方法学探讨 [J]. 农业环境科学学报，30（9）：1803-1810.

单正军，蔡道基，任阵海，1990. 土壤有机质矿化与温室气体释放初探 [J]. 环境科学学报，16（2）：150-154.

邓爱娟，申双和，张雪松，等，2009. 华北平原地区麦田土壤呼吸特征 [J]. 生态学杂志，28（11）：2286-2292.

邓祥征，姜群鸥，林英志，等，2010. 中国农田土壤有机碳贮量变化研究 [J]. 地理研究，29（1）：93-101.

董红敏，李玉娥，朱志平，等，2009. 农村户用沼气 CDM 项目温室气体减排潜力. 农业工程学报，25（11）：293-296.

董玉红，欧阳竹，李鹏，等，2007. 长期定位施肥对农田土壤温室气体排放的影响 [J]. 土壤通报（1）：97-100.

董玉红，欧阳竹，李运生，等，2007. 不同施肥方式对农田土壤 CO_2 和 N_2O 排放的影响 [J]. 中国土壤与肥料（4）：34-39.

董玉红，欧阳竹，2005. 有机肥对农田土壤二氧化碳和甲烷通量的影响 [J]. 应用生态学报，16（7）：1303-1307.

董占能，白聚川，吴立生，等，2008. 从烟草废弃物中提取茄尼醇的工艺条件研究 [J]. 食品科技，7：190-192.

段刚强，杨恒山，张玉芹，等，2015. 提高玉米磷肥利用率的研究进展 [J]. 中国农学通报，31（21）：24-29.

方华军，杨学明，张晓平，2003. 东北黑土有机碳储量及其对大气 CO_2 的贡献 [J]. 水土保持学报，17（3）：9-12，20.

冯敏玉，宫松，魏丽，等，2008. 稻田 CO_2 浓度和通量变化特征以及水分利用效率的研究 [J]. 江西农业大学学报，30（5）：927-932.

冯锐，王晓，1999. 不同培肥措施对土壤微生物生物量的影响 [J]. 宁夏农林科学，1：6-10.

高海英，陈心想，张雯，等，2012. 生物质炭及炭基硝酸铵肥料理化性质研究 [J]. 干旱地区农业研究，30（2）：14-19.

高会议，郭胜利，刘文兆，等，2009. 黄土旱塬区冬小麦不同施肥处理的土壤呼吸及土壤碳动态 [J]. 生态学报，29（5）：2551-2559.

高武军，薛选平，史剑鹏，等，2010. SH2007 型内热式直立炭化炉的研发设计 [J]. 煤气与热力，8：14-17.

耿彩英，高明，陈晨，2011. 土壤有机碳对土地利用方式变化的响应 [J]. 西南大学学报（自然科学版），33（11）：125-130.

关松荫，1986. 土壤酶及其研究法 [M]. 北京：农业出版社.

管恩娜，管志坤，杨波，等，2016. 生物质炭对植烟土壤质量及烤烟生长的影响 [J]. 中国烟草科学，37（2）：36-41.

郭家选，李玉中，梅旭荣，2006. 冬小麦农田尺度瞬态 CO_2 通量与水分利用效率日变化及影响因素分析 [J]. 中国生态农业学报，14（3）：78-81.

郭建侠，卞林根，戴永久，2007. 在华北玉米生育期观测的 16m 高度 CO_2 浓度及通量特征 [J]. 大气科学，31（4）：695-707.

韩冰，王效科，逯非，等，2008. 中国农田土壤生态系统固碳现状和潜力 [J]. 生态学报，28（2）：612-619.

韩光明, 2013. 生物炭对不同类型土壤理化性质和微生物多样性的影响 [D]. 沈阳: 沈阳农业大学.

韩广轩, 周广胜, 许振柱, 等, 2007. 玉米地土壤呼吸作用对土壤温度和生物因子协同作用的响应 [J]. 植物生态学报, 31 (3): 363-371.

韩广轩, 周广胜, 许振柱, 2008a. 中国农田生态系统土壤呼吸作用研究与展望 [J]. 植物生态学报, 32 (3): 719-733.

韩广轩, 周广胜, 2009a. 土壤呼吸作用时空动态变化及其影响机制研究与展望 [J]. 植物生态学报, 33 (1): 197-205.

韩广轩, 朱波, 江长胜, 2006. 川中丘陵区水稻田土壤呼吸及其影响因素 [J]. 植物生态学报, 30 (3): 450-456.

韩广轩, 朱波, 张中杰, 等, 2004. 水旱轮作土壤—小麦系统 CO_2 排放及其影响因素 [J]. 生态环境, 13 (2): 182-185.

韩焕金, 2005. 城市绿化植物的固碳释氧效应 [J]. 东北林业大学学报, 33 (5): 68-70.

韩彦雪, 2013. 热解炭与活化炭理化特性及其应用研究 [D]. 北京: 北京林业大学.

侯爱新, 陈冠雄, 吴杰, 等, 1997. 稻田 CH_4 和 N_2O 排放关系及其微生物学机理和一些影响因子 [J]. 应用生态学报 (3): 270-274.

侯玉兰, 王军, 陈振楼, 等, 2012. 崇明岛稻麦轮作系统稻田温室气体排放研究 [J]. 农业环境科学学报, 31 (9): 1862-1867.

胡立峰, 王宝芝, 李洪文, 2009. 土壤呼吸、农田 CO_2 排放及 NEE 的比较研究 [J]. 生态环境学报 (2): 578-581.

花可可, 王小国, 朱波, 2014. 施肥方式对紫色土土壤异养呼吸的影响 [J]. 生态学报, 34 (13): 3602-3611.

黄承才, 葛莹, 常杰, 等, 1999. 中亚热带东部三种主要木本群落土壤呼吸的研究 [J]. 生态学报, 19 (3): 324-328.

黄怀雄, 赵红艳, 2010. 长株潭地区森林固碳释氧功能价值评价 [J]. 林业调查规划, 35 (2): 136-137.

黄晶, 李冬初, 刘淑军, 等, 2012. 长期施肥下红壤旱地土壤 CO_2 排放及碳平衡特征 [J]. 植物营养与肥料学报, 18 (3): 602-610.

贾丙瑞，周广胜，王风玉，等，2005. 土壤微生物与根系呼吸作用影响因子分析 [J]. 应用生态学报（8）：1547-1552.

简永兴，杨磊，陈亚，等，2006. 海拔高度对湘西北烟叶影响 [J]. 作物杂志（3）：26-29.

江国福，刘畅，李金全，等，2014. 中国农田土壤呼吸速率及驱动因子 [J]. 中国科学：生命科学，44（7）：725-735.

姜勇，庄秋丽，梁文举，2007. 农田生态系统土壤有机碳库及其影响因子 [J]. 生态学杂志，26（2）：278-285.

蒋田雨，姜军，徐仁扣，等，2012. 稻草生物质炭对 3 种可变电荷土壤吸附 Cd（Ⅱ）的影响 [J]. 农业环境科学学报，31（6）：1111-1117.

焦彩强，王益权，刘军，等，2009. 旱源地区不同耕作模式小麦田土壤 CO_2 释放通量的变异特征 [J]. 西北农林科技大学学报（自然科学版）（5）：178-184.

解宪丽，孙波，周慧珍，等，2004. 中国土壤有机碳密度和储量的估算与空间分布分析 [J]. 土壤学报，41（1）：35-43.

金琳，李玉娥，高清竹，等，2008. 中国农田管理土壤碳汇估算 [J]. 中国农业科学，41（3）：734-743.

寇太记，徐晓峰，朱建国，等，2011. CO_2 浓度升高和施氮条件下小麦根际呼吸对土壤呼吸的贡献 [J]. 应用生态学报，22（10）：2533-2538.

匡崇婷，江春玉，李忠佩，2012，等. 添加生物质炭对红壤水稻土有机碳矿化和微生物生物量的影响 [J]. 土壤，44（4）：570-575.

匡廷云，卢从明，李良璧，等，2004. 作物光能利用效率与调控 [M]. 济南：山东科学技术出版社.

黎国健，丁少江，周旭平，2008. 华南 12 种垂直绿化植物的生态效应 [J]. 华南农业大学学报，29（2）：11-15.

黎妍妍，李锡宏，李进平，2008. 恩施州不同海拔高度植烟区气候和土壤条件分析 [J]. 湖北民族学院学报（自然科学版）（1）：110-114.

李飞跃，梁媛，汪建飞，等，2013. 生物炭固碳减排作用的研究进展 [J]. 核农学报，27（5）：681-686.

李海波，韩晓增，2014. 不同土地利用和施肥方式下黑土碳平衡的研究

[J]. 中国生态农业学报, 22 (1): 16-21.

李虎, 2006. 黄淮海平原农田土壤 CO_2 和 N_2O 释放及区域模拟评价研究 [D]. 北京: 中国农业科学院.

李军, 李吉昌, 吴晓华, 等, 2010. 烟草废弃物利用研究 [J]. 云南化工, 37 (2): 44-49.

李克让, 2002. 土地利用变化和温室气体排放与陆地生态系统碳循环 [M]. 第1版. 北京: 气象出版社.

李琳, 张海林, 陈阜, 等, 2007. 不同耕作措施下冬小麦生长季农田二氧化碳排放通量及其与土壤温度的关系 [J]. 应用生态学报, 18 (12): 2765 -2770.

李梦雅, 2009. 长期施肥下红壤温室气体排放特征及影响因素的研究 [D]. 北京: 中国农业科学院.

李敏, 赵立欣, 孟海波, 等, 2015. 慢速热解条件下生物炭理化特性分析 [J]. 农机化研究, 3: 248-253.

李琪, 胡正华, 薛红喜, 等, 2009. 淮河流域典型农田生态系统碳通量变化特征 [J]. 农业环境科学学报, 28 (12): 2545-2550.

李双江, 刘文兆, 高桥厚裕, 等, 2007. 黄土塬区麦田 CO_2 通量季节变化 [J]. 生态学报, 27 (5): 1987-1992.

李锡宏, 林国平, 黎妍妍, 等, 2008. 恩施州烤烟种植气候适生性与土壤适宜性研究 [J]. 中国烟草科学 (5): 18-21.

李新玉, 耿绍波, 赵淑琴, 等, 2011. 淮北平原农林复合生态系统非生长季 CO_2 通量变化特征 [J]. 水土保持研究, 18 (5): 132-138.

李祎君, 2008. 玉米农田水热碳通量动态及其环境控制机理研究 [D]. 北京: 中国科学院植物研究所.

李银坤, 陈敏鹏, 夏旭, 等, 2013. 不同氮水平下夏玉米农田土壤呼吸动态变化及碳平衡研究 [J]. 生态环境学报, 22 (1): 18-24.

李玉娥, 董红敏, 万运帆, 等, 2009. 规模化猪场沼气工程 CDM 项目的减排及经济效益分析 [J]. 农业环境科学学报, 28 (12): 2580-2583.

李长生, 肖向明, Frolking S, 等, 2003. 中国农田的温室气体排放 [J]. 第四纪研究, 23 (5): 493-502.

李中魁，1996. 黄家二岔小流域能量流的系统分析 [J]. 水土保持通报，16（5）：45-51.

梁涛，李荣平，吴航，等，2012. 玉米农田生态系统 CO_2 通量的动态变化 [J]. 气象与环境学报，28（3）：49-53.

梁尧，韩晓增，乔云发，等，2012. 小麦—玉米—大豆轮作下黑土农田土壤呼吸与碳平衡 [J]. 中国生态农业学报，20（4）：395-401.

林同保，王志强，宋雪雷，等，2008. 冬小麦农田二氧化碳通量及其影响因素分析 [J]. 中国生态农业学报，16（6）：1458-1463.

刘博，黄高宝，高亚琴，等，2010. 免耕对旱地春小麦成熟期 CO_2 和 N_2O 排放日变化的影响 [J]. 甘肃农业大学学报，45（1）：82-87.

刘超，翟欣，许自成，等，2013. 关于烟秆资源化利用的研究进展 [J]. 江西农业学报，25（12）：116-119.

刘国顺，2003. 烟草栽培学 [M]. 北京：中国农业出版社.

刘合明，刘树庆，2008. 不同施氮水平对华北平原冬小麦土壤 CO_2 通量的影响 [J]. 生态环境，17（3）：1125-1129.

刘洪贞，2008. 小麦秸秆微波热解产物特性研究 [D]. 济南：山东大学.

刘卉，周清明，黎娟，等，2016. 生物炭施用量对土壤改良及烤烟生长的影响 [J]. 核农学报，30（7）：1411-1419.

刘强，刘嘉麟，贺环宇，2000. 温室气体浓度变化及其源与汇研究进展 [J]. 地球科学进展，15（4）：453-460.

刘绍辉，方精云，1997. 土壤呼吸的影响因素及全球尺度下温度的影响 [J]. 生态学报，17（5）：469-476.

刘爽，严昌荣，何文清，等，2010. 不同耕作措施下旱作农田土壤呼吸及其影响因素 [J]. 生态学报，30（11）：2919-2924.

刘伟，鞠美庭，楚春礼，等，2011. 区域环境—经济系统物质流与能流分析方法及实证研究 [J]. 自然资源学报（8）：1435-1445.

刘伟晶，刘烨，高晓荔，等，2012. 外源生物质炭对土壤中铵态氮素滞留效应的影响 [J]. 农业环境科学学报，31（5）：962-968.

刘晓雨，潘根兴，李恋卿，等，2009. 太湖地区水稻土长期不同施肥条件下油菜季土壤呼吸 CO_2 排放 [J]. 农业环境科学学报，28（12）：

2506-2511.

刘新源, 刘国顺, 刘宏恩, 等, 2014. 生物炭施用量对烟叶生长、产量和品质的影响 [J]. 河南农业科学, 43 (2): 58-62.

刘莹莹, 秦海芝, 李恋卿, 等, 2012. 不同作物原料热裂解生物质炭对溶液中 Cd^{2+} 和 Pb^{2+} 的吸附特性 [J]. 生态环境学报, 1: 146-152.

刘玉学, 刘微, 吴伟祥, 等, 2009. 土壤生物质炭环境行为与环境效应 [J]. 应用生态学报, 20 (4): 977-982.

刘长跃, 2004. 秸秆还田的利与弊 [J]. 农业环境与发展 (5): 37-38.

娄运生, 李忠佩, 张桃林, 2004. 不同利用方式对红壤 CO_2 排放的影响 [J]. 生态学报, 24 (5): 978-983.

卢妍, 宋长春, 王毅勇, 等, 2008. 三江平原旱田 CO_2 通量日变化特征研究 [J]. 农业系统科学与综合研究, 24 (2): 191-195.

鲁如坤, 2000. 土壤农业化学分析方法 [M]. 北京: 中国农业科学技术出版社.

鲁如坤, 1996. 我国典型地区农业生态系统养分循环和平衡研究: Ⅱ. 农田养分收入参数 [J]. 土壤通报, 27 (4): 151-154.

骆世明, 2000. 农业生态学 [M]. 北京: 中国农业出版社.

马秀梅, 陈玉成, 朱波, 2005. 川中丘陵农田生态系统的 CO_2 排放通量研究 [D]. 重庆: 西南农业大学.

聂军, 周健民, 王火焰, 等, 2007. 长期不同施肥对红壤性水稻土微生物生态特征的影响 [J]. 湖南农业大学学报 (自然科学版), 33 (3): 337-340.

牛灵安, 郝晋珉, 张宝忠, 等, 2009. 长期施肥对华北平原农田土壤呼吸及碳平衡的影响 [J]. 生态环境学报, 18 (3): 1054-1060.

潘根兴, 李恋卿, 张旭辉, 等, 2002. 土壤有机碳库与全球变化研究的若干前沿问题——兼开展中国水稻土有机碳固定研究的建议 [J]. 南京农业大学学报, 25 (3): 100-109.

潘根兴, 张阿凤, 邹建文, 等, 2010. 农业废弃物生物黑炭转化还田作为低碳农业途径的探讨 [J]. 生态与农村环境学报, 26 (4): 394-400.

潘根兴, 2008. 中国土壤有机碳库及其演变与应对气候变化 [J]. 气候变化研究进展，4（5）：282-289.

彭靖，2009. 对我国农业废弃物资源化利用的思考［J］. 生态环境学报，18（2）：794-798.

彭靖里，马敏象，吴绍情，等，2001. 论烟草废弃物的综合利用技术及其发展前景［J］. 中国资源综合利用（8）：18-20.

齐玉春，董云社，1999. 土壤氧化亚氮产生、排放及其影响因素［J］. 地理学报，6：534-542.

乔云发，苗淑杰，王树起，等，2007. 不同施肥处理对黑土土壤呼吸的影响［J］. 土壤学报，44（6）：1028-1035.

乔云发，韩晓增，苗淑杰，2007. 长期定量施肥对黑土呼吸的影响［J］. 土壤通报，38（5）：887-890.

秦大河，2014. 气候变化科学与人类可持续发展［J］. 地理科学进展，33（7）：874-883.

秦丽杰，1996. 珲春市农田生态系统的物质循环分析［J］. 哈尔滨师范大学自然科学学报，12（4）：107-109.

曲晶晶，郑金伟，郑聚锋，等，2012. 小麦秸秆生物质炭对水稻产量及晚稻氮素利用率的影响［J］. 生态与农村环境学报，28（3）：288-293.

冉邦定，周桓武，张崇范，1981. 用叶片长宽比值计算烤烟叶面积指数［J］. 中国烟草（2）：27-28.

任学勇，司慧，王文亮，等，2012. 生物质定向热裂解液化装置的研发Ⅰ：系统设计与工艺分析［J］. 木材加工机械（3）：17-21.

任志杰，高兵，黄涛，等，2014. 不同轮作和管理措施下根系呼吸对土壤呼吸的贡献［J］. 环境科学学报，34（9）：2367-2375

申卫博，张云，汪自庆，等，2015. 木材制备生物炭的孔结构分析［J］. 中国粉体技术（2）：24-27.

时秀焕，张晓平，梁爱珍，等，2010. 土壤CO_2排放主要影响因素的研究进展［J］. 土壤通报，41（3）：761-767.

史红文，秦泉，廖建雄，等，2011. 武汉市10种优势园林植物固碳释氧能力研究［J］. 中南林业科技大学学报，31（9）：87-90.

宋涛，王跃思，赵晓松，等，2007. 三江平原农田夜间呼吸的涡度相关法

和箱法观测比对 [J]. 环境科学, 28 (8)：1854-1860.

宋涛, 王跃思, 宋长春, 等, 2006. 三江平原稻田 CO_2 通量及其环境响应特征 [J]. 中国环境科学, 26 (6)：657-661.

宋文质, 王少彬, 苏维瀚, 等, 1996. 我国农田土壤的主要温室气体 CO_2、CH_4 和 N_2O 排放研究 [J]. 环境科学, 17 (1)：55-85.

宋霞, 刘允芬, 徐小锋, 2003. 箱法和涡度相关法测碳通量的比较研究 [J]. 江西科学, 21 (3)：206-210.

宋长春, 王毅勇, 2006. 湿地生态系统土壤温度对气温的响应特征及对 CO_2 排放的影响 [J]. 应用生态学报, 17 (4)：625-629.

苏德成, 2005. 中国烟草栽培学 [M]. 上海：上海科学技术出版社.

孙小花, 张仁陟, 蔡立群, 等, 2009. 不同耕作措施对黄土高原旱地土壤呼吸的影响 [J]. 应用生态学报 (9)：2173-2180.

汤洁, 韩源, 刘森, 2012. 吉林西部不同土地利用方式下的生长季土壤 CO_2 排放通量日变化及影响因素 [J]. 生态环境学报, 21 (1)：33-37.

佟小刚, 2008. 长期施肥下我国典型农田土壤有机碳库变化特征 [D]. 北京：中国农业科学院.

佟雪娇, 李九玉, 姜军, 等, 2011. 添加农作物秸秆炭对红壤吸附 Cu (Ⅱ) 的影响 [J]. 生态与农村环境学报, 27 (5)：37-41.

王爱玲, 高旺盛, 黄进勇, 2000. 秸秆直接还田的生态效应 [J]. 中国农业资源与区划 (2)：44-48.

王兵, 姜艳, 郭浩, 等, 2011. 土壤呼吸及其三个生物学过程研究 [J]. 土壤通报, 42 (2)：483-490.

王伯仁, 徐明岗, 文石林, 2005. 有机肥和化学肥料配合施用对红壤肥力的影响 [J]. 土壤肥力科学, 2：46-50.

王成己, 王义祥, 林宇航, 等, 2012. 生物黑炭输入对果园土壤性状及活性有机碳的影响 [J]. 福建农业学报, 27 (2)：196-199.

王建安, 翟新, 徐发华, 等, 2012. 浅谈烤烟基本烟田废弃物的综合利用 [J]. 中国农学通报, 34：138-142.

王建林, 温学发, 孙晓敏, 等, 2009. 华北平原冬小麦生态系统齐穗期水碳通量日变化的非对称响应 [J]. 华北农学报, 24 (5)：159-163.

王蕾，张福勤，夏莉红，等，2009. 压汞法分析 C/C 复合材料平板的孔隙结构 [J]. 矿冶工程，4：95-98.

王群，2013. 生物质源和制备温度对生物炭构效的影响 [D]. 上海：上海交通大学.

王瑞，2010. 恩施州不同海拔下烤烟光合作用与产量、质量的差异性研究 [D]. 郑州：河南农业大学.

王尚明，胡继超，吴高学，等，2011. 亚热带稻生态系统 CO_2 通量特征分析 [J]. 环境科学学报，31 (1)：217.

王绍强，周成虎，1999. 中国陆地土壤有机碳库的估算 [J]. 地理研究，18 (4)：349-355.

王世通，赵志鹏，高志明，等，2012. 海拔对鄂西南烤烟生长发育及产量和品质的影响 [J]. 安徽农业科学，40 (14)：8054-8056.

王树键，王瑞，申国明，等，2013a. 湖北恩施烤烟平顶期烟田碳通量日变化研究 [J]. 中国烟草科学，34 (6)：43-48.

王树键，2013b. 恩施烟区典型烟田生态系统 CO_2 通量变化及影响因子研究 [D]. 北京：中国农业科学院.

王伟文，冯小芹，段继海，2011. 秸秆生物质热裂解技术的研究进展 [J]. 中国农学通报，27 (6)：355-361.

王雯，2013. 黄土高原旱作麦田生态系统 CO_2 通量变化特征及环境响应机制 [D]. 咸阳：西北农林科技大学.

王旭，周广胜，蒋延玲，等，2006. 长白山红松针阔混交林与开垦农田土壤呼吸作用比较 [J]. 植物生态学报，30 (6)：887-893.

王旭峰，马明国，2009. 基于 LPJ 模型的制种玉米碳水通量模拟研究 [J]. 地球科学进展，24 (7)：734-740.

王妍，张旭东，彭镇华，等，2006. 森林生态系统碳通量研究进展 [J]. 世界林业研究，19 (3)：12-17.

王迎红，2005. 陆地生态系统温室气体排放观测方法研究、应用及结果比对分析 [D]. 北京：中国科学院.

王芸，李增嘉，韩宾，等，2007. 保护性耕作对土壤微生物量及活性的影响 [J]. 生态学报，27 (8)：3384-3390.

王重阳，王绍斌，顾江新，等，2006. 下辽河平原玉米田土壤呼吸初步研究 [J]. 农业环境科学学报，25（5）：1240-1244.

魏飞，刘建辉，2009. 敞口快速炭化窑及配套设备的研究 [J]. 硅谷，15：110.

吴会军，蔡典雄，武雪萍，等，2010. 不同施肥条件下小麦田土壤呼吸特征研究 [J]. 中国土壤与肥料（6）：70-74.

吴志丹，尤志明，江福英，等，2012. 生物黑炭对酸化茶园土壤的改良效果 [J]. 福建农业学报，27（2）：167-172.

武兰芳，欧阳竹，2008. 不同种植密度下两种穗型小麦叶片光合特性的变化 [J]. 麦类作物学报，28（4）：618-625.

肖强，叶文景，朱珠，等，2005. 利用数码相机和 Photoshop 软件非破坏性测定叶面积的简便方法 [J]. 生态学杂志，24（6）：711-714.

谢国雄，章明奎，2014. 施用生物质炭对红壤有机碳矿化及其组分的影响 [J]. 土壤通报，2：413-419.

谢军飞，李玉娥，2002. 农田土壤温室气体排放机理与影响因素研究进展 [J]. 中国农业气象，23（4）：47-52.

谢五三，田红，童应祥，等，2009. 基于淮河流域农田生态系统观测资料的通量研究 [J]. 气象科技，37（5）：601-606.

谢祖彬，刘琦，许燕萍，等，2011. 生物炭研究进展及其研究方向 [J]. 土壤，43（6）：857-861.

邢晓旭，2006. 施肥对春玉米农田土壤呼吸 CO_2 释放量的影响及其变化规律研究 [D]. 保定：河北农业大学.

徐明岗，于荣，王伯仁，2006. 长期不同施肥下红壤活性有机质与碳库管理指数变化 [J]. 土壤学报，43（5）：723-729.

薛红喜，李峰，李琪，等，2012. 基于涡度相关法的中国农田生态系统碳通量研究进展 [J]. 南京信息工程大学学报：自然科学版，4（3）：226-232.

薛晓辉，2010. 典型旱作区施肥对农田氮淋溶以及温室气体排放的影响 [D]. 北京：中国科学院.

严俊霞，李洪建，尤龙凤，2010. 玉米农田土壤呼吸与环境因子的关系研

究 [J]. 干旱区资源与环境 (3)：183-189.

颜景义，郑有飞，郭林，等，1995. 小麦累积光合量的估算及其规律分析 [J]. 中国农业气象，12 (1)：4-8.

杨金艳，王传宽，2006. 东北东部森林生态系统土壤呼吸组分的分离量化 [J]. 生态学报，26 (6)：1640-1647.

杨兰芳，蔡祖聪，2005. 玉米生长中的土壤呼吸及其受氮肥施用的影响 [J]. 土壤学报，42 (1)：9-15.

杨庆朋，徐明，刘洪升，等，2011. 土壤呼吸温度敏感性的影响因素和不确定性 [J]. 生态学报，31 (8)：2301-2311.

姚兰，艾训儒，白灵，2009. 恩施州区域生态环境综合评价研究 [J]. 湖北民族学院学报（自然科学版），27 (1)：92-97.

姚玉刚，蒋跃林，李俊，2007. 农田 CO_2 通量观测的研究进展 [J]. 中国农学通报，23 (6)：626-629.

姚玉刚，2007. 两种方法测定华北平原农田生态系统净碳交换量的研究 [D]. 合肥：安徽农业大学.

叶丽丽，2011. 黑炭的理化特性及其对红壤生物物理性质的影响研究 [D]. 长沙：湖南农业大学.

尹春梅，谢小立，王凯荣，等，2007. 稻田冬闲期 CO_2 气体排放的观测研究 [J]. 生态环境，16 (1)：71-76.

袁金华，徐仁扣，2011. 生物质炭的性质及其对土壤环境功能影响的研究进展 [J]. 生态环境学报，20 (4)：779-785.

袁颖红，李辉信，黄欠如，等，2007. 长期施肥对红壤性水稻土活性碳的影响 [J]. 生态学报，16：554-559.

袁再健，沈彦俊，褚英敏，等，2010. 华北平原冬小麦生长期典型农田热、碳通量特征与过程模拟 [J]. 环境科学，31 (1)：41-48.

张阿凤，程堃，潘根兴，等，2001. 秸秆生物黑炭农业应用的固碳减排计量方法学探讨 [J]. 农业环境科学学报，30 (9)：1811-1815.

张阿凤，潘根兴，李恋卿，2009. 生物黑炭及其增汇减排与改良土壤意义 [J]. 农业环境科学学报，28 (12)：2459-2463.

张阿凤，2012. 秸秆生物质炭对农田温室气体排放及作物生产力的效应研究［D］．南京：南京农业大学．

张斌，刘晓雨，潘根兴，等，2012．施用生物质炭后稻田土壤性质、水稻
　　产量和痕量温室气体排放的变化［J］．中国农业科学，45（23）：
　　4844-4853．

张东秋，石培礼，张宪洲，2005．土壤呼吸主要影响因素的研究进展
　　［J］．地球科学进展，20（7）：778-785．

张风霞，韩娟娟，陈银萍，等，2014．科尔沁沙地玉米（Zeamays）田垄上
　　和垄间土壤呼吸比较［J］．中国沙漠，34（2）：378-384．

张夫道，2006．中国土壤生物演变及安全评价［M］．北京：中国农业
　　出版社．

张海涛，王如松，胡聃，等，2011．煤矿固废资源化利用的生态效率与碳
　　减排［J］．生态学报，31（19）：5638-5645．

张红星，王效科，冯宗炜，等，2007．用测定陆地生态系统与人气间CO_2
　　交换通量的多通道全自动通量箱系统［J］．生态学报，27（4）：
　　1273-1282．

张宏，黄懿梅，祁金花，等，2011．温度和水分对黄土丘陵区3种典型土
　　地利用方式下土壤释放CO_2潜力的影响［J］．中国生态农业学报，19
　　（4）：731-737．

张继光，申国明，张忠锋，等，2015．不同烤烟种植模式的物质流、能量
　　流及价值流分析［J］．中国烟草科学，36（3）：95-100．

张蛟蛟，李永夫，姜培坤，等，2013．施肥对板栗林土壤CO_2通量的影响
　　［J］．应用生态学报，24（9）：431-439．

张金霞，曹广民，周党卫，等，2001．退化草地暗沃寒冻雏形土CO_2释放
　　的日变化和季节动态［J］．生态学报，38（1）：32-39．

张俊丽，廖允成，曾爱，等，2013．不同施氮水平下旱作玉米田土壤呼吸
　　速率与土壤水热关系［J］．农业环境科学学报，32（7）：1382-1388．

张鹏，武健羽，李力，等，2012．猪粪制备的生物炭对西维因的吸附与催
　　化水解作用［J］．农业环境科学学报，31（2）：416-421．

张前兵，2013．干旱区不同管理措施下绿洲棉田土壤呼吸及碳平衡研究
　　［D］．石河子：石河子大学．

张庆忠，吴文良，王明新，等，2005. 秸秆还田和施氮对农田土壤呼吸的影响 [J]. 生态学报，25 (11)：2883-2887.

张赛，王龙昌，黄召存，等，2014a. 保护性耕作下小麦田土壤呼吸及碳平衡研究 [J]. 环境科学，35 (6)：2419-2425.

张赛，王龙昌，周航飞，等，2014b. 西南丘陵区不同耕作模式下玉米田土壤呼吸及影响因素 [J]. 生态学报，34 (21)：6244-6255.

张赛，2014c. 不同耕作模式下"小麦/玉米/大豆"套作农田碳平衡特征研究 [D]. 重庆：西南大学.

张伟明，孟军，陈温福，等，2013. 生物炭对水稻根系形态与生理特性及产量的影响 [J]. 作物学报，39 (8)：1445-1451.

张文玲，李桂花，高卫东，2009. 生物质炭对土壤性状和作物产量的影响 [J]. 中国农学通报，25 (17)：153-157.

张晓远，毕庆文，汪健，等，2009. 变黄期温湿度及持续时间对上部烟叶呼吸速率和化学成分的影响 [J]. 烟草科技 (6)：61-63.

张旭辉，2004. 农业土壤有机碳库的变化与土壤升温对水稻土有机碳矿化和 CO_2 排放的影响 [D]. 南京：南京农业大学.

张雪松，申双和，谢轶嵩，等，2009. 华北平原冬麦田根呼吸对土壤总呼吸的贡献 [J]. 中国农业气象，30 (3)：289-296.

张永丽，肖凯，李雁鸣，2005. 种植密度对杂种小麦 C6-38/Py85-1 旗叶光合特性和产量的调控效应及其生理机制 [J]. 作物学报，31 (4)：498-505.

张永强，沈彦俊，刘昌明，等，2002. 华北平原典型农田水、热与 CO_2 通量的测定 [J]. 地理学报，57 (3)：333-342.

张宇，张海林，陈继康，等，2009. 耕作方式对冬小麦田土壤呼吸及各组分贡献的影响 [J]. 中国农业科学 (9)：3354-3360.

张玉兰，陈利军，张丽莉，等，2005. 土壤质量的酶学指标研究 [J]. 土壤通报，36 (4)：598-604.

张玉铭，胡春胜，张佳宝，等，2011. 农田土壤主要温室气体（CO_2、CH_4、N_2O）的源/汇强度及其温室效应研究进展 [J]. 中国生态农业学报，19 (4)：966-975.

张园营, 2013. 烟草专用炭基一体肥生物炭适宜用量研究 [D]. 郑州：河南农业大学.

张中杰, 朱波, 江长胜, 等, 2005. 川中丘陵区旱地小麦生态系统 CO_2、N_2O 和 CH_4 排放特征 [J]. 生态学杂志, 24 (2)：131-135.

章明奎, Walelign D B, 唐红娟, 2012. 生物质炭对土壤有机质活性的影响 [J]. 水土保持学报, 26 (2)：127-137.

赵峥, 岳玉波, 张翼, 等, 2014. 不同施肥条件对稻田温室气体排放特征的影响 [J]. 农业环境科学学报, 33 (11)：2273-2278.

郑循华, 王明星, 1997. 温度对农田 N_2O 产生与排放的影响 [J]. 环境科学, 18 (5)：1-5.

郑循华, 徐仲均, 王跃思, 等, 2002. 开放式空气 CO_2 浓度增高影响稻田—大气 CO_2 净交换的静态暗箱法观测研究 [J]. 应用生态学报, 13 (10)：1240-1244.

郑泽梅, 于贵瑞, 孙晓敏, 等, 2008. 涡度相关法和静态箱/气相色谱法在生态系统呼吸观测中的比较 [J]. 应用生态学报, 19 (2)：290-298.

中国农业科学院烟草研究所, 2005. 中国烟草栽培学 [M]. 上海：上海科学技术出版社.

周震峰, 王建超, 饶潇潇, 2015. 添加生物炭对土壤酶活性的影响 [J]. 江西农业学报, 27 (6)：110-112.

朱华炳, 胡孔元, 陈天虎, 等, 2009. 内燃加热式生物质气化炉设计 [J]. 农业机械学报, 2：96-102.

朱荣誉, 于学玲, 史劲松, 1998. 烟草废弃物的综合利用 [J]. 中国野生植物资源, 18 (3)：25-27.

朱锡锋, 陆强, 郑冀鲁, 等, 2006. 生物质热解与生物油的特性研究 [J]. 太阳能学报, 27 (12)：1285-1289.

朱咏莉, 童成立, 吴金水, 等, 2007. 亚热带稻田生态系统 CO_2 通量的季节变化特征 [J]. 环境科学, 28 (2)：283-288.

朱咏莉, 吴金水, 陈微微, 等, 2007. 稻田生态系统 CO_2 通量的日变化特征 [J]. 中国农学通报, 23 (9)：603-606.

朱咏莉, 童成立, 吴金水, 等, 2005. 透明箱法监测稻田生态系统 CO_2 通

量的研究 [J]. 环境科学, 6: 10-16.

庄晓伟, 吴丽芳, 陈顺伟, 等, 2010. 机制棒自燃内热式炭化窑及其炭化工业试验 [J]. 浙江林业科技, 4: 56-61.

邹建文, 黄耀, 郑循华, 等, 2004. 基于静态暗箱法的陆地生态系统—大气 CO_2 净交换估算 [J]. 科学通报, 49 (3): 258-264.

邹建文, 黄耀, 宗良纲, 等, 2003. 稻田 CO_2、CH_4 和 N_2O 排放及其影响因素 [J]. 环境科学学报, 23 (6): 758-764.

Albrizio R, Steduto P, 2009. Photo synthesis respiration and conservative carbon use efficiency of four field grown crops [J]. Agricultural and Forest Meteorology, 116: 19-36.

Alexis M A, Rasse D P, Rumpel C, et al., 2009. Fire impact on C and N losses and charcoal production in a scrub oak ecosystem [J]. Biogeochemistry, 82: 201-216.

Ameloot N, De Neve S, Jegajeevagan K, et al., 2013. Short-term CO_2 and N_2O emissions and microbial properties of biochar amended sandy loam soils [J]. Soil Biology and Biochemistry, 57: 401-410.

Amold K, Nilsson M H, Nell B, et al., 2005. Fluxes of CO_2, CH_4 and N_2O from drained organic soils in deciduous forests [J]. Soil Biology and Biochemistry, 37: 1059-1071.

Angell R, Svejcar T, Bates J, et al., 2001. Bowen ratio and closed chamber carbon dioxide flux measurements over sagebrush steppe vegetation [J]. Agricultural and Forest Meteorology, 108: 153-161.

Antal M J, Gronli M, 2003. The art, Science and technology of charcoal production [J]. Industrial & Engineering Chemistry Research, 42: 1619-1640.

Anthoni P M, Freibauer A, Kolle O, et al., 2004. Winter wheat carbon exchange in Thuringia, Germany [J]. Agricultural and Forest Meteorology, 121 (1): 55-67.

Astrid R B S, Buchmann N, 2005. Spatial and temporal variations in soil respiration in relation to stand structure and soil parameters in an unmanaged beech forest [J]. Tree Physiology, 25(11): 1427-1436.

Bailey V L, Fansler S J, Smith J L, et al., 2011. Reconciling apparent variability in effects of biochar amendment on soil enzyme activities by assay optimization [J]. Soil Biology & Biochemistry, 43(2): 296-301.

Bayer C, Mielniczuk J, Amado T J C, et al., 2000. Organic matter storage in a sandy clay loam Acrisol affected by tillage and cropping systems in southern Brazil[J]. Soil and Tillage Research, 54: 101-109.

Bhatia A, Pathak H, Jain N, et al., 2005. Global warming potential of manure a-mended soils under rice-wheat system in the Indo-Gangetic plains[J]. Atmospheric Environment, 39: 6976-6984.

Bowden R D, Nadelhoffer K J, Boone R D, et al., 1993. Contributions of aboveground litter, belowground litter, and root respiration to total soil respiration in a temperate mixed hardwood forest[J]. Canadian Journal of Forest Research, 23(7): 1402-1407.

Brodowski S, John B, Flessa H, et al., 2006. Aggregate-occluded black carbon in soil[J]. European Journal of Soil Science, 57: 539-546.

Bubier J, Crill P, Mosedale A, 2002. Net ecosystem CO_2 exchange measured by auto chambers during the snow covered season at atemperate peatland[J]. Hydrol. Process, 16: 3667-3682.

Carrara A, Janssens I A, Yuste J C, et al., 2004. Seasonal changes in photo-synthesis, respiration and NEE of a mixed temperate forest[J]. Agricultural and Forest Meteorology, 126(12): 15-31.

Carrara A, Kowalski A S, Neirynck J, et al., 2003. Net ecosystem CO_2 exchange of mixed forest in Belgium over 5 years [J]. Agricultural and Forest Meteorology, 119(3): 209-227.

Castaldi S, Riondino M, Baronti S, et al., 2011. Impact of biochar application to a Mediterranean wheat crop on soil microbial activity and greenhouse gas fluxes [J]. Chemosphere, 85(9): 1464-1471.

Ceschia E, Béziat P, Dejoux J F, et al., 2010. Management effects on net ecosystem carbon and GHG budgets at European crop sites [J]. Agriculture, Ecosystems and Environment, 139(3): 363-383.

Cheng K, Pan G X, Pete S, et al. , 2011.Carbon footprint of China's crop production: An estimation using agro-statistics data over 1993-2007[J].Agriculture, Ecosystems and Environment, 142: 231-237.

Chun Y, Sheng G Y, Cary T C, 2004.Compositions and sportive properties of crop residue-derived chars[J].Environ.Sci.Technol, 38: 4649-4655.

Conant R T, Klopatek J M, Malin R C, et al. , 1998.Carbon poolsand fluxes along an environment gradient in northern Arizona [J]. Biogeochemisty, 43 (1): 43-61.

Cookson W R, Abaye D A, Marsschner P, et al. , 2005.The contribution of soil organic matter fractions to carbon and nitrogen mineralization and microbial community size and structure [J]. Soil Biology and Biochemistry, 37 (9): 1726-1737.

Cox P M, Betts R A, Jones C D, et al. , 2000. Acceleration of global warming due to carbon-cycle feedback in a coup led climate model[J]. Nature, 408: 184-187.

Czimczik C I, Masiello C A, 2007.Control on black carbon storage in soils[J]. Global Biogeochemistry Cycles, 21(3): 113.

Deenik J L, McClellan A T, Uehara G, 2010. Biochar volatile matter content effects on plant growth and nitrogen and nitrogen transformations in a tropical soil[J].Crop and Soil Science, 74: 1259-1270.

Demirbas A, 2001.Carbonization ranking of selected biomass for charcoal, liquid and gaseous products [J]. Energy Conversion and Management, 42: 1229-1238.

Demirbas A, 2004.Effects of temperature and particle size on biochar yield from pyrolysis of agricultural residues[J].Journal of Analytical and Applied Pyrolysis, 72: 243-248.

Ding W X, Meng L, Yin Y F, et al. , 2007.CO_2 emission in an intensively cultivated loam as affected by long-term application of organic manure and nitrogen fertilizer[J].Soil Biology and Biochemistry, 39(2): 669-679.

Ding W X, Yu H Y, Cai Z C, et al. , 2010.Responses of soil respiration to N fertilization in a loamy soil under maize cultivation[J] . Geoderma, 155 (3 – 4) : 381–389.

Don A, Schumacher J, Freibauer A, 2011. Impact of tropical land – use change on soil organic carbon stocks –a meta–analysis[J] . Global Change Biology, 17 (4) : 1658–1670.

Dugas W A, Reicosky D C, Kiniry J R, 1997. Chamber and micro – teorological measurements of CO_2 and H_2O fluxes for three C4 grasses[J] . Agricultural and Forest Meteorology, 83: 113–133.

Fang C, Moncrieff J B, 2001. The dependence of soil CO_2 efflux on temperature [J] . Soil Biology and Biochemistry, 33: 1551–1565.

Fang C, Moncrieff J B, 2001. The dependence of soil CO_2 efflux on temperature [J] . Soil Biology and Biochemistry, 33(2) : 155–165.

FAO, 2001. Soil carbon sequestration for improved land management[R] . Rome, Italy: World Soil Resources Reports, Food&Agriculture organization.

Flanagan L B, Wever L A, Carlson P J, 2002. Seasonal and interannual variation in carbon dioxide exchange and carbon balance in a northern temperate grassland[J] . Global Change Biology, 8(7) : 599–615.

Frank A B, Dugas W A, 2001. Carbon dioxide fluxes over a northern, semiarid, mixed–grass prairie[J] . Agricultural and Forest Meteorology, 108(4) : 317–326.

Freibauer A, Rounsevell M D A, Smith P, et al. , 2004. Carbon sequestration in the agricultural soils of Europe[J] . Geoderma, 122: 1–23.

Fu S, Cheng W, 2002. Rhizosphere priming effects on the decomposition of soil organic matter in C4 and C3 grassland soils [J] . Plant and Soil, 238 (2) : 289–294.

Grahammer K, Jawson M D, Skopp J, 1981. Day and night soilrespiration from a grassland[J] . Soil Biology and Biochemistry, 23(1) : 77–78.

Hall A J, ConNor D J, Whitfield D M, 1990. Root respiration during grain filling in sunflower: the effects of water stress[J] . Plant Soil, 121: 57–66.

Han G X, Zhou G S, Xu Z Z, et al. , 2007. Soil temperature and biotic factors drive the seasonal variation of soil respiration in a maize(*Zea mays* L.) agricultural ecosystem[J] .Plant and Soil, 291: 15−26.

Hollinger S E, Bernacchi C J, Meyers T P, 2005.Carbon budget of mature no−till ecosystem in North Central Region of the United States[J] . Agricultural and Forest Meteorology, 130(1−2) : 59−69.

Hutchinson J J, Campbell C A, Desjardins R L, 2007.Some perspectives on carbon sequestration in agriculture[J] . Agricultural and Forest Meteorology, 142 (2) : 288−302.

IPCC, 2001.Climate change 2001: impacts, adaptation, and vulnerability: contribution of Working Group II to the third assessment report of the Intergovernmental Panel on Climate Change[M] .Cambridge: Cambridge University Press.

IPCC, 2007. Climate change 2007: The physical science basis: Working group I contribution to the fourth assessment report of the IPCC[M] . Cambridge: Cambridge University Press.

IPCC, 2000.Special report on emissions scenarios, Working Group III, Intergovernmental Panel on Climate Change[R] .Cambridge: Cambridge University Press.

Jans W W P, Jacobs C M J, Kruijt B, et al. , 2010. Carbon exchange of a maize (*Zea mays* L.) crop: Influence of phenology[J] .Agriculture, ecosystems and environment, 139(3) : 316−324.

Joseph S, Lehmann J, 2009. Biochar for environmental management: Science and technology[M] .London, GB: Earthscan.

Katyal S, Thambimuthu K, Valix M, 2003.Carbonisation of bagasse in a fixed bed reactor: Influence of process variables on char yield and characteristics[J] .Renewable Energy, 28: 713−725.

Keeling R F, Piper S C, Heimann M, 1996.Global and hemispheric CO_2 sinks deduced from changes in atmospheric O_2 concentration[J] .Nature, 81: 218−221.

Keiluweit M, Nico P, 2010.Dynamic molecular structure of plant biomass−derived black carbon(Biochar) [J] .Environ.Sci.Technol, 44: 1247−1253.

Kucera C, Kirkham D, 1971.Soil respiration studies in tallgrass prairie in Missouri [J] .Ecology, 52: 912−915.

Kuzyakov Y, Cheng W, 2001.Photosynthesis controls of rhizosphere respiration and organic matter decomposition[J].Soil Biology and Biochemistry, 33(14): 1915-1925.

Laird D, Fleming P, Wang B Q, et al., 2010.Biochar impact on nutrient leaching from a Midwestern agricultural soil[J].Geo-derma, 158: 436-442.

Lal R, 2004. Soil carbon sequestration impacts on global climate change and food security[J].Science, 304: 1623-1627.

Lal R, 2004.Soil carbon sequestration to mitigate climate change[J].Geoderma, 123(1): 1-22.

Lal, R, 2004. Soil sequestration impacts on global climate change and food security[J].Science, 304: 35-39.

Law B E, Ryan M G, Anthoni P M, 2000.Measuring and modeling seasonal variation of carbon dioxide and water vapor exchange of a pinus ponderosa forest subjected to soil water deficit[J].Global Change Biology, 6: 613-630.

Lawler A, 1998. Research limelight falls on carbon cycle [J]. Science, 280 (5370): 1683.

Lawrence B, Flanagan, 2005.Interaction effects of temperature, soil moisture and plant biomass production on ecosystem respiration in a northern temperate grassland[J].Agricultural and Forest Meteorology, 130: 237-253.

Lehmann J, Czimczik C, Laird D, et al., 2009.Stability of biochar in the soil: Biochar for Environmental Management Science and Technology [C]. London: Earthscan, 183-205.

Lehmann J, Gaunt J, Rondon M, 2006.Biochar sequestration in terrestrial ecosystems: a review[J].Mitigation and Adaptation Strategies for Global Change, 11: 403-427.

Lehmann J, 2007.A handful of carbon[J].Nature, 443: 143-144.

Lei H M, Yang D W, 2010.Seasonal and interannual variations in carbon dioxide exchange over a cropland in the North China Plain[J].Global change biology, 16(11): 2944-2957.

Li J, Yu Q, Sun X, et al., 2006.Carbon dioxide exchange and the mechanism of

environmental control in a farmland ecosystem in North China Plain[J].
Science in China Series D: Earth Sciences, 49(2):226-240.

Li M H, Krauchi N, Dobbertin M, 2006.Biomass distribution of differentaged nee-
dles in young and old Pinus cembra trees at highland and lowland sites
[J].Trees, 20: 611-618.

Li X, Fu H, Guo D, et al. , 2010. Partitioning soil respiration and assessing
the carbon balance in a Setaria italica(L.) Beauv.Cropland on the Loess Plat-
eau, Northern China[J].Soil Biology and Biochemistry, 42(2):337-346.

Li Z P, Han F X, Su Y, Zhang T L, et al. , 2007. Assessment of soil organic
and carbonate carbon storage in China[J].Geoderma, 138(1):119-126.

Liang B, Lehmann J, Sohi S P, et al. , 2010. Black carbon affects the cycling of
non black carbon in soil[J].Organic Geochemistry, 41(2):206-213.

Liu X H, Zhang X C, 2012.Effect of biochar on pH of alkaline soils in the Loess
Plateau: Results from incubation experiments[J], International Journal of Agri-
culture and Biology, 14(5):745-750.

Liu Y X, Yang M, WU Y M, et al. , 2011.Reducing CH_4 and CO_2 emissions from
waterlogged paddy soil with biochar[J].Journal of Soils and Sediments, 11(6):
930-939.

Liu Y, Wan K, Tao Y, et al. , 2013. Carbon dioxide flux from rice paddy soils
in central China: effects of intermittent flooding and draining cycles[J].Plos
one, 8(2):e56562.

Luo T X, Pan Y D, Ouyan H, et al. , 2004.Leaf area index and net primary pro-
ductivity alongsubtropical to alpine gradients in the Tibetan Plateau[J].Global
Ecology and Biogeography, 13:345-358.

Major J, Rondon M, Molina D, et al. , 2010. Maize yield and nutrition during 4
years after biochar application to a colombian savanna oxisol[J]. Plant and
Soil, 333(1-2):117-128.

Mandal K J, Sinha A C, 2004.Nutrient management effects onlight interception,
photosynthesis, growth, dry-matter production and yield of Indian mustard
(Brassica juncea)[J].J Agron Crop Sci, 190: 119-129.

Mi N, Wang S, Liu J, et al. , 2008. Soil inorganic carbon storage pattern in China [J]. Global Change Biology, 14(10) : 2380−2387.

Moureaux C, Debacq A, Bodson B, et al. , 2006. Annual net ecosystem carbon exchange by a sugar beet crop[J]. Agricultural and Forest Meteorology, 139(1) : 25−39.

Moureaux C, Debacq A, Hoyaux J, et al. , 2008. Carbon balance assessment of a Belgian winter wheat crop(*Triticum aestivum* L.) [J]. Global Change Biology, 14 (6) : 1353−1366.

Mummey D L, Smith J L, Bolton J R H, 1994. Nitrous oxide flux from a Shrub steppe ecosystem: sources and regulation[J]. Soil Biology and Biochemistry, 26(2) : 279−286.

Musselman R C, Fox D G, 1991. A review of the role of temperate forests in the global CO_2 balance[J]. Journal of the Air & Waste Management Association, 41(6) : 798−807.

Noguera D, Rondón M, Laossi K R, et al. , 2010. Contrasted effect of biochar and earthworms on rice growth and resource allocation in different soils[J]. Soil biology and Biochemistry, 42(7) : 1017−1027.

Oguntunde P G, Abiodun B J, Ajayi A E, et al. , 2008. Effects of charcoal production on soil physical properties in Ghana[J]. Journal of Plant Nutrition and Soil Science, 171(4) : 591−596.

Oleszczuk P, Jośko I, Futa B, et al. , 2014. Effect of pesticides on microorganisms, enzymatic activity and plant in biocharamended soil [J]. Geoderma, 214: 10−18.

Paustian K, Six J, Elliott E T, et al. , 2000. Management options for reducing CO_2 emissions from agricultural soils[J]. Biogeochemistry, 48(1) : 147−163.

Pavelka M, Acosta M, Marek M V, et al. , 2007. Dependence of the Q10 values on the depth of the soil temperature measuring point[J]. Plant and Soil, 292 (1−2) : 171−179.

Peng Y Y, Thomas S C, Tian D L, 2008. Forest management and soil respiration: implications for carbon sequestration [J]. Environmental Reviews, 16 (1) :

93-111.

Pete Smith, 2004. Carbon sequestration in croplands: The Potential in Europe and the global context. Europe Agronomy, 20: 229-236.

Pingintha N, Leclerc M Y, Beasley Jr J P, et al. , 2010. Hysteresis response of daytime net ecosystem exchange during drought[J]. Biogeosciences, 7(3): 1159-1170.

Raich J W, Potter C S, 1995. Global pattern of carbon dioxide emission from soils [J]. Global Biogeochemical Cycles(9): 23-36.

Raich J W, Schlesinger W H, 1992. The global carbon dioxide flux in soil respiration and its relationship to vegetation and climate[J]. Tellus B, 44(2): 81-99.

Raich J W, Tufekciogul A, 2000. Vegetation and soil respiration: Correlations and control[J]. Biogeochem, 48: 71-90.

Saigusa N, Yamamoto S, Murayama S, et al. , 2002. Gross primary production and net ecosystem exchange of a cool-temperate deciduous forest estimated by the eddy covariance method[J]. Agricultural and Forest Meteorology, 112(3): 203-215.

Saito M, Miyata A, Nagai H, et al. , 2005. Seasonal variation of carbon dioxide exchange in rice paddy field in Japan[J]. Agricultural and Forest Meteorology, 135(1): 93-109.

Scala J, Bolongezi D, Pereira G T, 2006. Short-term soil CO_2 emission after conventional and reduced tillage of a no-till sugarcane area in southern Brazil [J]. Soil and Tillage Research, 91: 244-248.

Schimel D S, Braswell B H, Holland E A, et al. , 1994. Climatic, edaphic and biotic controls over storage and turnover of carbon in soils[J]. Global Biogeochemical Cycle, 8(3): 279-293.

Schlesinger W H, Andrews J A, 2000. Soil respiration and the global carbon cycle [J]. Biogeochemistry, 48: 7-20.

Schmidt M W I, Noack A G, 2000. Black carbon in soils and sediments: Analysis, distribution, implications, and current challenges[J]. Global Biogeochemical Cycles, 14: 777-794.

Scholes B, 1999. Will the terrestrial carbon sink saturate soon[J]. IGBP Global Change Newsletter, 37: 2-3.

Shi P L, Zhang X Z, Zhong Z M, et al., 2006. Diurnal and seasonal variability of soil CO_2 efflux in a cropland ecosystem on the Tibetan Plateau[J]. Agricultural and Forest Meteorology, 137(3-4): 220-233.

Sims P L, Bradford J A, 2001. Carbon dioxide fluxes in a southern plains prairie [J]. Agricultural and Forest Meteorology, 109(2): 117-134.

Singh B P, Hatton B J, Singh B, et al., 2010. The role of biochar in reducing nitrous oxide emissions and nitrogen leaching from soil: 19th World Congress of Soil Science, Soil Solutions for a Changing World[C]. Brisbane, Australia: 257-259.

Singh J S, Gupta S R, 1997. Plant decomposition and soil respiration in terrestrial ecosystems[J]. Botany Review, 43: 449-528.

Smith P, Powlson D S, Glendining M, et al., 1998. Preliminary estimates of the potential for carbon mitigation in European soils through no – till farming [J]. Global Change Biology, 4: 679 -685.

Spokas K A, Koskinen W C, Baker J M, et al., 2009. Impacts of woodchip biochar additions on greenhouse gas production and sorption/degradation of two herbicides in a Minnesota soil[J]. Chemosphere, 77(4): 574-581.

Steduto P, Cetink kü, Albrizio R, et al., 2002. Automated closed system canopy-chamber for continuous field-crop monitoring of CO_2 and H_2O fluxes [J]. Agricultural and forest meteorology, 111: 171-186.

Steiner C, Glaser B, Teixeira W, et al., 2008. Nitrogen retention and plant uptake on a highly weathered central Amazonian Ferralsol amended with compost and charcoal[J]. Journal of Plant Nutrition and Soil Science, 171(6): 893-899.

Tang J W, Baldocchi D D, Qi Y, et al., 2003. Assessing soil CO_2 efflux using continuous measurements of CO_2 profiles in soils with small solid – statesensors [J]. Agricultural and Forest Meteorology, 118(3-4): 207-220.

Tomnsend A R, Vitousek P M, Desmarais D J, et al., 1997. Soil carbon pool structure and temperature sensitivity inferred using CO_2 and $13CO_2$ incubation fluxes from five Hawaiian soils[J].Biogeochemistry, 38: 1−17.

Van Z L, Kimber S, Morris S, et al. , 2010.Effects of biochar from slow pyrolysis of papermill waste on agronomic performance and soil fertility[J].Plant and Soil, 327(1): 235−246.

Verma S B, Dobermann A, Cassman K G, et al. , 2005.Annual carbon dioxide exchange in irrigated and rainfed maize−based agroecosystems[J].Agricultural and Forest Meteorology, 131(1): 77−96.

Wang H M, Saigusa N, Yamamoto S, et al. , 2004.Not ecosystem CO_2 exchange over a larch forest in Hokaido [J]. Amtosphcric Environment, 38 (40): 7021−7032.

Woodward F I, 1986.Ecophysiological studies on the shrub Vaccinium myrtillus L.taken from a wide altitudinal range[J].Oecologia, 70: 580−586.

Woolf D, Amonette E J, Street − Perrott F A, et al. , 2010. Sustainable biochar to mitigate global climate change [J]. Nature communications, 1 (3): 1180124.

Wu H, Guo Z, Gao Q, et al. , 2009.Distribution of soil inorganic carbon storage and its changes due to agricultural land use activity in China[J].Agriculture, Ecosystems&Environment, 129(4): 413−421.

Yang H, Yan R, Chen H, et al. , 2007.Characteristics of hemicellulose, cellulose and lignin pyrolysis[J].Fuel, 86: 1781−1788.

Yang Q P, Xu M, Liu H S, et al. , 2011. Impact factors and uncertainties of the temperature sensitivity of soil respiration[J].Acta Ecologica Sinica, 31(8): 2301−2311.

Yang W J, 2012.Investigation of extractable materials from biochar[D].Morton: The University of Waikato.

Yoda K A, 1967. Preliminary survey of the forest vegetation of eastern Nepal [J].Journal of College Art and Scinences, Chiba University(natural Science) (5): 99−140.

Zhang A F, Bian R J, Pan G X, et al. , 2012.Effects of Biochar Amendment on Soil Quality, Crop Yield and Greenhouse Gas Emission in a Chinese Rice Paddy: A Field Study of Consecutive Rice Growing Cycles[J]. Journal of Field Crops, 127: 153-160.

Zhang A F, Cui L Q, Pan G X, et al. , 2010.Effect of biochar amendment on yield and methane and nitrous oxide emissions from a rice paddy from Tai Lake plain, China[J].Agriculture, Ecosystems and Environment, 139: 469-475.

Zhang T, Li Y F, Chang S X, et al. , 2013.Responses of seasonal and diurnal soil CO_2 effluxes to land - use change from paddy fields to Lei bamboo (*Phyllostachys praecox*) stands[J].Atmospheric Environment, 77: 856-864.